GEOMORFOLOGIA URBANA

Leia também:

Antonio José Teixeira Guerra

Coletânea de Textos Geográficos de Antonio Teixeira Guerra
Novo Dicionário Geológico-Geomorfológico

Antonio José Teixeira Guerra e Sandra B. Cunha

Geomorfologia e Meio Ambiente
Geomorfologia: Uma Atualização de Bases e Conceitos
Impactos Ambientais Urbanos no Brasil

Antonio José Teixeira Guerra, Antonio S. Silva
e Rosângela Garrido M. Botelho

Erosão e Conservação dos Solos

Antonio José Teixeira Guerra e Mônica S. Marçal

Geomorfologia Ambiental

Sandra B. Cunha e Antonio José Teixeira Guerra

Avaliação e Perícia Ambiental
Geomorfologia: Exercícios, Técnicas e Aplicações
Geomorfologia do Brasil
A Questão Ambiental: Diferentes Abordagens

Antonio C. Vitte e Antonio José Teixeira Guerra

Reflexões sobre a Geografia Física no Brasil

Gustavo H. S. Araujo, Josimar R. Almeida
e Antonio José Teixeira Guerra

Gestão Ambiental de Áreas Degradadas

Antonio José Teixeira Guerra e Maria Célia Nunes Coelho

Unidades de Conservação:
Abordagens e Características Geográficas

Antonio José Teixeira Guerra
(Organizador)

Geomorfologia Urbana

2ª edição

Rio de Janeiro | 2025

Capa: Leonardo Carvalho com fotos de Maria C. O. Jorge

Editoração: DFL

Texto revisado segundo o novo
Acordo Ortográfico da Língua Portuguesa

2025
Impresso no Brasil
Printed in Brazil

CIP-Brasil. Catalogação na fonte
Sindicato Nacional dos Editores de Livros – RJ

G298 Geomorfologia urbana/Antonio José Teixeira Guerra (org.). –
2ª ed. – Rio de Janeiro: Bertrand Brasil, 2025.
280p.

ISBN 978-85-286-1490-9

1. Geomorfologia. I. Guerrra, Antonio José Teixeira.

CDD – 551.41
11-0802 CDU – 551.4

EDITORA BERTRAND BRASIL LTDA.
Rua Argentina, 171 – 3º andar – São Cristóvão
20921-380 – Rio de Janeiro – RJ
Tel.: (21) 2585-2000

Atendimento e venda direta ao leitor:
sac@record.com.br

SUMÁRIO

Apresentação 9
Autores 11

CAPÍTULO 1 ENCOSTAS URBANAS 13
Antonio José Teixeira Guerra

1. Introdução 13
2. Encostas 15
3. Encostas urbanas 18
4. Movimentos de massa em áreas urbanas 24
5. Erosão dos solos em áreas urbanas 31
6. Conclusões 36
7. Referências bibliográficas 39

CAPÍTULO 2 SOLOS URBANOS 43
Antonio Soares da Silva

1. Introdução 43
2. Formação dos solos 44
   2.1. Clima 45
   2.2. Organismos 46
   2.3. Relevo 48
   2.4. Material de origem 49
   2.5. Tempo 52

3. Processos pedogenéticos 52
4. Classes de solo no Brasil 54
5. Ocupação e uso do solo em áreas urbanas 57
 5.1. O comportamento dos solos em face da intervenção através da urbanização 58
6. Contaminação dos solos urbanos 62
7. Conclusões 65
8. Referências bibliográficas 66

CAPÍTULO 3 BACIAS HIDROGRÁFICAS URBANAS 71
Rosângela Garrido Machado Botelho

1. Caminhos das águas em ambientes urbanos 71
2. Intervenções antrópicas nos cursos d'água 74
3. Desencontro entre causa e efeito 78
4. Enchentes urbanas 82
5. Qualidade das águas urbanas de superfície 87
6. Novos paradigmas e novos caminhos 93
7. Revitalização e renaturalização de rios urbanos 107
8. Referências bibliográficas 110

CAPÍTULO 4 GEOMORFOLOGIA URBANA: CONCEITOS, METODOLOGIAS E TEORIAS 117
Maria do Carmo Oliveira Jorge

1. Introdução 117
2. Crescimento urbano e precariedade da ocupação 119
3. A importância do pensamento geomorfológico na análise ambiental urbana: o homem como agente modificador 120
4. A urbanização sob a perspectiva da geomorfologia 125
5. Geomorfologia urbana 131
6. Conclusões 140
7. Referências bibliográficas 142

CAPÍTULO 5 GEOTECNIA URBANA 147
Helena Polivanov e Emílio Velloso Barroso

1. Conceituação geral 147
2. Solos e rochas do ponto de vista geotécnico 150
   2.1. Classificação de campo 150
   2.2. Classificação de solos em laboratório 153
   2.3. Classificação de rochas em laboratório 159
3. Exemplos de atuação da geotecnia urbana 160
   3.1. Planejamento urbano e mapeamento geotécnico 160
   3.2. Inundações 163
   3.3 Instabilidade de encostas 164
   3.4. Problemas de subsidências 176
   3.5. Mitigação de acidentes 178
4. Conclusões 183
5. Referências bibliográficas 184

CAPÍTULO 6 LICENCIAMENTO AMBIENTAL URBANO 189
Orlando Ricardo Graeff

1. Introdução 189
2. Geomorfologia e sistemas geográficos 192
3. Escalas de tempo, geomorfologia do quaternário e tecnógeno 195
4. Impasses técnicos na aplicabilidade da legislação e normatização ambiental 198
   4.1 Faixas marginais de rios urbanos 199
   4.2 Áreas de preservação permanente de topos de morro 209
      4.2.1 O texto legal comentado 211
      4.2.2. Algumas definições técnicas 213
      4.2.3. Buscando a aplicação da resolução 214
5. Conclusões 221
6. Referências bibliográficas 224

Capítulo 7 Antropogeomorfologia Urbana 227
Raphael David dos Santos Filho

1. Introdução 227
2. Urbanização, geomorfologia e antropogeomorfologia 228
3. Antropogeomorfologia: conceitos e definições 230
4. Aplicações da antropogeomorfologia urbana: estudo do povoamento em áreas de risco 233
5. Urbanização e morfologia do povoamento 236
6. Conclusões 239
7. Referências bibliográficas 242

Índice remissivo 247

Apresentação

O livro *Geomorfologia Urbana* já vem sendo pensado há vários anos por seu organizador, que só conseguiu realizar esse projeto agora, através do apoio recebido pela Editora Bertrand Brasil e do aceite ao convite feito aos diversos autores deste livro.

Trata-se de um projeto ambicioso, que só foi possível graças à disponibilidade de cada autor, que também já vem trabalhando em cada um dos temas específicos que contém o livro há bastante tempo.

A população brasileira vem se concentrando em grandes, médias e pequenas cidades, sendo que, atualmente, mais de 80% vive em áreas urbanas. O crescimento acelerado e desordenado das cidades que ocorreu ao longo do século XX e que continua a acontecer no início deste século também é responsável pelos problemas ambientais de que são vítimas.

Vários especialistas têm procurado entender os danos ambientais que ocorrem nas áreas urbanas não só no sentido de fazer os diagnósticos necessários, mas também com o objetivo de poder, a partir do conhecimento produzido, conseguir elaborar prognósticos, impedindo que tais danos sejam recorrentes e evitando assim a perda de vidas e os prejuízos materiais que atingem casas, prédios, indústrias, escolas, hospitais, ruas, pontes etc.

A geomorfologia urbana, um ramo da geomorfologia que tem crescido consideravelmente nas últimas décadas, tem dado sua contribuição, no sentido de poder reconhecer, através dos conhecimentos obtidos a partir da dinâmica do relevo, dos solos, das encostas, dos vales, dos rios, das bacias hidrográficas, das planícies etc., áreas de risco de deslizamentos e de enchentes. Com isso, pode haver diminuição significativa de perdas de vidas humanas e de danos materiais nas cidades brasileiras.

Este livro, portanto, chama a atenção para as várias formas como a geomorfologia urbana pode colaborar com as sociedades urbanas. A participação conjunta e integrada de geógrafos, geólogos, engenheiros, arquitetos e outros profissionais é de grande relevância para que esses objetivos sejam alcançados.

Geomorfologia Urbana é composto de sete capítulos, iniciando com Encostas Urbanas, tema que vem sendo desenvolvido há bastante tempo pelo seu autor, Antonio José Teixeira Guerra. Em seguida, em Solos Urbanos, tal quesito é analisado por Antonio Soares da Silva, que destaca a importância desse tema para as cidades. Bacias Hidrográficas Urbanas, capítulo de Rosângela Garrido Machado Botelho, é resultado de muitos anos de pesquisa. O capítulo Geomorfologia Urbana: conceitos, metodologias e teorias, o fio condutor deste livro, foi elaborado por Maria do Carmo Oliveira Jorge. O quinto capítulo, Geotecnia Urbana, foi escrito por Helena Polivanov e Emílio Velloso Barroso, autores que têm grande domínio sobre essa questão. Já Licenciamento Ambiental Urbano foi trabalhado por Orlando Ricardo Graeff, que há anos se debruça sobre o assunto. O livro fecha com o capítulo de Raphael David dos Santos Filho, Antropogeomorfologia Urbana.

É claro que outros itens relativos à geomorfologia urbana podem ainda ser abordados. No entanto, para este livro, que é o primeiro no Brasil a tratar dessa temática, avaliamos que esses capítulos já darão ao leitor uma boa noção de como a geomorfologia, junto com outros campos de conhecimento, pode fornecer subsídios àqueles que procuram entender a dinâmica do meio físico das cidades. A partir desse entendimento, é possível decidir o que fazer para ocupar de forma racional o meio urbano, sem causar danos ao meio ambiente, às construções e aos habitantes das cidades.

Cada autor de *Geomorfologia Urbana* disponibiliza o seu e-mail para que os leitores que quiserem mais detalhes sobre os temas aqui abordados possam entrar diretamente em contato com os especialistas deste livro.

O Organizador

AUTORES

ANTONIO JOSÉ TEIXEIRA GUERRA é doutor em Geografia pela Universidade de Londres, com pós-doutorado em Erosão dos Solos pela Universidade de Oxford, pesquisador 1 A do CNPq e professor-associado do Departamento de Geografia da UFRJ (antoniotguerra@gmail.com).

ANTONIO SOARES DA SILVA é doutor em Geologia pela UFRJ e professor adjunto do Departamento de Geografia Física da UERJ (antoniossoares@gmail.com).

ROSÂNGELA GARRIDO MACHADO BOTELHO é doutora em Geografia Física pela USP, geógrafa da Coordenação de Recursos Naturais e Estudos Ambientais do IBGE e professora colaboradora do curso de pós-graduação *lato sensu* em Análise Ambiental e Gestão do Território da ENCE (rosangela.botelho@ibge.gov.br).

MARIA DO CARMO OLIVEIRA JORGE é mestre em Organização do Espaço pela Unesp-Rio Claro e pesquisadora associada do Lagesolos do Departamento de Geografia da UFRJ (carmenjorgerc@gmail.com).

HELENA POLIVANOV é doutora em Geologia pela UFRJ e professora adjunta do Departamento de Geologia da UFRJ (hpolivanov@gmail.com).

EMÍLIO VELLOSO BARROSO é doutor em Engenharia Civil pela PUC-Rio e professor adjunto do Departamento de Geologia da UFRJ (emilio@geologia.ufrj.br).

ORLANDO RICARDO GRAEFF é engenheiro-agrônomo, graduado pela UFRRJ e consultor em meio ambiente, desenvolvimento e paisagismo, com ênfase no diagnóstico e na avaliação de impacto ambiental (orgraeff@gmail.com).

RAPHAEL DAVID DOS SANTOS FILHO é doutor em Geografia pela UFRJ, professor adjunto da Faculdade de Arquitetura e Urbanismo da UFRJ e chefe do Departamento de Planejamento Urbano e Regional das Faculdades Integradas Silva e Souza (raphaelfilho@gmail.com).

CAPÍTULO 1

ENCOSTAS URBANAS

Antonio José Teixeira Guerra

1. INTRODUÇÃO

Como destaca Goudie (1995), as encostas ocupam grande parte das paisagens e, no âmbito das bacias hidrográficas, elas fornecem água e sedimentos para os canais fluviais. Dessa forma, nas últimas quatro décadas, as encostas têm sido o foco central na geomorfologia, e grande esforço tem sido feito para se avançar no seu conhecimento, por meio do monitoramento da sua evolução e das taxas de perda de solo, bem como de sua situação dentro das bacias hidrográficas.

Com exceção dos fundos de vale e topo de chapadas, quase todas as terras emersas são constituídas de encostas (Guerra, 2008). A encosta, segundo Goudie (1985), é uma forma tridimensional, produzida por intemperismo e erosão, com elementos basais, os quais podem ser de origem deposicional ou erosiva.

O desenvolvimento das encostas é, consequentemente, o principal resultado da denudação, e o estudo dessas feições possui um caráter de grande importância para a geomorfologia, que estuda as formas de relevo, os processos que dão origem a essas formas e seus materiais constituintes, tendo um papel significativo na compreensão dos ambientes transformados pelo homem. Qualquer obra que o homem realize sobre uma encosta poderá afetar as formas de relevo, e isso é bem comum nas áreas urbanas. Isso vai depender da natureza da obra realizada e dos materiais que constituem a área ocupada (Guerra, 2008).

A intervenção humana sobre o relevo terrestre quer em áreas urbanas ou rurais demanda a ocupação e a transformação da superfície do terreno. Dependendo do tamanho dessa intervenção, das práticas conservacionistas utilizadas e dos riscos geomorfológicos envolvidos, os impactos ambientais associados poderão causar grandes prejuízos ao meio físico e aos seres humanos.

A propósito disso, Guy (1976) chama a atenção para a importância de se compreenderem as encostas urbanas, em especial quando se trata da utilização de métodos de controle da produção de sedimentos. Ele destaca que não é possível aplicar métodos empregados em áreas rurais às urbanas porque a dinâmica da evolução das encostas é bem diferente, uma vez que é comum o aporte de grandes quantidades de sedimentos, para as calhas fluviais, num curto espaço de tempo, nas áreas urbanas.

Esse grande aporte de sedimentos, num tempo curto, na maioria das vezes, deve-se a movimentos de massa, que são bem típicos das áreas urbanas. Apesar de a erosão dos solos ocorrer, em maior escala, no meio rural, ela também acontece nas encostas urbanas. Dessa forma, este capítulo aborda as encostas, mais especificamente, as encostas urbanas, os movimentos de massa em áreas urbanas e a erosão dos solos nessas mesmas áreas. Uma série de exemplos e alguns estudos de caso serão aqui relatados, com o objetivo de elucidar um tema que não tem sido muito explorado pela literatura geomorfológica, no Brasil. Esperamos, com isso, dar uma contribuição neste livro que trata de um tema de grande importância, que é a geomorfologia urbana (Figura 1).

Figura 1 — Encosta e fundo de vale intensamente urbanizados, no município de Angra dos Reis (RJ), podendo-se notar que a expansão urbana está subindo as encostas, que vêm sendo desmatadas para tal. Isso pode causar a ocorrência de movimentos de massa, com repercussões tanto para as áreas ocupadas como para aquelas situadas mais a jusante. (Foto: Antonio J. T. Guerra (maio/2009).)

2. Encostas

As encostas ocupam a maior parte da superfície terrestre. Segundo Abrahams (1986), em áreas com feições erosivas a paisagem é quase inteiramente formada por encostas, com exceção dos fundos de vales. Consequentemente, as encostas são um foco de grande atenção na pesquisa geomorfológica (Guerra, 2008a). Seu estudo é fundamental para a compreensão das paisagens naturais, bem como para sua aplicação ao controle da erosão dos solos, tanto em áreas rurais como em áreas urbanas (Abrahams, 1986; Goudie, 1995; Guerra, 2002 e 2007; Morgan, 2005), que é o foco deste capítulo e do livro como um todo. É importante seu conhecimento também para que possa ser feita uma prevenção adequada dos movimentos de massa, que serão também aqui abordados.

Os profissionais envolvidos com o estudo das encostas — geomorfólogos, geólogos, geógrafos, arquitetos, engenheiros, biólogos e outros — estão preocupados com os processos que ocorrem nesses ambientes. O que pode variar são as técnicas e métodos que cada um desses especialistas utiliza para estudar as encostas (Petley, 1984). O principal aspecto é compreender a natureza do terreno e as respostas dadas às mudanças provocadas, ou não, pelo homem. Essas mudanças podem ocorrer a curto, médio e longo prazos. Segundo Petley (1984), no passado pensava-se que os engenheiros e geólogos estavam mais preocupados com a estabilidade das encostas "artificiais" (transformadas pelo homem), enquanto os geomorfólogos tendiam a concentrar seus esforços no estudo das encostas naturais. Nos últimos 30 anos tem-se observado que tanto os engenheiros como os geólogos e os geomorfólogos têm-se preocupado com as encostas transformadas pelo homem como também com as que ainda não sofreram nenhum tipo de intervenção (Selby, 1993; Morgan, 2005; Guerra, 2008).

Guy (1976) destaca que durante o início do desenvolvimento urbano o impacto da produção de sedimentos, vindos das encostas, em direção aos canais fluviais, é bem maior, em comparação à fase em que a cidade já está consolidada. Ele aponta ainda que as atividades humanas podem provocar mudanças em um longo período de tempo, à medida que o uso da terra vai-se transformando, ou também em um curto período, quando a cobertura vegetal é retirada, as encostas são transformadas, e os canais fluviais são alterados. Essa combinação de fatores causa impactos ambientais de diferentes naturezas nas cidades, e as encostas são aquelas que primeiro sofrem esses tipos de impacto, tendo repercussões sobre vários ambientes urbanos.

As encostas variam bastante em forma, comprimento e declividade, de um local para outro e, algumas vezes, podem variar bastante num mesmo local. Essas variações devem-se a diferenças geológicas, pedológicas, geomorfológicas e climáticas. Seu estudo é tão importante, que Small e Clark (1982) chegaram a empregar a expressão geomorfologia das encostas, enfatizando o papel dos fatores que explicam as variações existentes entre as encostas e as ligações que existem entre esses fatores. A propósito disso, Parsons (1988) aponta que o estudo das encostas é o tema central da geomorfologia. Muitos autores, como Young (1974), Selby (1982) e Abrahams (1986), chamaram a atenção para o papel do estudo das encostas para a compreensão da evolução do relevo terrestre.

No que diz respeito à declividade das encostas, existem muitas controvérsias. Assim como na forma das encostas, vários fatores controlam sua declividade, sendo que nesse caso a geologia tem um papel fundamental, podendo determinar, a princípio, encostas com elevada declividade (Selby, 1993; Fullen e Catt, 2004; Guerra, 2008b). Tal variável pode ser medida diretamente no campo, com um aparelho denominado clinômetro, ou então pelas cartas topográficas, em que se leva em conta a distância entre as curvas de nível. Quanto mais detalhada for a escala do mapa, maiores serão as possibilidades de se produzirem mapas em que a distribuição espacial das declividades esteja mais bem representada. Essas podem ser medidas em graus ou em percentagem. Segundo Small e Clark (1982), os engenheiros e geólogos tendem a fazer essas medidas em percentagem, enquanto os geomorfólogos, em graus.

Quanto às formas das encostas, estas podem ser classificadas em côncavas, convexas e retilíneas, raramente apresentando, ao longo do seu perfil, um único tipo de forma, mas combinações entre si. Além disso, as formas podem ser classificadas em planta e em perfil. Sendo assim, podem ser estabelecidas nove combinações (Figura 2).

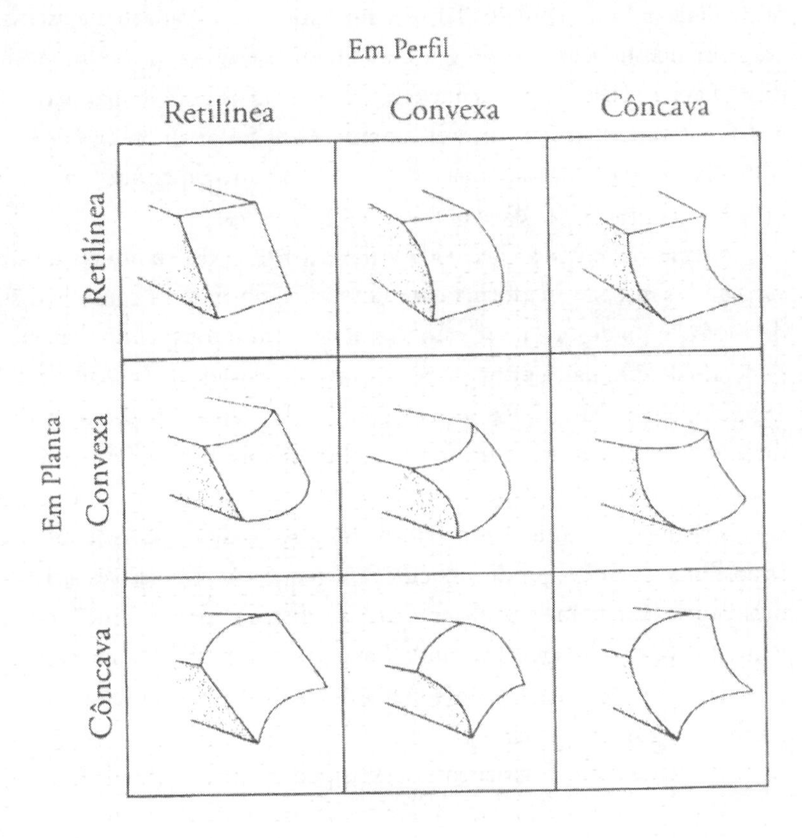

Figura 2 — Nove combinações de formas das encostas, em planta e em perfil (Parsons, 1988).

3. *Encostas urbanas*

Mesmo que aceitemos a ideia de que encostas apresentam características próprias, independentemente do local onde estejam situadas, aquelas localizadas em áreas urbanas, em especial nas grandes cidades, sofrem tantas transformações, ao longo do tempo, que passam a ter características bem distintas daquelas que se encontram, por exemplo, nas áreas rurais. A propósito disso, Hansen (1976), ao relatar o crescimento urbano acelerado que tem acontecido em Denver, no Colorado (Estados Unidos), no sopé das Montanhas Rochosas, aponta que essa urbanização tem subido as montanhas, causando transformações geomorfológicas e geotécnicas de difícil compreensão e controle. Novos bairros estão surgindo em áreas que antes eram agrícolas, com pecuária e sob florestas, provocando diferentes tipos de modificações nas encostas ocupadas, em especial através dos cortes nos depósitos de tálus, para a construção de casas e ruas. Essas encostas, aqui classificadas como urbanas, tendem a sofrer impactos, muitas vezes de caráter irreversível, como veremos, mais adiante, neste capítulo e no livro como um todo.

Segundo Peloggia (1998), "a busca da apropriação máxima dos precários espaços disponíveis pelas populações (lotes, espaços em favelas) leva à modificação da geometria das encostas, através de técnicas precárias, frequentemente manuais, de utilização propiciada pela grande espessura do regolito e suas coberturas", em especial nas regiões tropicais.

Parsons (1988) afirma que o homem influencia as encostas de três maneiras principais: 1. cria encostas artificiais, tais como aquelas feitas através de cortes e aterros, nas cidades, para a construção de ruas; 2. altera o uso da terra, desmatando e construindo casas e prédios, modificando totalmente o equilíbrio dos processos geomorfológicos, que atuam sobre as encostas; 3. recentemente, o homem tem modificado as encostas, através de obras de recuperação de áreas degradadas, criando uma paisagem artificial, em relação àquela existente anteriormente à ocupação humana (Figura 3). Uma última consideração é colocada por Parsons (1988), quando o autor aponta a necessidade de se levar em conta, no desenho das encostas artificiais, qual a duração no tempo que essas encostas deverão ter, mantendo sua estabilidade. Caso contrário, novos impactos poderão advir, em função de uma recuperação executada, sem levar em consideração essas limitações e riscos.

Figura 3 — Obra de recuperação, após ter sofrido deslizamento, em encosta situada às margens da rodovia Rio—Santos, no município de Paraty (RJ). (Foto: Antonio J. T. Guerra (maio/2009).)

Allison e Thomas (1993) destacam que as mudanças ambientais têm sido um tópico abordado pela geomorfologia, ciências da Terra e ciências ambientais, há bastante tempo, mas sua importância tem crescido, mais recentemente, à medida que essas mudanças são mais intensas e mais conhecidas pelos cientistas. Os autores afirmam ainda que, apesar de grande atenção ser dada às mudanças atuais, causadas pela atuação humana na superfície terrestre, muito temos que aprender sobre as mudanças ocorridas no passado e, em alguns casos, essas mudanças podem nos auxiliar na modelagem para prever mudanças futuras. A sensibilidade que cada local possui em sofrer modificações é também apresentada por Allison e Thomas (1993), quando discutem que alguns sistemas são altamente sensíveis à intervenção humana, como é o caso das encostas urbanas. O desmatamento, seguido da ocupação intensa de algumas encostas, através da construção de casas, prédios, ruas etc., causando uma grande impermeabilização do solo, sem ser acompanhado de obras de infraestrutura, como galerias pluviais e redes de esgoto, podem causar grandes transformações no sistema encosta, provocando deslizamentos e outros processos geomorfológicos catastróficos. Isso é bem típico do que acontece, por exemplo, em vários municípios brasileiros, como a cidade de Petrópolis, que tem sofrido diversos tipos de movimentos de massa, com a consequente perda de vidas humanas, bem como prejuízos de ordem material, nas últimas décadas (Gonçalves e Guerra, 2006).

As chuvas intensas muitas vezes têm efeito catastrófico sobre as encostas e são as grandes responsáveis por mudanças rápidas nesses ambientes (Selby, 1987). Quanto maior a magnitude dos eventos chuvosos, menor sua frequência, ou seja, apesar de causar catástrofes, seu intervalo de tempo é bem maior, comparado ao das chuvas de menor intensidade. No entanto, quando esses eventos ocorrem em encostas urbanas, em áreas densamente ocupadas, em especial quando a população se dirige às partes mais elevadas e mais íngremes das encostas, os efeitos são quase sempre desastrosos, causando mortes, durante esses fortes temporais, como afirma Selby (1987). A desestabilização dessas encostas é causada também pelos taludes de corte e de aterro que são formados, em vários níveis altimétricos, à medida que a urbanização vai seguindo encosta acima. Quando um bom planejamento é feito nessa ocupação em áreas de maior declive, a probabilidade de causar maior instabilidade diminui bastante; mas com baixo ou nenhum planejamento, como ocorre em várias áreas urbanas, em diversos países, os riscos de movimentos de massa catastróficos aumentam muito, resultando quase sempre em mortes e danos materiais (Selby, 1987). Ele chama ainda atenção para o fato de que, para a ocupação nas encostas urbanas, é necessária a abertura de ruas e a instalação de dutos para o escoamento de esgoto e de águas pluviais, bem como para a passagem de cabos subterrâneos. Essas obras, quase sempre, causam maior instabilidade às encostas, ou pelo menos o solo é bastante alterado, e vazamentos podem ocorrer, o que aumentará ainda mais a sua instabilidade.

As encostas urbanas passam por intensa instabilização, em que as obras civis causam, por exemplo: 1. o corte no sopé das encostas reduzindo o suporte para os solos e rochas situados a montante; 2. a remoção de solo pode expor juntas, falhas e pontos de fraqueza, que estavam sobre a superfície, e que podem estar mergulhando na direção da encosta, tornando possível a ocorrência de movimentos de massa; 3. a presença de mais água na superfície e em subsuperfície, devida à ocupação humana, pode ser um agente desencadeador de deslizamentos (Figura 4) (Selby, 1987).

Figura 4 — Cicatriz de deslizamento ocorrido na rodovia Rio—Santos, no município de Angra dos Reis (RJ). Pode-se notar que houve um desequilíbrio no sopé da encosta, causado pela construção da rodovia. Com a ocorrência do deslizamento ficaram expostas uma série de juntas, falhas e fraturas nas rochas do afloramento, demonstrando a existência de inúmeros pontos de fraqueza. (Foto: Maria C. O. Jorge (maio/2009).)

A retirada de árvores no sopé das encostas para a construção de ruas é outro problema para a sua instabilidade. Quando os solos são rasos e as ruas cortam rochas estáveis, pode não haver riscos, mas quando se trata de solos profundos, com a ocorrência de água de exfiltração (*seepage*), os riscos são bem maiores. A retirada de árvores nas encostas, propriamente ditas, para abrir espaços para as construções faz com que a instabilidade também seja aumentada. Medidas mitigadoras podem envolver: construção de galerias pluviais, valas podem ser cavadas e preenchidas com cascalho, para facilitar o escoamento das águas, diminuindo, dessa forma, os riscos de deslizamentos nessas encostas urbanas ocupadas. O replantio de árvores em áreas críticas, bem como a construção de muros de gabião e muros de arrimo, na base dessas encostas, onde foram feitos os cortes para a construção de ruas e casas, podem ser outras medidas mitigadoras, que diminuirão bastante os riscos de movimentos de massa.

Os muros de gabião, segundo Selby (1987), têm a vantagem de facilitar a drenagem das águas, por entre os blocos de rochas, que preenchem as telas, em que são colocados. Onde a mão de obra seja barata, esses muros podem ser construídos facilmente, gerando ainda renda local e, de preferência, usando materiais rochosos existentes na própria área em que as obras de mitigação estejam sendo feitas. Por essas razões, Selby (1987) afirma que os muros de gabião são comumente usados, tanto em países desenvolvidos como em desenvolvimento, para proteger cabeceiras de pontes, margens de rios, corte de estradas, encostas e outras estruturas que necessitem de algum tipo de proteção (Figura 5). Por menores que sejam as transformações feitas nas encostas urbanas, para qualquer tipo de construção, a utilização de medidas de contenção, associadas à instalação de galerias pluviais e rede de esgoto, bem dimensionadas para os totais pluviométricos da área e do esgoto resultante do numero de habitações existentes, tende a evitar a ocorrência de movimentos de massa, tão comuns nas cidades com relevo movimentado.

Figura 5 — Muro de gabião na bacia do Rio Macaé, sendo nesse caso construída contenção para evitar o deslizamento da estrada situada a montante do muro. (Foto: Antonio J.T. Guerra (maio/2009).)

4. Movimentos de Massa em Áreas Urbanas

Por meio do estudo da ação antropogênica é bem fácil mostrar o relacionamento entre o homem e as encostas. Os processos de movimentos de massa têm um impacto direto no uso da terra e podem, em casos extremos, constituir riscos à vida humana e às construções (Small e Clark, 1982). Ao mesmo tempo, o impacto antropogênico sobre as encostas naturais representa o principal fator de influência sobre os processos, as formas e a evolução das encostas, de maneira deliberada ou não (Guerra, 2008b). Sendo assim, a produção de encostas artificiais, feita por cortes para a construção de estradas, ruas, casas e prédios, mineração, represas, terraços etc., torna-se muito importante, em escala local (Small e Clark, 1982).

Mitchell (1995) aborda muito bem o papel da ocupação humana, na aceleração dos movimentos de massa, em especial nas megacidades, onde os desastres costumam ser potencializados pela pressão demográfica sobre as encostas. O referido autor aponta que as mudanças na urbanização global e as perdas causadas sugerem que devamos nos concentrar mais em pesquisas relacionadas aos movimentos de massa urbanos, no sentido de conhecer melhor o problema e conseguir atuar preventivamente. A propósito dessa ocupação desordenada e acelerada, Guerra (1995) destaca o exemplo de Petrópolis, cujas características do meio físico, como encostas íngremes, solos profundos e chuvas concentradas, têm causado centenas de mortes nas últimas décadas. O autor destaca ainda que, entre 1940 e 1990, ocorreram 1.161 eventos catastróficos, incluindo deslizamentos, corridas de lama, quedas de blocos e enchentes, com centenas de mortes nesse período, bem como perdas materiais.

A literatura geomorfológica é rica, em relação aos processos atuantes nas encostas, mas ainda persistem algumas dúvidas. A principal delas refere-se aos processos relacionados aos movimentos de massa e à erosão dos solos (Morgan, 1986 e 2005; Guerra *et al.*, 2007; Guerra, 2008b, Guerra e Oliveira Jorge, 2009). Dessa forma, neste capítulo optou-se por separar em duas partes, em que são explicadas as diferentes maneiras como cada um atua em seus fatores desencadeantes e as principais feições resultantes desses processos geomorfológicos acelerados, em que a presença do homem quase sempre acentua seus efeitos.

A grande maioria dos autores refere-se de forma distinta à erosão dos solos e aos movimentos de massa não só por meio dos capítulos específicos sobre cada um desses processos, publicados em livros-textos, mas também quando presentes na mesma publicação; explicações distintas são dadas a esses processos, como é o caso deste capítulo (Small e Clark, 1982; Petley, 1984; Abrahams, 1986; Morgan, 1986 e 2005; Parsons, 1988; Selby, 1987, 1990 e 1993; Hasset e Banwart, 1992; Goudie, 1995; Goudie e Viles, 1997; Guerra, 2002, 2007, 2008a, 2008b; Guerra *et al.*, 2007; Fernandes e Amaral, 2009; Guerra e Oliveira Jorge, 2009).

Parsons (1988) coloca de forma muito clara que a maioria das encostas evolui sob diversos processos. O autor destaca ainda a importância relativa dos movimentos de massa, com caráter mais esporádico, em contraste aos efeitos produzidos pelo escoamento superficial (*wash*), com caráter mais contínuo. Nos movimentos de massa ocorre um movimento coletivo de solo e/ou rocha, em que a gravidade/declividade possui um papel significativo. A água pode tornar o processo ainda mais catastrófico, mas não é necessariamente o principal agente desse processo geomorfológico (Petley, 1984; Selby, 1990 e 1993; Goudie, 1995; Guerra, 2008b; Guerra e Oliveira Jorge, 2009).

Selby (1990 e 1993) esclarece a diferença entre erosão dos solos e movimentos de massa em capítulos distintos do seu livro *Hillslope Materials and Processes*. Os movimentos de massa são abordados no capítulo Mass wasting of soils (Desgaste de massa dos solos), em que o autor destaca que o desgaste do terreno ou de massa (*mass wasting*) é o movimento de solo ou rocha, encosta abaixo, sob a influência da gravidade, sem ação direta da água ou do gelo. A ação da água e do gelo pode, entretanto, participar do desgaste do terreno, reduzindo a resistência ao cisalhamento da encosta, contribuindo para o comportamento plástico e fluido dos solos (Guerra, 2008b).

Com relação aos movimentos de massa, muito esforço tem sido feito na mensuração das taxas às quais as diversas formas de movimentos de massa ocorrem na superfície terrestre (Goudie, 1995). A propósito disso, Petley (1984) descreve os principais objetivos do estudo dos movimentos de massa:

1. compreender o desenvolvimento das encostas naturais e os processos que têm contribuído para a formação de diferentes feições;
2. tornar possível a estabilidade das encostas, sob diferentes condições;
3. estabelecer o risco de deslizamento, ou outras formas de movimentos de massa, envolvendo encostas naturais ou artificiais;
4. facilitar a recuperação de encostas que sofreram movimento de massa, bem como o planejamento, através de medidas preventivas, para que tais processos não venham a ocorrer;
5. analisar os vários tipos de movimentos de massa que tenham ocorrido numa encosta e definir as causas desses processos;

6. saber lidar com o risco de fatores externos na estabilidade das encostas, como por exemplo os terremotos.

Para se atingirem esses objetivos, Petley (1984) destaca que o pesquisador deve ter em mente as limitações de tempo, recursos financeiros e técnicos disponíveis e a complexidade do ambiente geológico e geomorfológico.

A terminologia é vasta, e cada autor usa termos semelhantes para caracterizar determinados processos. Desses, talvez o mais empregado seja *landslide* (deslizamento e/ou escorregamento). A propósito disso, Coates (1977, *in* Hansen, 1984) lista os principais pontos em comum que vários pesquisadores usam para caracterizar os *landslides*:

1. representam um tipo de fenômeno incluído dentro dos movimentos de massa;
2. a gravidade é a principal força envolvida;
3. o movimento deve ser moderadamente rápido, porque o *creep* (rastejamento) é muito lento para ser incluído como *landslide*;
4. o movimento pode incluir deslizamento e fluxo;
5. o plano de cisalhamento do movimento não coincide com uma falha;
6. o movimento deve incluir uma face livre da encosta, excluindo portanto subsidência;
7. o material deslocado possui limites bem definidos e, certamente, envolve apenas porções bem definidas das encostas;
8. o material transportado pode incluir partes do regolito e/ou do substrato rochoso.

Apesar das inúmeras classificações e terminologias relacionadas aos movimentos de massa, que podem chegar a confundir o leitor, Fernandes e Amaral (2009) abordam de forma muito objetiva e clara o assunto, propondo a seguinte classificação:

a) *corridas* (*flows*): são movimentos rápidos, em que os materiais se comportam como fluidos altamente viscosos. Elas estão associadas com a grande concentração de água superficial;

b) e*scorregamentos* (*slides*): caracterizam-se como movimentos rápidos de curta duração, com plano de ruptura bem definido. São feições longas, podendo apresentar uma relação de 10:1, comprimento-largura. Podem ser divididos em dois tipos:

b.1. *rotacionais* (*slumps*): possuem uma superfície de ruptura curva, côncava para cima, ao longo da qual se dá o movimento rotacional da massa do solo;

b.2. *translacionais*: representam a forma mais frequente entre todos os tipos de movimentos de massa, possuindo superfície de ruptura com forma planar, a qual acompanha, de modo geral, descontinuidades mecânicas e/ou hidrológicas existentes no interior do material.

c) *queda de blocos* (*rock falls*): são movimentos rápidos de blocos e/ou lascas de rocha, que caem pela ação da gravidade, sem a presença de uma superfície de deslizamento, na forma de queda livre.

Existe ainda uma categoria denominada de *creep* (rastejamento), que Hansen (1984) descreve como sendo definida basicamente pela sua velocidade, devido à natureza lenta do movimento. Segundo Hansen (1984), existem três tipos de *creep*:

1. *creep* sazonal, em que o solo é afetado pelas mudanças sazonais de umidade e temperatura;
2. *creep* contínuo, em que a força de cisalhamento (*shear stress*) excede a resistência ao cisalhamento (*shear strength*);
3. *creep* progressivo, que está associado com as encostas que atingem o ponto de ruptura por outros tipos de movimento de massa.

O *creep* geralmente é separado dos outros tipos de movimento de massa devido à grande área transversal e longitudinal que ele ocupa numa encosta, à pequena velocidade do movimento e porque o *creep* sazonal depende muito mais de variações climáticas ao longo do ano do que da gravidade.

Esse subitem tem procurado mostrar a complexidade existente no estudo do rompimento do equilíbrio das encostas, em face de atuação antropogênica. O estudo das encostas ditas naturais, por si só, já é complexo e depende de uma série de variáveis internas e externas aqui destacadas. A ação humana torna esse estudo ainda mais complexo, em especial nas áreas urbanas, onde a transformação das encostas é bem mais intensa do que nas áreas rurais. Portanto, os conceitos aqui emitidos não pretendem fechar a questão, mas, ao contrário, procuram explicar alguns pontos ainda polêmicos e deixam em aberto questões que podem vir a ser mais bem definidas, à medida que o estudo das encostas evolui.

Além disso, um dos objetivos é procurar possibilitar que geomorfólogos, geólogos, engenheiros, arquitetos, urbanistas, planejadores e outros profissionais preocupados com o estudo acadêmico e aplicados das encostas possam usar uma linguagem comum, respeitando as especificidades de cada um desses profissionais.

Dessa forma, entende-se que os conceitos aqui discutidos possam servir também como subsídio teórico-conceitual àqueles pesquisadores e técnicos que queiram empregar técnicas e métodos aplicados a modelos existentes ou na criação de modelos para predizer os riscos de movimentos de massa nas encostas.

A ocupação intensa e desordenada das encostas urbanas tem feito tanto pesquisadores como políticos preocuparem-se com essa questão. Um exemplo é apontado por Douglas (1988), quando o governo da Califórnia passou a se preocupar com os riscos de movimentos de massa, devido aos eventos catastróficos ocorridos na década de 1980. Por exemplo, a cidade de Los Angeles, devido a tais eventos, tem tido uma atenção especial, quando se trata de dar licença para a construção de prédios e casas, tendo as autoridades municipais feito várias inspeções antes de dar autorização para a construção civil. Douglas (1988) destaca que são levados em conta aspectos relacionados à declividade das encostas, à drenagem superficial e subsuperficial, bem como ao tipo de compactação dos solos.

Outro exemplo descrito por Douglas (1988) é o que ocorreu em Hong Kong, nas décadas de 1960 e 1970, quando diversos movimentos de massa ocorreram, deixando milhares de pessoas sem residência e dezenas de mortes, devido à ocupação desordenada das encostas. A partir disso, o governo resolveu criar o Departamento de Controle Geotécnico de Hong Kong, que foi responsável pelo mapeamento detalhado geomorfológico, geológico e geotécnico das encostas urbanas. Esses mapeamentos serviram como guia para a ocupação das encostas, tanto do ponto de vista da construção de conjuntos habitacionais como de casas isoladas. Segundo Douglas (1988), a geomorfologia passou a ter papel fundamental na ocupação de superfícies íngremes em Hong Kong, o que não era levado em consideração anteriormente a esses eventos catastróficos.

Várias cidades americanas hoje adotam a obrigatoriedade de conhecimentos geomorfológicos detalhados para a ocupação das encostas. O Departamento de Planejamento de Santa Barbara, por exemplo, conhecedor dos riscos de terremotos e escorregamentos associados, no sul da Califórnia, usa o Índice de Problema Geológico (*Geologic Problem Index*), para classificar riscos geológicos e geomorfológicos em uma determinada área, tanto do ponto de vista de construção individual como coletiva (Douglas, 1988). O sistema classifica os riscos, do ponto de vista dos terremotos, localização de falhas, tsunamis, enchente potencial, riscos de liquefação e de deslizamentos, para uma grade com 2ha de área classificada como de riscos elevados, moderados, baixos e nulos.

Selby (1993) aponta uma série de características intrínsecas das encostas que podem desencadear movimentos de massa. Essas características, na maioria das vezes, são potencializadas nas áreas urbanas, devido ao uso intensivo e desordenado aí verificado, podendo os cortes indiscriminados ou mal dimensionados dos taludes, bem como a falta de rede de esgotos e galerias pluviais, acelerar os movimentos de massa, tornando-os catastróficos, provocando quase sempre a morte de dezenas de pessoas. Uma dessas características apontadas por Selby (1993) é a mecânica dos solos, que foi desenvolvida para se conhecer a natureza dos solos de origem sedimentar, quando usados como fundações para a construção civil. Selby (1993) destaca que a aplicação dos conhecimentos dos materiais do regolito e dos solos residuais, desenvolvidos por intemperismo *in situ*, nem sempre é satisfatória. É devido a problemas de estabilidade das encostas urbanas, em cidades como Rio de Janeiro e Hong Kong, que crescem de forma acelerada, que os maiores avanços têm sido obtidos no reconhecimento das propriedades distintas entre regolito e solos residuais (Selby, 1993).

A principal diferença entre os solos de origem sedimentar e os solos residuais está em que os solos resultantes dos regolitos herdam características dos saprolitos, como juntas relíquias e outras estruturas da rocha matriz, mesmo quando o intemperismo já alterou completamente os minerais (Selby, 1993). As descontinuidades aí existentes podem formar planos de cisalhamento, por onde os materiais deslizam encosta abaixo. A ruptura de uma encosta pode ocorrer onde um conjunto de juntas mergulhe para fora das encostas, além do que elevada poropressão pode se desenvolver ao longo de juntas que possuam alta permeabilidade ou ainda onde essas juntas sejam ricas em argilas, que irão dificultar a penetração da água, que se escoará em subsuperfície, sendo mais um fator desencadeante dos movimentos de massa.

No caso da ocorrência de um movimento de massa, em área urbana, Peloggia (1998) propõe que sejam tomadas medidas emergenciais, "as quais se referem ao atendimento imediato às famílias vítimas de situações de emergência, representando ações da defesa civil, cujo objetivo é atuar sobre os efeitos do problema". Mas ele propõe também medidas preventivas, "as quais consistem basicamente na remoção de moradores de áreas de risco previamente analisadas e ações de recuperação de áreas críticas de risco". O autor destaca ainda a necessidade de urbanização das favelas, em especial aquelas que ocupam encostas, com risco de deslizamentos.

5. Erosão dos Solos em Áreas Urbanas

O processo erosivo, causado pela água das chuvas, tem abrangência em quase toda a superfície terrestre, em especial nas áreas com clima tropical, cujos totais pluviométricos são bem mais elevados do que em outras regiões do planeta. Além disso, em muitas dessas áreas as chuvas concentram-se em certas estações do ano, o que agrava ainda mais a erosão (Guerra, 2007). O processo tende a se acelerar à medida que mais terras são desmatadas para a exploração de madeira e/ou para a produção agrícola, uma vez que os solos ficam desprotegidos da cobertura vegetal e, consequentemente, as chuvas incidem direto sobre a superfície do terreno (Figura 6). No entanto, nas áreas urbanas, onde os solos estão descobertos, em especial nas suas periferias, os processos de erosão acelerada também ocorrem, com grandes prejuízos materiais e, por vezes, com perdas de vidas humanas.

Figura 6 — Cicatriz de voçoroca na cidade de Caraguatatuba (SP). Pode-se notar que o desmatamento e o uso da terra, aliados aos solos profundos, foram os responsáveis pela formação dessa feição erosiva. (Foto: Antonio J.T. Guerra (maio/2009).)

As taxas erosivas estão bastante relacionadas às características das encostas, e isso pode ser muito facilmente observado se levarmos em conta que, à medida que as encostas tornam-se mais longas, maior é o volume de água que se acumula durante o escoamento superficial. A declividade pode ser um fator importante, mas não há necessariamente uma correlação positiva à medida que a declividade aumenta, porque a literatura relacionada a esse fator mostra, por meio de vários exemplos, que em encostas muito íngremes a erosão pode diminuir, devido ao decréscimo de material disponível (Morgan, 1986 e 2005; Fullen e Catt, 2004; Guerra e Marçal, 2006).

A forma das encostas possui um papel altamente relevante para a compreensão dos processos erosivos. Vários pesquisadores têm enfatizado esse papel na geomorfologia (Lewin, 1966; Small e Clark, 1982; Hadley *et al.*, 1985; Parsons, 1988; Goudie, 1990 e 1995; Selby, 1990 e 1993; Guerra, 2002, 2007, 2008ab; Fullen e Catt, 2004; Guerra e Mendonça, 2007).

Vários são os autores que abordam o tema erosão dos solos. Parsons (1988), por exemplo, coloca de forma muito clara que a maioria das encostas evolui sob diversos processos. Ele destaca a importância dos efeitos produzidos pelo escoamento superficial (*wash*), com caráter contínuo, ou seja, na erosão dos solos o processo é mais contínuo e gradativo, e partículas e/ou agregados vão sendo destacados e transportados encosta abaixo.

Selby (1993) afirma que a erosão dos solos é resultante da ação das gotas de chuva que batem sobre o solo, bem como da água que se escoa pelas encostas, mediante uma variedade de processos erosivos, tais como: erosão laminar (*wash*), ravina (*rill*) e voçoroca (*gully*). No processo relativo ao voçorocamento, Selby (1990 e 1993) explica que uma ravina principal (*master rill*) pode aprofundar e alargar seu canal, ou seja, evoluir para uma voçoroca, definida como uma expansão de um canal de drenagem, o qual transporta um fluxo efêmero de água. As voçorocas, segundo Selby (1990 e 1993), podem formar-se numa ruptura da encosta, ou em áreas cuja cobertura vegetal foi removida, em especial quando o material subjacente for mecanicamente fraco ou inconsolidado. Isso é bem comum em áreas urbanas em que a vegetação foi removida, a expansão da cidade foi feita sem um planejamento adequado e feições erosivas começam a se estabelecer, em especial, nas periferias urbanas, onde os cuidados das autoridades ficam, quase sempre, a desejar.

Dessa forma, Selby (1990 e 1993) enfatiza que as voçorocas são mais comuns em: solos profundos formados em *loess*; solos de origem vulcânica; aluviões; colúvio; cascalho; areias consolidadas e detritos resultantes de movimentos de massa, esses tão típicos de áreas urbanas.

Goudie (1995) enfatiza que a erosão que ocorre numa encosta é resultante de processos como salpicamento (*rainsplash*), escoamento superficial (*surface wash*) e ravinamento (*rill erosion*), que por sua vez dependem da erosividade da chuva, da erodibilidade dos solos, das características das encostas e da natureza da cobertura vegetal (Morgan, 1986 e 2005; Guerra, 2008a). A propósito disso, Goudie e Viles (1997) também destacam que a erosão dos solos é um processo geomorfológico natural que ocorre em muitos tipos de terrenos, inclusive nas cidades. Em superfícies com gramíneas ou matas, a erosão ocorre de forma lenta e parece estar balanceada com a formação de solo. Ainda segundo Goudie e Viles (1997), a erosão acelerada ocorre onde os humanos interferem nesse equilíbrio, iniciando pela remoção da cobertura vegetal e continuando pelo uso e manejo inadequados das atividades agrícolas, urbanização (que é o que mais nos interessa neste capítulo), mineração e outras atividades econômicas.

A erosão causada pela água é a forma mais comum e de maior distribuição espacial na superfície terrestre, apesar de nas cidades não costumar ser a principal forma de degradação ambiental (Hasset e Banwart, 1992). Ela possui duas fases básicas: a primeira é a remoção (*detachment*) de partículas, que pode também formar crostas no topo do solo, e a segunda é o transporte dessas partículas na superfície. Entretanto, o transporte de material pode também ser feito em subsuperfície, por meio da formação de dutos (*pipes*), com diâmetros que podem variar de poucos centímetros até vários metros. O material que está acima desses dutos pode sofrer o colapso do teto, dando origem a voçorocas. Esse processo tem acontecido em várias cidades, em diversos países. Aliás, é uma forma erosiva muito comum nas áreas urbanas, já que independe da existência, ou não, de solo exposto, na superfície, para que ela venha a ocorrer.

A água que escoa em superfície, a partir da saturação dos solos e/ou da formação de crostas, forma, antes de escoar, poças que rompem os obstáculos, dando origem ao escoamento superficial. Esse escoamento a princípio é difuso, podendo dar origem à erosão em lençol (*sheet erosion*) ou laminar. Esse processo é mais comum nas periferias das cidades, onde as ruas, muitas vezes, não são calçadas ou onde ainda existem terrenos não construídos, facilitando esse tipo de erosão (Guerra, 2008b).

Segundo Goudie (1990), existem vários trabalhos, em diversas partes do mundo, que ilustram claramente o fato de a urbanização poder criar mudanças significativas nas taxas de erosão. Os índices mais elevados de erosão, segundo Goudie (1989 e1990), ocorrem durante a fase de construção de uma cidade, quando há uma grande quantidade de solo exposto, além de muita perturbação do terreno, devido à movimentação de máquinas e escavações. Goudie (1990) destaca ainda que as taxas erosivas, nas áreas recém-desmatadas para a construção das cidades, podem ser maiores em apenas um ano do que as taxas erosivas referentes a décadas, nos solos agrícolas.

A propósito disso, Carvalho *et al.* (2006) apontam que "a urbanização, como toda obra que interpõe estruturas pouco permeáveis entre o solo e a chuva, faz com que a infiltração diminua e o escoamento superficial seja incrementado, impondo mudança no regime de escoamento localmente drástica. As ruas são as principais adutoras das águas captadas pelos telhados, somadas às do escoamento local que, se desprovidas de drenagem de águas pluviais, podem dar início a processos erosivos de grande escala".

Apesar de as taxas de erosão nas áreas urbanas serem muito elevadas, quando do surgimento de uma cidade, como aponta Goudie (1990), a fase de construção civil não continua para sempre, e, uma vez que ela cesse ou diminua consideravelmente, há uma tendência de essas taxas erosivas diminuírem bastante, em especial naquelas cidades em que o planejamento urbano assegure uma boa infraestrutura de rede de esgotos, galerias pluviais, ruas pavimentadas, praças, áreas verdes etc., o que nem sempre é o caso das cidades nos países em desenvolvimento.

Nesse sentido, Carvalho *et al.* (2006) afirmam que "o agravamento dos problemas erosivos está diretamente relacionado ao crescimento vertiginoso da população urbana, num processo de rápida urbanização, sem planejamento ou com projetos e práticas de parcelamento do solo inadequados e ineficientes. Por outro lado, a ineficiência de algumas obras de infraestrutura e combate à erosão fazem com que elas sejam destruídas em curto espaço de tempo. Isso ocorre devido a fatores como subdimensionamento das estruturas hidráulicas, não consideração das águas subterrâneas, ausência de estruturas de dissipação no lançamento final pelos emissários e falta de conservação e manutenção das obras instaladas".

A propósito disso, Salomão (2007) afirma que, no caso brasileiro, a maior parte das cidades localizadas em terrenos de textura arenosa e relativamente pouco profundos tem sofrido processos de erosão acelerada, por ravinas e voçorocas, causadas, em especial, pela concentração das águas pluviais e servidas, ou seja, devido à falta de uma infraestrutura urbana. O autor destaca ainda que a erosão urbana no Brasil está relacionada à falta de um planejamento adequado, que leve em consideração não só o meio físico, mas também as condições socioeconômicas. Por isso mesmo, a erosão urbana é um fenômeno típico dos países em desenvolvimento, praticamente não existindo essa forma de erosão nos países desenvolvidos (Guerra e Mendonça, 2007).

Outro exemplo de erosão urbana é apresentando por Martins *et al.* (2006), ao apontar que "os processos erosivos no município de Goiânia decorrem de seu processo de ocupação desordenada e do tipo de tratamento que lhes são dados, o que inclui a prática danosa de entulhamento das erosões, com sérias consequências para o sistema de drenagem, notadamente o assoreamento intenso". Esses autores verificaram ainda, em trabalho de campo, que o problema das galerias pluviais também acelera o processo erosivo nessa cidade de três formas: 1. devido ao subdimensionamento das tubulações; 2. em função do lançamento das águas pluviais em áreas de cabeceiras de drenagem; 3. devido ao lançamento das águas pluviais na meia encosta. A combinação desses fatores é responsável pela aceleração da erosão urbana em Goiânia, e isso acontece em diversas outras cidades brasileiras.

6. Conclusões

As encostas urbanas são talvez as formas de relevo mais alteradas nas cidades, principalmente em áreas que passem por um crescimento acelerado e desordenado. As respostas dadas pelo meio acontecem das formas mais variadas possíveis, sendo as mais nítidas aquelas em que são criadas cicatrizes de grandes movimentos de massa, resultantes da ocupação inadequada desses ambientes. A maior ou menor segurança das encostas está, principalmente, nas suas características intrínsecas, como forma, comprimento e também declividade, mas a ocupação e o uso da terra talvez sejam ainda mais críticos para a ocorrência de impactos ambientais do que as próprias características naturais das encostas, em especial em áreas urbanas. Há que levar em conta também as propriedades químicas e físicas dos solos que compõem as encostas e o regime pluviométrico, porque o total das chuvas e sua distribuição são outro elemento natural que irá influenciar sua dinâmica. A maior ou menor cobertura vegetal também pode interferir sobre seu equilíbrio natural.

O estudo das encostas urbanas torna-se cada vez mais importante, uma vez que há necessidade de conhecer, predizer e mitigar os efeitos dos processos geomorfológicos sobre as mesmas, em especial em áreas densamente ocupadas, em que o risco de perda de vidas humanas e bens materiais aumenta de forma significativa. Tais processos são, muitas vezes, catastróficos, impondo custos financeiros e humanos, como destacam Owens e Slaymaker (2004). Os referidos autores apontam também que existe uma série de riscos associados com os ambientes de encostas. Esses riscos não são apenas locais, podendo estender-se por muitos quilômetros, a jusante de onde ocorrem. Ou seja, podem causar danos ambientais não apenas na área em que acontecem os desastres geomorfológicos, mas também em áreas situadas bem distante; são os chamados efeitos *off-site*, que não devem ser desprezados.

Nesse sentido, a geomorfologia das encostas passa a ter um papel importante, juntamente com a pedologia, no diagnóstico de áreas degradadas, porque muitas atividades que os seres humanos desenvolvem na superfície terrestre estão sobre alguma encosta. Existe uma grande interface entre a pedologia e a geomorfologia, e a partir do conhecimento integrado desses dois ramos do saber torna-se mais fácil não só diagnosticar danos ambientais, mas também disponibilizar informações aos técnicos e à sociedade como um todo, a fim de prognosticar a ocorrência desses danos e, consequentemente, evitá-los.

Apesar de as formas das encostas poderem ser examinadas separadamente, na prática os processos geomorfológicos dominantes operam sobre essas superfícies, devido a outros fatores, como clima, geologia, cobertura vegetal, uso e manejo do solo (Guerra e Marçal, 2006). A esse propósito, Small e Clark (1982) destacam algumas características das encostas em relação aos processos operantes, apontando, por exemplo, que em regiões úmidas os segmentos retilíneos das encostas são muito importantes. Tais segmentos ocupam, geralmente, a parte central mais íngreme do perfil, formando paredões abruptos de relevo acentuado, com rocha resistente ao intemperismo, ou então áreas de perfil, com encostas controladas por processos típicos de baixa declividade. As encostas de forma convexa são características de processos de *creep* (rastejamento), erosão por *splash* (salpicamento) e dispersão de fluxos, com lavagem da superfície do terreno. Já as concavidades são associadas tanto à erosão como à deposição, causadas pela água (Guerra, 2008a). Isso mostra que no estudo das encostas, de um modo geral, e no presente caso, das encostas urbanas, há que levar em consideração toda a complexidade de fatores que podem interferir na sua compreensão, no sentido de podermos diagnosticar danos ocorridos nesses ambientes, mas também de prognosticá-los a fim de evitar a ocorrência dessa forma de impacto ambiental, que tantos prejuízos e tantas mortes têm causado nas áreas urbanas.

A aplicação da geomorfologia aos problemas encontrados nas encostas, devido ao seu manejo inadequado, é muito bem descrita por Cooke e Doornkamp (1990), no seu livro *Geomorphology in Environmental Management — An Introduction*, em que os autores apontam que a geomorfologia tem dado sua contribuição ao entendimento do relevo terrestre e também como aplicar esses conhecimentos à prevenção de danos ambientais, utilização de recursos naturais, recuperação de áreas degradadas, uso de áreas para lazer, enfim, toda uma gama de aspectos relacionados às atividades humanas, sobre a superfície terrestre. A tendência da geomorfologia em dar grande atenção ao estudo dos processos tem feito com que as análises venham sendo realizadas com a adoção de técnicas cada vez mais modernas, no sentido de se poderem fazer mapeamentos de áreas de risco de deslizamentos nas encostas, por exemplo, bem como em estações experimentais, onde os processos erosivos são monitorados em parcelas, com diferentes tipos de cobertura vegetal. Como resultado, os geomorfólogos têm participado ativamente em grupos interdisciplinares, dando sua contribuição para que processos geomorfológicos catastróficos não cheguem a ocorrer, evitando toda uma sorte de danos ambientais e perdas de vidas humanas, que temos visto com frequência.

As encostas urbanas são talvez as mais afetadas, devido ao uso mais intensivo, se compararmos às encostas das áreas rurais. As transformações que o homem impõe às encostas situadas nas cidades as tornam cada vez mais suscetíveis de danos, de toda natureza, uma vez que, na maioria das vezes, não há um estudo prévio da sua suscetibilidade à ocorrência de erosão, bem como de movimentos de massa. Sendo assim, este livro se inicia com este capítulo, mas, por intermédio dos outros que se seguem, o leitor deverá estar apto a compreender por que a geomorfologia urbana é apresentada aqui, sob diferentes perspectivas, no sentido de proporcionar uma visão temática e, ao mesmo tempo, integrada de um ramo do saber que se tem desenvolvido bastante nas últimas décadas, como bem demonstram as bibliografias nacional e internacional, embora até hoje ainda não houvesse uma obra especifica, na língua portuguesa, que abordasse esse tema.

7. Referências Bibliográficas

ABRAHAMS, A.D. (1986). *Hillslope Processes.* Allen and Unwin, Londres, Inglaterra, 416p.

ALLISON, R.J. e THOMAS, D.S.G. (1993). The Sensitivity of Landscapes. *In: Landscape Sensitivity* (orgs.): D.S.G. Thomas e R.J. Allison, Editora John Wiley, West Sussex, Inglaterra, 1-5.

CARVALHO, J.C., SALES, M.M., MORTARI, D., FÁZIO, J.A., MOTTA, N.O. e FRANCISCO, R.A. (2006). Processos Erosivos. *In:* Processos Erosivos no Centro-Oeste Brasileiro. J.C. Carvalho, M.M. Sales, N.M. Souza e M.T.S. MELO (orgs.). Editora FINATEC, Brasília, p. 39-91.

COOKE, R.U. e DOORNKAMP, J.C. (1990). Geomorphology in Environmental Management — An Introduction. Oxford University Press, 2ª ed., Oxford, Inglaterra, 410p.

DOUGLAS, I. (1998). Urban Planning Policies for Physical Constraints and Environmental Change. *In: Geomorphology in Environmental Planning.* J.M. Hooke (org.). John Wiley and Sons, Ltd., Devon, Inglaterra, p. 63-86.

FERNANDES, N.F. e AMARAL, C.P. (2009). Movimentos de Massa: Uma Abordagem Geológico-Geomorfológica. *In: Geomorfologia e Meio Ambiente.* A.J.T. Guerra e S.B. Cunha (orgs.), Editora Bertrand Brasil, Rio de Janeiro, 7ª ed., p. 123-194.

FULLEN, M.A. e CATT, J.A. (2004). *Soil Management — Problems and Solutions.* Oxford University Press, Oxford, Inglaterra, 269p.

GONÇALVES, L.F.H. e GUERRA, A.J.T. (2006). Movimentos de Massa na Cidade de Petrópolis (Rio de Janeiro). *In*: *Impactos Ambientais Urbanos no Brasil.* A.J.T. Guerra e S.B. Cunha (orgs.). Editora Bertrand Brasil, Rio de Janeiro, p. 189-252.

GOUDIE, A. (1985). *The Enciclopaedic Dictionary of Physical Geography.* Basil Blackwell Ltd., Oxford, Inglaterra, 528p.

GOUDIE, A. (1989). *The Nature of the Environment.* Oxford, Basil Blackwell Ltd., Inglaterra, 370p.

GOUDIE, A. (1990). *The Human Impact on the Natural Environment.* Oxford, Basil Blackwell Ltd., Inglaterra, 388p.

GOUDIE, A. (1995). *The Changing Earth — Rates of Geomorphological Processes.* Blackwell Publishers, Oxford, Inglaterra, 302p.

GOUDIE, A. e VILES, H. (1997). *The Earth Transformed — An Introduction to Human Impacts on the Environment.* Blackwell Publishers, Oxford, Inglaterra, 276p.

GUERRA, A.J.T. (1995). Catastrophic events in Petrópolis City (Rio de Janeiro State), between 1940 and 1990. *GeoJournal — Disaster Vulnerability of Megacities*, vol. 37, nº 3, Kluwer Academic Publishers, Alemanha, p. 349-354.

GUERRA, A.J.T. (2002). Processos Erosivos nas Encostas. *In*: *Geomorfologia — Exercícios, Técnicas e Aplicações.* S.B. Cunha e A.J.T. Guerra (orgs.). Editora Bertrand Brasil, Rio de Janeiro, 2ª ed., p. 139-155.

GUERRA, A.J.T. (2007). O Início do Processo Erosivo. *In*: *Erosão e Conservação dos Solos — Conceitos, Temas e Aplicações.* A.J.T. Guerra, A.S. Silva e R.G.M. Botelho (orgs.). Editora Bertrand Brasil, Rio de Janeiro, 3ª ed., p. 15-55.

GUERRA, A.J.T. (2008a). Processos Erosivos nas Encostas. *In*: *Geomorfologia — Uma Atualização de Bases e Conceitos.* A.J.T. Guerra e S.B. Cunha (orgs). Editora Bertrand Brasil, Rio de Janeiro, 8ª ed., p. 149-209.

GUERRA, A.J.T. (2008b). Encostas e a Questão Ambiental. *In*: *A Questão Ambiental — Diferentes Abordagens.* S.B. Cunha e A.J.T. Guerra (orgs). Editora Bertrand Brasil, Rio de Janeiro, 4ª ed., p. 191-218.

GUERRA, A.J.T. e MARÇAL, M.S. (2006). *Geomorfologia Ambiental.* Editora Bertrand Brasil, Rio de Janeiro, 189p.

GUERRA, A.J.T. e MENDONÇA, J.K.S. (2007). Erosão dos Solos e a Questão Ambiental. *In*: *Reflexões sobre a Geografia Física no Brasil.* A.C. Vitte e A.J.T. Guerra (orgs.). Editora Bertrand Brasil, Rio de Janeiro, 2ª ed., p. 225-256.

GUERRA, A.J.T., OLIVEIRA, A., OLIVEIRA, F. E GONÇALVES, L. (2007). Mass movements in Petrópolis, Brazil. *Geography Review*, 20, 4, 34-37.

GUERRA, A.J.T. e OLIVEIRA JORGE, M.C. (2009). Mapping hazard risk — a case study of Ubatuba, Brazil. *Geography Review*, 22, 3, 11-13.

GUY, H.P. (1976). Sediment-control methods in urban development: Some examples and implications. *In*: *Urban Geomorphology*. D.R. Coates (orgs.). The Geological Society of America, Colorado, Estados Unidos, p. 21-35.

HADLEY, R.F., LAL, R., ONSTAD, C.A., WALING, D.E. e YAIR, A. (1985). Recent Developments in Erosion and Sediment Yield Studies. *Technical Documents in Hydrology*. Paris, International Hydrological Programme, UNESCO, 127p.

HANSEN, M.J. (1984). Strategies for classification of landslides. *In*: D. Brunsden e D. Prior (orgs.). *Slope Instability*. John Wiley and Sons Ltd. Salisbury, Inglaterra, p.1-25.

HASSET, J.J. e BANWART, W.L. (1992). *Soils and their Environment.* Prentice Hall, Nova Jersey, Estados Unidos, 424p.

LEWIN, J. (1966). *A Geomorphological Study of Slope Profiles in New Forest — UK.* Tese de Doutorado, Universidade de Southampton, Inglaterra.

MARTINS, E.D., SOUZA, N.M., SALES, M.M., NASCIMENTO, M.A.L.S. e OLIVEIRA, M.F.M. (2006). *In*: *Processos Erosivos no Centro-Oeste Brasileiro.* J.C. Carvalho, M.M. Sales, N.M. Souza e M.T.S. Melo (orgs.). Editora FINATEC, Brasília, p.193-220.

MITCHELL, J.K. (1995). Coping with Natural Hazards and Disasters in US-Megacities; Perspectives on the Twenty-First Centuy. *GeoJournal — Disaster Vulnerability of Megacities*, vol. 37, nº 3, Kluwer Academic Publishers, Alemanha, p. 303-312.

MORGAN, R.PC. (1986). *Soil Erosion and Conservation.* Longman Group, Inglaterra, 298p.

MORGAN, R.P.C. (2005). *Soil Erosion and Conservation.* Longman Group, Inglaterra, 3ª ed., 304p.

OLIVEIRA, M.A.T. (2007). Processos Erosivos e Preservação de Áreas de Risco de Erosão por Voçorocas. *In*: *Erosão e Conservação dos Solos — Conceitos,*

Temas e Aplicações. A.J.T. Guerra, A.S. Silva e R.G.M. Botelho (orgs.). Editora Bertrand Brasil, Rio de Janeiro, 3ª ed., p. 58-99.

OWENS, P.N. e SLAYMAKER, O. (2004). An Introduction to Mountain Geomorphology. *In*: *Mountain Geomorphology*. P.N. Owens e O. Slaymaker (orgs.). Arnold, Londres, Inglaterra, p. 3-29.

PARSONS, A.J. (1988). *Hillslope Form.* Routledge, Nova York, Estados Unidos, 212p.

PELLOGIA, A. (1998). *O Homem e o Ambiente Geológico.* Xamã Editora, São Paulo, 271p.

PETLEY, D.J. (1984). Ground investigation, sampling and testing for studies of slope instability. *In*: *Slope Instability*. D. Brunsden e D. Prior (orgs.). John Wiley and Sons Ltd, Salisbury, Inglaterra, p. 67-101.

SELBY, M.J. (1982). *Controls on the Stability and Inclination of Hillslopes Formed on Hard Rocks.* Earth Surface Processes and Landforms, 7, p. 449-467.

SELBY, M.J. (1987). Slopes and Weathering. *In*: *Human Activity and Environmental Processes.* K.J. Gregory e D.E. Walling (orgs.). Editora John Wiley, West Sussex, Inglaterra, p. 183-205.

SELBY, M.J. (1990). *Hillslope Materials and Processes.* Oxford University Press, Oxford, Inglaterra, 1ª ed., 264p.

SELBY, M.J. (1993). *Hillslope Materials and Processes.* Oxford University Press, Oxford, Inglaterra, 2ª ed., 451p.

SMALL, R.J. e CLARK, M.J. (1982). *Slopes and Weathering.* Cambridge University Press, Cambridge, Inglaterra, 112p.

YOUNG, A. (1974). *Slope Profile Survey.* British Geomorphology Research Group. Technical Bulletin, 11.

YOUNG, A. e SAUNDERS, I. (1986). Rates of Surface Processes and Denudation. *In*: *Hillslope Processes.* Allen and Unwin, Londres, Inglaterra, p. 3-27.

CAPÍTULO 2

SOLOS URBANOS

Antonio Soares da Silva

1. INTRODUÇÃO

Cabe esclarecer aqui que não existe distinção entre os solos que estão localizados em áreas rurais e florestadas e os solos utilizados para a implantação das cidades, os solos urbanos. Porém, para ocupar e construir moradias, o ser humano realiza obras que descaracterizam completamente o solo, modificando-o de tal forma, que muitas vezes não se conseguem mais reconhecer suas características originais (Puskás e Farsang, 2009).

Os problemas ambientais que ocorrem nas áreas urbanas muitas vezes são advindos da ocupação de encostas (discutidos nos capítulos sobre geotecnia e encostas urbanas), pela ocupação de solos altamente suscetíveis à erosão (Pereira *et al.*, 1994) ou mesmo pela ocupação dos fundos de vale e áreas sujeitas a inundações.

Os solos de áreas urbanas apresentam grande variação quanto à composição química, física e morfológica. Mesmo áreas em processo de urbanização já apresentam solos com alterações físicas e morfológicas que são resultados das intervenções necessárias para a implantação de residências e ruas. Nas áreas urbanas consolidadas não se pode dizer que há um solo propriamente dito, pois aterros, decapeamentos e a impermeabilização do solo são tão fortes que descaracterizam aquilo que se convencionou chamar de solo. Nas áreas em processo de urbanização, a remoção da cobertura vegetal, implantação de ruas e outras "benfeitorias" podem induzir a processos que resultam na degradação dos solos, levando à perda do horizonte A e mesmo gerando ravinas, voçorocas e assoreamento dos cursos d'água.

Os solos urbanos podem apresentar níveis muito elevados de contaminação nem sempre restrita ao solo; ocorrem diversos casos de contaminação da água subterrânea. As fontes de contaminação são muitas, mas o esgoto não tratado e a disposição inadequada de resíduos urbanos domiciliares e industriais são as principais fontes de contaminação do solo em áreas urbanas. Vazamentos em postos de abastecimentos também se constituem em fonte de alteração das características químicas dos solos em áreas urbanas (Sims *et al.*, 1992).

Parte dos problemas urbanos que ocorrem hoje no Brasil, e mesmo em vários locais do mundo, é oriunda do processo de ocupação da terra. Esses problemas são potencializados quando se ocupa desordenadamente encostas e áreas de várzeas. As respostas da natureza refletir-se-ão em perdas da qualidade de vida, materiais e de vidas humanas.

2. Formação dos Solos

A formação dos solos é o resultado de processos de alteração física e química dos minerais que formam as rochas. Os solos possuem características específicas que são herdadas do material de origem e do ambiente de formação. Os fatores de formação dos solos são: clima, organismos, material de origem, relevo e tempo. A atuação desses fatores e suas inter-relações irão resultar em solos com diferentes características e graus de evolução.

O clima e os organismos são os responsáveis por grandes transformações no material de origem. Pode-se mesmo dizer que esses são fatores ativos devido a sua atuação.

Não é possível distinguir onde termina a influência de um determinado fator e começa a influência de outro. Todos os fatores atuam de maneira conjunta, ora com maior ênfase de um, ora de outro. Didaticamente, serão apresentados de forma separada.

2.1. *Clima*

O clima age diretamente através da precipitação e da temperatura na alteração dos constituintes do material de origem, contribuindo para a geração do excedente ou deficiência hídrica no solo. O aumento da temperatura é o responsável pela maior velocidade das reações químicas no solo, atuando como um catalisador dessas reações. A precipitação hidrata os constituintes e remove os cátions, acelerando as transformações e o processo evolutivo do solo. Dessa forma, ambientes com precipitação e temperaturas elevadas apresentam intensa alteração de rochas e, consequentemente, solos muito profundos e muito alterados (Figura 1). Por outro lado, ambientes com deficiência na precipitação, mas com temperaturas elevadas, criam condições para que solos mais rasos e pedregosos se desenvolvam. No Brasil é possível observar essas variações na formação dos solos devido à ação diferenciada do clima. Na amazônia os solos são muito

Figura 1 — Área de solos profundos a muito profundos. O espesso manto de alteração gera um custo muito elevado para a extração da rocha subjacente. (Foto do autor.)

intemperizados e profundos, cauliníticos, pobres e ácidos (Lepsch, 2002). Na Região Nordeste, a deficiência na precipitação acarreta menor intensidade dos processos pedogenéticos, resultando em solos rasos, cascalhentos, com muitos minerais primários facilmente intemperizáveis e CTC (capacidade de troca catiônica) elevada. Na Região Sul, notadamente nos planaltos, as temperaturas mais baixas inibem a decomposição dos restos vegetais, criando condições para a formação de horizontes A (superficial) ricos em matéria orgânica. Na Região Centro-Oeste, os solos predominantes são muito intemperizados com estrutura microgranular (microagregada) fortemente desenvolvida, cujo processo de formação está associado a processos de bioturbação, posição do solo na paisagem e também com material parental (Reatto *et al.*, 2009).

2.2. Organismos

A atuação dos organismos pode ser dividida pelo papel das macro e microflora, e macro, meso e microfauna, e pela atuação dos seres humanos.

A macroflora, compreendida aqui como a cobertura vegetal, possui um papel extremamente importante na formação dos solos com vários aspectos. O primeiro deles se refere à proteção contra a ação erosiva da chuva. As folhas quebram a energia cinética das gotas, reduzindo o impacto sobre o solo (Guerra, 2008). O segundo está relacionado à redução da evaporação da água do solo. O sombreamento e os restos adicionados em superfície reduzem a temperatura no topo do solo, mantendo a umidade por um tempo mais prolongado. O terceiro diz respeito à ciclagem de nutrientes, que pode ser compreendida como retirada de nutrientes, através das raízes, dos horizontes mais profundos e deposição na superfície. Nesse caso o horizonte A possui maior fertilidade que os horizontes inferiores.

Através da ação conjunta do tipo de cobertura vegetal e clima é possível determinar certos tipos de horizonte A. Por exemplo, na região do semiárido nordestino encontra-se com maior facilidade horizonte A fraco, pois a vegetação de caatinga não possui muitas folhas e portanto não há grande aporte de restos vegetais na superfície do solo. Já na Região Sul os tipos de horizonte A mais encontrados são os proeminentes e/ou húmicos, pois as baixas temperaturas propiciam maior preservação dos restos vegetais e da matéria orgânica, devido à redução da atividade dos microorganismos (IBGE, 2007).

Ainda se pode considerar como ação da vegetação o intemperismo biológico relacionado à fragmentação mecânica das rochas através da ação das raízes. A fixação de pequenas plantas em microfissuras aumenta o tamanho das fraturas com o crescimento das plantas, levando à desagregação total dos blocos rochosos (Figura 2).

A microflora atua quando da colonização de rochas por musgos e liquens e quando estes morrem e começam a sofrer o processo de decomposição, liberando ácidos orgânicos que são responsáveis pela alteração química dos minerais que formam as rochas.

A macro e a mesofauna (formigas, cupins, minhocas e outros animais de maior porte) são os responsáveis pela escavação e abertura de galerias

Figura 2 — As raízes possuem o poder de aumentar as fraturas das rochas intensificando e facilitando a ação do intemperismo, neste caso denominado de intemperismo biológico. (Foto do autor.)

que facilitam a aeração e a circulação de água no solo, assim como promovem a bioturbação, que é a homogeneização do solo pela fauna. No processo de bioturbação os materiais escavados são transportados para a superfície do solo e parte do horizonte A atinge o horizonte B (Resende *et al.*, 1995; Lepsch, 2002).

A microfauna atua na decomposição dos restos orgânicos que chegam ao solo. Estes restos serão transformados em matéria orgânica, contribuindo para a melhoria das condições químicas e físicas do solo.

Finalmente o homem possui um papel relevante na degradação das terras. A utilização de grandes áreas para a prática da agricultura, pecuária e moradia promove profundas alterações nas características dos solos. A agricultura e a pecuária são as principais responsáveis pela redução dos teores de matéria orgânica e da porosidade do solo.

Com relação às alterações na porosidade, Kertzman (1996, *in* Castro, 2007) apresentou as alterações que ocorrem na porosidade quando um latossolo microagregado é submetido ao uso agrícola intensivo. A passagem de máquinas agrícolas promove a compactação do solo, reduzindo sensivelmente sua porosidade.

Nas áreas urbanas as alterações no solo são mais intensas e podem representar o início de diversos problemas, tais como enchentes, erosões e processos de contaminação do solo, principalmente por vazamento de combustíveis.

2.3. Relevo

O relevo atua diretamente sobre o regime hídrico do solo, aumentando ou reduzindo o volume de água e influenciando o fator tempo de formação dos diferentes solos (Resende *et al.*, 1995; Huggett, 1998). Diferentemente do clima, sua atuação é local, na escala da vertente. Os elementos do revelo são a declividade, o comprimento e a forma das vertentes, exposição solar e também a zonação altitudinal.

A declividade tem um papel importante na infiltração ou geração do escoamento superficial. Vertentes com maior declividade tendem a gerar mais fluxos superficiais, reduzindo a taxa de infiltração. Enquanto vertentes com declividades reduzidas tendem a aumentar a taxa de infiltração, reduzindo o escoamento superficial. Nos locais de maior declividade ocorre um fenômeno que é o rejuvenescimento dos solos, devido ao intenso processo erosivo, gerando sempre solos pouco desenvolvidos, tais como os neossolos litólicos e os cambissolos. Por outro lado, em ambiente com declividades mais suaves as condições hídricas mais duradouras permitem um maior desenvolvimento dos solos e de uma vegetação mais exuberante.

O comprimento e a forma da vertente também condicionam o volume de água que consegue permanecer no solo. Vertentes muito curtas não possuem grande área de captação de água, resultando em solos mais rasos. As vertentes mais compridas acumulam mais água, resultando em maior formação dos solos. Nas áreas deprimidas a permanência da água durante períodos muito prolongados, às vezes durante todo o ano, reduz o desenvolvimento dos solos devido ao encharcamento.

A exposição solar reflete a quantidade de radiação do sol que os solos recebem. Sua influência é mais bem percebida nas altas latitudes, porém na Região Sul do Brasil esse fenômeno ainda pode ser observado. As vertentes voltadas para o norte apresentam solos ligeiramente mais secos, mais rasos e com horizontes menos desenvolvidos do que os solos das vertentes voltadas para o sul (Palmiere e Larach, 2003; Lepsch, 2002; Ferreira *et al.*, 2005).

A zonação altitudinal também exerce influência na formação dos solos. Sua atuação sobre a temperatura altera profundamente as características dos solos. Nos ambientes serranos a redução da temperatura produz solos em que é possível acumular a matéria orgânica, formando solos com horizonte A espessos e escuros, mesmo na área tropical. A redução da temperatura também propicia maior acúmulo da umidade no solo, contribuindo também para uma maior taxa de intemperismo e manutenção da matéria orgânica.

2.4. Material de Origem

O material de origem dos solos corresponde a todo material sobre o qual se instala a pedogênese. Os processos pedogenéticos serão os responsáveis pela formação do solo propriamente dito. Na zona tropical, muitas vezes, torna-se difícil distinguir o material de origem dos solos. Os processos de intemperismo, erosão e deposição resultaram no retrabalhamento do material de origem, produzindo solos com as mais diversas características.

Podemos distinguir duas origens dos solos: (a) solos residuais ou autóctones e (b) solos transportados ou alóctones. Os solos residuais possuem como material de origem o substrato rochoso subjacente. Estes solos são originados a partir do intemperismo que atua sobre a rocha, gerando uma camada de rocha alterada, conhecida como saprolito. A partir do saprolito ocorre a atuação dos processos pedogenéticos que irão resultar na formação do solo. Normalmente, estes solos possuem sequência de horizontes A-B-C-R.

Os solos transportados podem ter como origem dois materiais distintos e associados à distância percorrida pelo transporte. O transporte de curta distância dá origem aos solos coluviais. Estes materiais são removidos do trecho superior das encostas e depositados entre a meia encosta e a base. As características desses solos são muito similares às dos solos localizados a montante e ainda possuem minerais herdados do substrato rochoso. São distinguidos principalmente pela coloração ligeiramente mais avermelhada, pela textura mais argilosa e pela estrutura em blocos moderadamente desenvolvidos. Quimicamente há um incremento das bases, porém mineralogicamente não há grande distinção (Silva, 2006).

Quando o transporte é de longa distância, ocorre uma perda total nas características dos sedimentos, o que torna muito difícil sua associação com alguma litologia. Este transporte ocorre na área continental por influência dos rios, dando origem aos solos aluviais. Estes solos são formados por camadas horizontais arenosiltosa resultantes do processo de sedimentação fluvial.

A influência do material de origem pode ser percebida em diversas características do solo. Esta influência pode ser na granulometria, pois um solo desenvolvido sobre arenito terá como principais características textura arenosa, macroporos, baixa retenção de água e baixa fertilidade. Por sua vez, um solo desenvolvido sobre diabásio, basalto e ardósia, em clima quente e úmido, será muito profundo e argiloso.

A influência na cor deriva dos compostos químicos e dos minerais presentes nas rochas. Rochas ricas em ferro tendem a apresentar solos mais avermelhados em ambiente oxidante. Os solos de textura arenosa, tal como o neossolo quartzarênico, necessitam de maior quantidade de pigmento, já os solos de textura arenosa necessitam de menor quantidade deste pigmento.

No clima tropical podem ocorrer mudanças capazes de mascarar essa herança do material de origem. Como dito, o processo de intemperismo muito intenso e o retrabalhamento dos mantos de alteração tendem a mascarar essas influências com adições (coluvionamento) e perdas (lixiviação).

A influência na composição química dos solos é de certa forma direta, sendo mais bem percebida nos climas temperados. Em geral rochas ricas em nutrientes resultarão em solos ricos, e vice-versa. Sempre se deve considerar a possibilidade de perdas e adições devidas à atuação dos demais fatores de formação dos solos, tais como o relevo e os organismos vivos.

Finalmente, existe a influência no tempo de formação do solo. As rochas apresentam composição química e mineralógica distintas. Dessa forma, o intemperismo atuará de maneira diferenciada sobre elas. Rochas que apresentam maior quantidade de minerais pequenos e pouco resistentes à alteração tendem a formar solos muito profundos e argilosos. E rochas que possuem maior quantidade de minerais resistentes à alteração, tais como o quartzo, tendem a apresentar solos mais rasos e com maior quantidade de areia.

As comparações entre solos formados a partir de materiais de origem diferentes devem ser feitas dentro do mesmo clima, pois mudanças no clima resultarão em processos diferenciados. A velocidade com a qual um gnaisse se altera em clima tropical úmido é diferente da velocidade de alteração em clima tropical seco, devido principalmente à quantidade de água circulando no solo e sobre as rochas.

2.5. *Tempo*

O tempo é o agente mais passivo e o mais difícil de avaliar na formação dos solos. Existe uma grande dificuldade em se determinar com exatidão o início da formação do solo, devido à ausência de divisão entre a produção do saprolito (catamorfismo) e solo (pedogênese) (Lepsch, 2002).

A idade do solo deve ser correlacionada com seu grau de evolução. A idade absoluta é muitas vezes imprecisa devido principalmente à grande mobilização de matéria que ocorre no clima tropical e devido à ação dos organismos vivos (Vieira, 1988 e Lepsch, 2002). Em alguns casos extremos é possível estabelecer uma ordem cronológica e afirmar a idade mais ou menos recente do solo, através da idade dos depósitos de onde o solo se originou. As planícies aluvionares que resultam em solos jovens (neossolo quartzarênico) têm sua formação associada ao quaternário, ou seja, são depósitos cuja idade data dos últimos 1,8 milhão anos. Quando comparados com os solos desenvolvidos em superfícies antigas de erosão localizadas no Planalto Central brasileiro, pode-se afirmar que aqueles solos das planícies aluvionares são mais jovens que estes solos desenvolvidos no Planalto Central brasileiro (Casseti, 1994; Reato *et al.*, 2009). Mesmo assim, não teremos precisão na idade do solo. A idade absoluta é mais difícil devido aos fatos mencionados, porém a idade relativa, ou seja, sua evolução e maturidade, é mais fácil de ser avaliada. Como exemplo, podemos citar os solos da amazônia equatorial: a intensidade das chuvas e as elevadas temperaturas possibilitam uma maior quantidade de reações químicas que produzem solos pobres quimicamente e muito profundos. Já no Nordeste semiárido, a baixa precipitação produz solos rasos, cascalhentos e ricos em bases, portanto solos considerados jovens.

3. *Processos Pedogenéticos*

A pedogênese será a responsável pela presença de certos processos que resultarão na diferenciação dos horizontes e, por consequência, na própria diferenciação dos solos.

São quatro os processos pedogenéticos: adição, remoção, translocação e transformação. Como adição entende-se a presença de certos componentes que não faziam parte do material de origem do solo. O melhor exemplo de adição é a matéria orgânica presente no solo, a partir da decomposição dos restos vegetais e animais.

A remoção ocorre quando a precipitação é maior que a evapotranspiração. Nesta situação cátions são removidos e lixiviados do solo. Este fenômeno é muito comum na região tropical e equatorial, onde há excedente de precipitação.

A translocação envolve a mudança de matéria dentro do perfil. A translocação de sais, argila, matéria orgânica, carbonatos e sesquióxidos altera significativamente as características químicas e morfológicas dos solos, sendo, por exemplo, responsável pela presença de horizonte E nos solos que apresentam translocação de argila. Ou ainda pela presença do horizonte B espódico, quando ocorre a translocação de matéria orgânica e/ou sesquióxidos.

A transformação envolve a formação da estrutura, a pedoturbação e o fendilhamento. Nos solos residuais, a rocha, quando submetida aos agentes intempéricos, perde resistência mecânica e se transforma em um material friável, que muitas vezes consegue ser removido com as mãos. A formação da estrutura permite que este material desagregado ganhe novamente resistência mecânica devido à formação de argila. Em taludes de corte a exposição do saprolito é o responsável pela maior parte dos escorregamentos (vide capítulo sobre geotecnia). O horizonte B (mais argiloso) é muito mais resistente à ação da água da chuva, porém a camada inferior, que não apresenta uma grande ação dos processos pedogenéticos, é facilmente removida, dando origem a diversos escorregamentos nas estradas e mesmo em cortes para a construção de moradias.

A pedoturbação compreende os processos de modificação do solo por organismos vivos. Entre os mais ativos estão as minhocas e os cupins. Estes organismos misturam os diversos horizontes do solo, introduzem matéria orgânica e abrem galerias por onde circulam mais livremente água, ar e matéria sólida, tornando o solo mais homogêneo.

O fendilhamento é mais bem percebido em solos com elevados conteúdo de argila expansível. Em climas com estações alternadas, seca e úmida, o solo apresenta grandes diferenças de volume. Durante a estação seca a contração das argilas é a responsável pela abertura de fendas. Durante a estação úmida o processo é invertido. Parte da água é retida pelos argilominerais que se expandem, fechando as fendas abertas na estação seca, reduzindo sensivelmente a taxa de infiltração de água no solo.

4. Classes de Solo no Brasil

O atual sistema de classificação de solos vigente no Brasil é uma evolução do antigo sistema americano de classificação dos solos (IBGE, 2007). Os conceitos que formam a base do sistema brasileiro de classificação foram adaptados, através da alteração de conceitos, critérios, criação de novas classes, desmembramento de algumas classes originais e formalização do reconhecimento de subclasses de natureza transicional ou intermediárias. Porém, quando se analisa o atual sistema de classificação observa-se que não está prevista uma classe para os solos localizados em áreas urbanas. Nos mapas pedológicos o sítio urbano das cidades está assinalado como mancha urbana, como ocorre no mapa de solos do Estado de São Paulo. Nestas áreas não existe a informação sobre as classes de solo onde está assentada a área urbana (Oliveira *et al.*, 1999).

A dificuldade em se realizarem observações em áreas urbanas é muito grande, pois nem sempre existem obras que promovam a retirada da camada de asfalto e concreto que recobre os solos. Além disso, o nosso sistema de classificação não prevê a observação desses tipos de solos.

O Sistema Brasileiro de Classificação de Solos é o resultado da participação de várias instituições de ensino e pesquisa que buscam um sistema hierárquico, multicategórico e aberto, permitindo assim a inclusão de novas classes e que torne possível a classificação de todos os solos existentes no território nacional.

São 13 classes de solos em primeiro nível categórico, e não convém aqui citar as características de cada uma delas. Para tal, recomenda-se a leitura de diversas publicações relacionadas ao Sistema Brasileiro de Classificação de Solos (Lepsch, 2002; Resende *et al.*, 2002; Embrapa, 2006; IBGE, 2007).

Essas classes de solos são definidas a partir das observações realizadas por pesquisadores de diversas instituições. Todo o trabalho desenvolvido no sistema de classificação está baseado nos solos que não foram afetados pela implantação de áreas urbanas.

Nos ambientes rurais ou não urbanizados é então possível observar a ação dos processos pedogenéticos, assim como os fatores de formação dos solos na individualização dos diferentes tipos de solos. Em teoria nas áreas urbanas os fatores e os processos permanecem os mesmos, porém a completa impermeabilização dos solos, bem como a remoção de parte dos horizontes impedem que seja aplicado o atual sistema de classificação em áreas urbanas.

Apenas com o objetivo de exercitar, podemos separar os solos em duas categorias: solos hidromórficos e aqueles formados em condições de restrição de percolação de água; e solos não hidromórficos. Esta divisão pode parecer muito ampla, mas auxilia a compreender como ocorrem graves problemas ambientais, tais como: erosão, inundação, movimentos de massa e outros.

Os solos hidromórficos não apresentam riscos de erosão e movimentos de massa, mas possuem sérios riscos de contaminação do lençol freático e estão localizados em áreas sujeitas as inundações. Os solos não hidromórficos, por sua vez, estão sujeitos aos processos erosivos e movimentos de massa.

Solos hidromórficos são aqueles que apresentam sua morfologia condicionada pela presença de água durante o ano inteiro, ou em grande parte do ano. Estes solos ocorrem nos fundos de vale, nas áreas deprimidas ou ainda nas áreas em que, de alguma forma, ocorra restrição à percolação da água (Curi, 1993).

Os gleissolos e organossolos são considerados solos hidromórficos, enquanto planossolos, plintossolos, neossolos quartzarênicos hidromórficos apresentam alguma influência da água no seu processo de formação. Estes solos possuem características que indicam tendência à ocorrência de inundações, por se localizarem em áreas planas. Alguns solos podem alterar suas características de acordo com as condições hídricas; os vertissolos, durante o período da estiagem, apresentam grandes fendas que resultam da contração e expansão de argilas. Durante a estação úmida essas fendas são fechadas e a drenagem passa a ser imperfeita. Os neossolos flúvicos não são considerados solos hidromórficos, mas estão localizados próximo aos canais fluviais e podem sofrer inundações durante eventos de precipitações excepcionais.

Como visto, parte destes solos não está incluída na categoria de solos hidromórficos, mas mesmo assim estão sujeitos a inundações periódicas. A ocupação dessas unidades de solo em áreas urbanas representa alto risco para a população, pois episodicamente esses locais são inundados. O mapeamento de solos em áreas urbanas, mesmo não classificando adequadamente esses materiais, deveria contemplar o risco de inundação.

A ocupação das margens dos rios é um fato relativamente comum. Esses ambientes na maioria das vezes são ocupados por pessoas de baixo poder aquisitivo ou são destinados à implantação de ruas e avenidas. As margens dos rios são ambientes destinados ao escoamento das águas durante as cheias mais intensas e com elevado intervalo de recorrência. À medida que os solos hidromórficos, normalmente associados às áreas de várzea, são ocupados e as áreas impermeabilizadas aumentam acentuadamente, a frequência das inundações é maior, assim como ocorrem maiores picos de cheias e locais alagados. Cidades como Rio de Janeiro, São Paulo e Belo Horizonte convivem anualmente com os diversos problemas urbanos associados a inundações nas planícies dos diversos rios que cortam essas cidades. Um mapa de solo que desconsiderasse a cobertura de concreto e asfalto encontraria gleissolos e neossolos flúvicos como unidades de mapeamento principais. Todos esses problemas seriam amenizados ou mesmo eliminados se esses ambientes não estivessem ocupados.

No ambiente de encosta os processos são diferentes. Predomina a remoção de partículas do solo através da erosão causada pela água da chuva. A remoção da cobertura vegetal potencializa a erosão dos solos durante a implantação das áreas urbanas (Salomão, 2007). Nas áreas com urbanização consolidada, ou seja, com galerias de águas pluviais, calçamento e outros aparatos urbanos, os riscos de erosão são minimizados (Botelho e Silva, 2007).

Em países como o Brasil, em que existe uma grande pressão nos centros urbanos, é cada vez mais comum a incidência de processos erosivos em áreas periurbanas (Guerra e Mendonça, 2007). Trabalhos como os de Salomão (1994 e 2007), Pedro e Lorandi (2004), Guerra *et al.* (2005), Guerra e Mendonça (2007) mostram como é grave a situação. Cidades que possuem solo com elevados teores de areia (neossolos quartzarênicos) são as mais afetadas pela erosão urbana. Esses processos acelerados ameaçam o patrimônio público e privado, e são de controle extremamente difícil.

5. Ocupação e Uso do Solo em Áreas Urbanas

As modificações executadas na paisagem para a implantação de cidades afetam diretamente a dinâmica hidrológica, alterando os caminhos por onde a água circula. A retirada da cobertura vegetal produz alterações muito drásticas no ciclo hidrológico, capazes de provocar grandes danos nas áreas urbanas. Quando a ocupação é de forma desordenada a degradação dos solos é maior. Processos erosivos, movimentos de massa e inundações respondem por parte dos danos ambientais em áreas urbanas.

Botelho e Silva (2007) apresentaram as principais alterações no ciclo hidrológico provocadas pela ocupação do espaço urbano, destacando a impermeabilização do terreno, através das edificações e da pavimentação das vias de circulação.

Se avaliarmos o papel da água no processo de formação dos solos, na recarga do lençol freático e dos aquíferos, constatamos que nas áreas urbanas este processo praticamente é eliminado, uma vez que há o predomínio do escoamento superficial em detrimento do processo de infiltração.

Além desse fato, ressalta-se toda a gama de problemas ambientais relacionados aos solos e ao relevo que ocorrem nas áreas urbanas motivados pela ocupação de encostas e fundos de vale. Várias cidades do Brasil ficam à mercê de eventos pluviométricos extremos que provocam graves perdas humanas e materiais (Guerra, 1995; Smyth e Royle, 1999; Dias e Herman, 2002; Pinheiro *et al.*, 2003).

5.1. O Comportamento dos Solos em Face da Intervenção Através da Urbanização

As áreas urbanas apresentam ecossistemas que possuem condições climáticas, vegetação, fauna, solos e hidrologia muito específicas e associadas diretamente às intervenções realizadas pelo homem. Nas áreas rurais essas características derivam de um longo processo de evolução, e nas áreas urbanas os artefatos e materiais encontrados nos solos datam de poucos anos.

A variabilidade das camadas de solos é marcada por traços que mostram parte da cultura das sociedades que ali viveram. Os povos mais antigos deixaram restos de cerâmicas, ossos, conchas que hoje já estão de certa forma incorporadas aos solos. As pesquisas arqueológicas em vários locais do Brasil e do mundo mostram a importância dos povos primitivos na composição dos solos (Glaser *et al.*, 2001; Lima *et al.*, 2002; Negra e Novelino, 2005; Cunha *et al.*, 2007).

Um exemplo da influência dos seres humanos pode ser mostrado a partir da deposição de conchas calcárias que modificam as características dos solos. Muitos dos sambaquis, relativamente comuns no litoral do Brasil, já foram incorporados ao solo e mesmo recobertos por um novo horizonte A (Figura 3).

O homem moderno, urbano e dotado de todo o aparato tecnológico deposita nos solos, resíduos em quantidade muito superior à que a natureza pode reciclar. Ressalta-se também que estes resíduos "modernos" têm uma vida acentuadamente maior do que a dos artefatos dos homens primitivos. Alguns dos materiais podem levar centenas de anos no meio ambiente, devido ao tempo muito prolongado para sua decomposição.

A construção de edificações e as demais atividades desenvolvidas nas cidades são os responsáveis por todas as alterações ambientais, traduzidas na intensa remoção da cobertura vegetal e na elevada compactação, bem como pela contaminação dos solos (Puskás e Farsang, 2009).

As consequências da retirada da cobertura vegetal são o aumento do escoamento superficial, da taxa de erosão e dos picos de cheias nas bacias hidrográficas. A compactação do solo afeta as características hidrológicas assim como a aeração do solo, contribuindo também para o aumento do

Figura 3 — Restos de conchas depositados no solo e recobertos por um novo horizonte A. O material incorporado ao solo altera as características originais do solo, representando em fonte de carbonato de cálcio no solo.

escoamento superficial. A decomposição microbiana é mais lenta, pois a redução na infiltração e na quantidade de oxigênio não é suficiente para manter os microorganismos.

Nas cidades a temperatura do ar é relativamente mais alta do que nas áreas do entorno. Logo a temperatura do solo também é mais elevada. Este acréscimo na temperatura tem como consequência uma maior evaporação, deixando os solos mais secos com menores condições para aumentar a atividade microbiana.

Nas áreas urbanas, os solos também são utilizados como reservatório de produtos tóxicos. O vazamento destes produtos contamina o solo e o lençol freático. As fontes destes elementos tóxicos são as mais diversas: postos de combustíveis, reservatórios de óleos em indústrias, fábricas de fertilizantes e de outros produtos químicos.

O aumento de metais pesados, tais como cobre, chumbo, zinco, cádmio, cromo e outros nos solos e água subterrânea está associado aos complexos industriais e muitas vezes aos depósitos irregulares de resíduos sólidos que existem na periferia da maioria das cidades brasileiras.

Sisinno e Moreira (1996) e Sisinno e Oliveira (2000) relatam que lixões e aterros controlados configuram-se como focos potenciais de poluição, influenciando negativamente a qualidade da saúde humana e ambiental nas regiões sob sua influência. As maiores concentrações de cádmio, cromo, cobre, ferro, níquel, chumbo e zinco são observadas no solo do sítio limítrofe de um aterro controlado e no sedimento da vala do aterro, indicando tendência à retenção destes elementos nesses setores. Os autores destacam que a qualidade das águas superficiais e subterrâneas é ruim, com a presença de coliformes nas amostras analisadas, além da evidência nas águas superficiais de grande carga de compostos orgânicos expressos pelos valores de DQO (5.200mg/l) e DBO (2.800mg/l), e das concentrações de Fe (6,4mg/l), Mn (2,4mg/l), Ni (0,12mg/l) e Zn (0,23mg/l) acima dos limites permissíveis pela legislação ambiental.

Oliveira *et al.* (1995) estudaram o caso de contaminação do solo em uma fábrica para a produção do pesticida hexaclorociclohexano (HCH) pertencente ao então Ministério da Educação e Saúde, localizada na Cidade dos Meninos, Duque de Caxias, RJ. A fábrica foi desativada em 1955, e parte da sua produção e de seus rejeitos foi abandonada no local. Toneladas do produto ficaram sujeitas às ações dos ventos e chuvas, e disponíveis para aproximadamente mil pessoas, incluindo cerca de 400 crianças que lá residem, devido ao fácil acesso ao pátio da fábrica. Amostras de sangue coletadas em moradores da área mostraram níveis de contaminação humana pelo HCH elevados. As maiores concentrações foram encontradas nas pessoas vivendo dentro de um raio de 100m em torno dos escombros da fábrica. Amostras de solo e de pasto do local, coletadas em distâncias inferiores a 100m das ruínas da antiga fábrica, apresentaram concentrações dos isômeros do HCH de milhares de ppb (partes por bilhão), evidenciando alta poluição ambiental.

Fica claro que os solos nas áreas urbanas perdem completamente suas funções naturais, assumindo novos papéis que incluem a disposição de resíduos sólidos, efluentes industriais, atividades de transporte, produção industrial, edificações e outras estruturas urbanas (Puskás e Farsang, 2009).

Pedron *et al.* (2007) e Puskás e Farsang (2009) discutem que não existem nos sistemas de classificação dos solos previsões para a incorporação dos solos urbanos. A maior parte dos sistemas de classificação está baseada na função ecológica dos solos e como suporte dos vegetais. Em geomorfologia já existem propostas metodológicas para incluir nos diversos mapeamentos as feições criadas pelas atividades humanas. Ross (1992) propôs incluir no sexto táxon as formas menores resultantes da ação do processo erosivo ou deposição atual. Estão incluídas nestas formas as voçorocas, ravinas, cortes de talude, escavações, depósitos tecnogênicos (assoreamentos, aterros, bota-fora), cicatrizes de escorregamentos, bancos de deposição fluvial e outros.

Na pedologia os materiais que sustentam as formas resultantes dos depósitos tecnogênicos não estão incorporados nos sistemas de classificação. Assim, Puskás e Farsang (2009) propõem a criação e individualização de um grupo de solo que é o resultado diretamente das atividades humanas e que, devido ao seu curto espaço de tempo evolutivo, não foi submetido aos processos pedogenéticos apresentados no início deste capítulo. Esses solos receberiam o nome de tecnossolos (*technosols*), e sua distinção está diretamente relacionada aos materiais de origem tecnológica depositados.

Estes materiais frequentemente possuem constituintes tóxicos ou podem ser altamente reativos. Para Fao *et al.* (2006) a classificação seria feita a partir da presença destes materiais tóxicos de origem orgânica ou inorgânica e outros íons tóxicos, tais como alumínio, ferro, sódio, cálcio e magnésio em camada de até 50cm de profundidade.

A partir dessas informações Puskás e Farsang (2009) apresentam os principais parâmetros de um solo urbano na Hungria. Em média, os artefatos podem constituir até 23% de um solo. A quantidade é maior próximo aos núcleos urbanos e é menor à medida que se distancia das cidades. O conteúdo de matéria orgânica é menor que nos solos naturais e varia entre 0,6 e 1,9%, sendo a maior parte dos solos com teores muito baixos. A razão desses baixos valores deve-se aos horizontes construídos artificialmente a partir de materiais com rocha pouco alterada. O pH possui valores entre 7,9 e 8,8 com boa correlação com o conteúdo de carbonatos. Os solos construídos apresentam forte tendência à alcalinidade.

O conteúdo de metais pesados no topo do solo mostra um enriquecimento para cobre, níquel, chumbo e zinco. Os valores acima das taxas para solos naturais refletem a origem humana. Por outro lado, valores de cromo e cobalto abaixo dos valores de referência mostram uma origem natural para esses elementos.

As transformações nos solos são facilmente observadas através da modificação horizontal e vertical dos parâmetros originais dos solos. Artefatos, teores variáveis e baixos de matéria orgânica e nitrogênio, grande variação no pH e no conteúdo de carbonatos assim como a modificação dos parâmetros físicos dos solos são as evidências que atestam todas as transformações atribuídas às atividades humanas.

Todas essas características mostram a baixa qualidade do solo urbano. Os teores de metais pesados são ótimos marcadores da qualidade do ambiente urbano, principalmente os elementos considerados por Puskás e Farsang (2009) de origem antropogênica.

6. Contaminação dos Solos Urbanos

Os principais agentes de contaminação dos solos nas áreas urbanas são as atividades industriais, os poços de combustíveis e os depósitos de resíduos urbanos e industriais. Não faltam exemplos de contaminação dos solos por lixões e aterros controlados.

Sisinno e Moreira (1996) e Sisinno e Oliveira (2000) relatam o processo de contaminação dos solos, águas superficiais e subterrâneas pelo aterro controlado do Morro do Céu (Niterói, RJ). Os autores destacam o pH ácido do solo da região próxima ao aterro (pH 5,0), enquanto nos locais mais afastados o pH do solo é próximo a 6,0. Os autores ressaltam que o carbono orgânico total e nitrogênio são claramente influenciados pela presença de chorume. O solo e os sedimentos são os meios em que os metais aparecem em maiores concentrações, indicando uma tendência à retenção desses contaminantes no local. A presença de metais pesados reduz a qualidade das águas do córrego e dos solos, indicando o comprometimento das áreas para o uso de cultivos para alimentação.

Os resultados obtidos neste trabalho indicam que na área do aterro controlado do Morro do Céu está havendo contaminação microbiológica dos compartimentos ambientais, além de uma baixa contaminação por metais e elevada contaminação orgânica, contribuindo para o agravamento da degradação ambiental e um decréscimo na qualidade de vida dos moradores das proximidades.

A migração de contaminantes no solo depende muito da natureza do contaminante e das características dos materiais de superfície. Existe uma zona que está permanentemente saturada; uma segunda zona, não saturada, é chamada de zona vadosa. A zona vadosa estende-se desde a superfície do solo até o topo da franja capilar, contendo uma pequena quantidade de água. A zona saturada pode ser constituída por diversas camadas de rocha e solo, e todos os espaços vazios estão preenchidos por água. Essa zona tem como limite superior o nível do lençol freático.

A migração de contaminantes líquidos em cada uma dessas zonas é completamente diferente, estando relacionada com algumas propriedades físicas do solos, tais como porosidade, condutividade hidráulica e natureza das diversas camadas e horizontes.

Nos solos naturais normalmente existe uma gradação entre os diversos horizontes que é o resultado direto da ação dos processos pedogenéticos, sendo mais fácil a determinação da velocidade e da direção dos contaminantes. Nos solos urbanos, onde várias alterações nas características físicas e químicas foram implementadas, não é tão simples assim determinar a velocidade e a direção do fluxo dos contaminantes.

A heterogeneidade é muito mais acentuada nos solos construídos. As diferenças na granulometria dos materiais, o processo de compactação e a estratificação podem confinar ou mesmo impedir a migração de fluidos ou deixá-los circularem com mais facilidade. A existência de lentes mais argilosas pode promover a migração lateral dos fluidos e depois continuar seu movimento descendente (Guiguer, 2000).

A situação da contaminação dos solos em áreas urbanas é muito grave, pois muitas vezes só se percebe a contaminação após a extensão de grandes áreas e após os contaminantes atingirem o lençol freático. Este último exemplo é relativamente comum em postos de combustíveis. Os tanques de combustíveis são enterrados no solo, e não é um fato raro a ocorrência de vazamentos (Figura 4). A implantação de mecanismos de monitoramento e de retenção de combustíveis pode evitar a disseminação dos combustíveis, mas nem todos os postos de abastecimento estão equipados com esses dispositivos, principalmente os mais antigos.

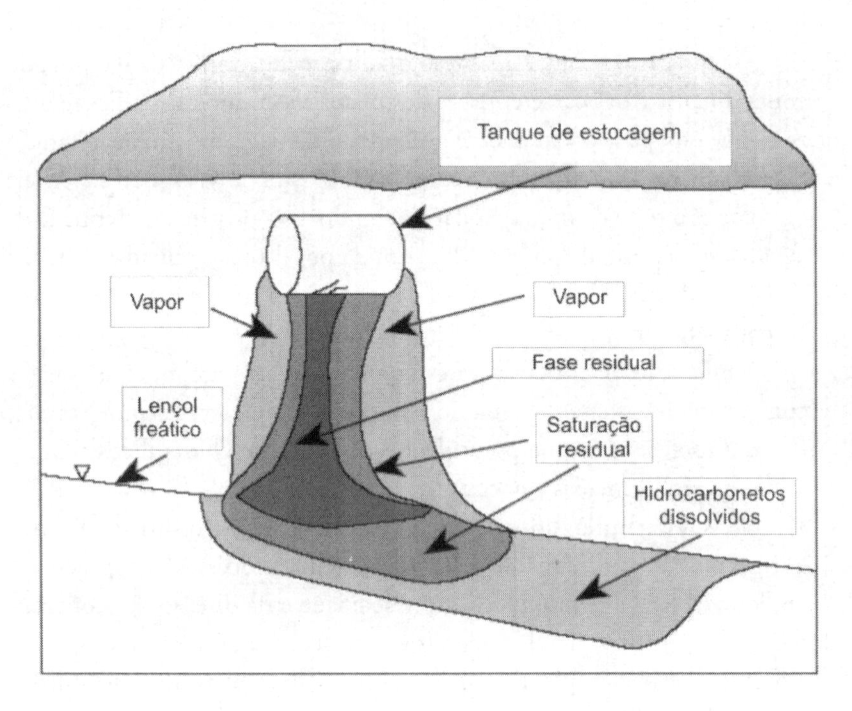

Figura 4 — Região contaminada a partir do vazamento de combustíveis em tanques enterrados. (Fonte: Modificado de Sims *et al.*, 1992.)

As atividades industriais representam outra fonte de contaminação dos solos e das águas superficiais e subterrâneas. Não é fato raro a ocorrência de grandes acidentes que colocam em risco o abastecimento de água de milhares de pessoas. Alguns exemplos podem ser citados aqui, e um deles é a Cia. Mercantil Ingá, localizada na cidade de Itaguaí (RJ). Os rejeitos da massa falida, cuja atividade principal era a produção de zinco, eram estocados em barragem de efluentes nos fundos da planta industrial.

Os principais elementos presentes nos rejeitos eram zinco, cádmio e chumbo, que vazaram da barragem e atingiram a baía de Sepetiba.

A aquisição de imóveis em zonas urbanas deve ser precedida de uma avaliação criteriosa do solo. É comum a existência de passivos ambientais que não estão visíveis, e sem uma pesquisa do subsolo não é possível detectar. Durante a construção do Fórum de Mesquita, no Rio de Janeiro (RJ) foram encontrados hidrocarbonetos em tubulação enterrada no terreno. Devido à escavação para a construção da edificação, essas manilhas começaram a vazar parte do óleo e ocorreu a contaminação do solo e do lençol freático (Figuras 5 e 6).

Figuras 5 e 6 — Manilha enterrada com restos de óleo, cujo vazamento possibilitou a contaminação do solo e do lençol freático.

7. *Conclusões*

Os solos urbanos apresentam características que os diferem completamente dos solos localizados em áreas rurais. A presença de artefatos, camadas compactadas, teor reduzido de carbono orgânico e contaminantes são as principais características que diferem esses solos.

Os processos pedogenéticos responsáveis pela formação e desenvolvimento dos solos são substituídos pela ação do homem, que retira materiais, executa obras de terraplenagem, promove a compactação e adiciona compostos nocivos ao meio ambiente.

Os diversos sistemas de classificação não contemplam ou mesmo não preveem os solos urbanos, chamados por Puskás e Farsang (2009) de tecnossolos (*technosols*). Suas características não seguem um padrão, pois dependem muito da natureza dos materiais depositados. Próximo aos sítios urbanos as alterações são mais acentuadas e estão associadas ao nível de consumo, cultural e de renda da população.

A deposição de resíduos de natureza diversa e a compactação desses materiais criam condições para o desenvolvimento de solos com baixa permeabilidade e aeração, reduzido teor de carbono orgânico e baixa atividade biológica.

É fundamental que novos trabalhos sejam desenvolvidos, permitindo assim a criação de um padrão de informações para que esses solos sejam incluídos nos diversos sistemas de classificação, como propõe Puskás e Farsang (2009) para os tecnossolos, e Pedron *et al.* (2001) para os antropossolos.

8. Referências Bibliográficas

BOTELHO, R. G. M. e SILVA, A. S. 2007. Capítulo do livro sobre bacias hidrográficas em áreas urbanas.

CASSETI, W. 1994. *Elementos de Geomorfologia.* Goiânia. Editora da UFG. 137p.

CASTRO, S. S. 1989. *Sistemas de transformação pedológica em Marília, SP: B latossólicos e B texturais.* São Paulo. (Tese de Doutorado FFLCH-USP. Departamento de Geografia.)

__________. 2007. Micromorfologia de Solos Aplicada ao Diagnóstico da Erosão. *In: Erosão e conservação dos solos — conceitos, temas e aplicações.* A. J. T. Guerra.: A. S. Silva e R. G. M. Botelho (orgs.). 3ª. ed. BCD União de Editoras S.A. — Bertrand Brasil. Rio de Janeiro, p. 127-163.

CUNHA, T. J. F.; MADARI, B. E.; BENITES, V. M.; CANELLAS, L. P.; NOVOTNY, E. H.; MOUTTA, R. O.; TROMPOWSKY, P. M.; SANTOS, G. A. Fracionamento químico da matéria orgânica e características de ácidos húmicos de solos com horizonte a antrópico da amazônia (terra preta). *Acta Amazônica.* Vol. 37(1):91-98.

CURI, N. (coord.). *Vocabulário de Ciência do Solo.* Campinas, Sociedade Brasileira de Ciência do Solo, 1993, 90p.

DIAS, F. P. e HERRMANN, M. L. P. 2002. Susceptibilidade a deslizamentos: estudo de caso no Bairro Saco Grande, Florianópolis — SC. *Caminhos da Geografia,* v. 3, n. 6, p. 57-73.

EMBRAPA. 2006. Centro Nacional de Pesquisa de Solos. *Sistema brasileiro de classificação de solos,* 2ª. ed. Brasília; Rio de Janeiro, 2006, 306p.

FAO (Food and Agriculture Organization of the United Nations), IUSS (International Union of Soil Sciences), ISRIC (International Soil Reference and Information Centre). 2006 (the first update 2007). *World reference base for soil resources. A framework for international classification, correlationtion and communication,* Roma, Itália, p.128. (http://www.fao.org/ag/agl/agll/wrb/doc/wrb2006final.pdf).

FERREIRA, F. P.; AZEVEDO, A. C; WAPPLER, D.; KANIESKI, A.; GIRELLI, D. e PEDROTTI, J. (2005). Exposição solar e propriedades dos solos em Santa Maria — RS. *Revista Brasileira de Agrociência,* v. 11 (3): 377-381.

GLASER, B; HAUMAIER, L; GUGGENBERGER, G. e ZECH, W. 2001. The "Terra Preta" phenomenon: a model for sustenaible agriculture in the humid tropic. *Naturwissenschaften* 88: 37-41.

GUERRA, A. J. T. 1995. The Catastrophic Events In Petrópolis City (Rio de Janeiro State), Between 1940 and 1990. *Geojournal,* Alemanha, v. 37, p. 349-354.

__________. 2008. Processos erosivos nas encostas. *In: Geomorfologia: uma atualização de bases e conceitos.* A. J. T. Guerra e S. B. Cunha (orgs.). Bertrand Brasil, Rio de Janeiro, p. 149-209.

GUERRA, A. J. T.; MARÇAL, M. S.; POLIVANOV, H.; SATHLER, R.; MENDONÇA, J. K. S.; GUERRA, T. T.; BEZERRA, F.; FEITOSA, A. C.; FULLEN, M. 2005. Environmental management and health risks of soil erosion gullies in São Luis (Brazil) and their potential remediation using palm-leaf geotextiles. *In*: C.A. Brebbia; V. Popov; D. Fayzieva (orgs.). *Environmental Health Risk III.* Southampton: Wessex Institute of Technology Press, 2005, v. 9, p. 459-467.

GUIGUER, N. 2000. *Poluição das águas subterrâneas e do solo causada por vazamentos em postos de abastecimento.* Waterloo Hydrogeologic Inc.

HUGGETT, R. J. 1998. Soil chronosequences, soil development, and soil evolution: a critical review. *Catena* 32: 155-172, 1998.

IBGE. Fundação Instituto Brasileiro de Geografia e Estatística. 2007. *Manual Técnico de Pedologia.* 320 p.

LEPSCH, I. F. (2002). *Formação e conservação do solos.* São Paulo. Oficina de Textos, 178p.

LIMA, H. N.; SHAEFER, C. E. R.; MELLO, J. W. V.; GILKES, R. J.; KER, J. C. 2002. Pedogenesis and pre-Colombian land use of "Terra Preta Anthrosols" ("Indian black earth") of Western Amazonia. *Geoderma,* vol. 110: 1-17.

NEGRA, C. E. D. e NOVELLINO, P. S. 2005. "Aquiheucó": um cementerio arqueológico, en el norte de la Patagônia, Valle Del Curi Leuvú — Neuquén, Argentina. *Magallania,* vol. 33 (2):165-172.

OLIVEIRA, R. M.; BRILHANTE, O. M.; MOREIRA, J. C.; e MIRANDA, A. C. 1995. Contaminação por hexaclorociclohexanos em área urbana da região Sudeste do Brasil. *Revista Saúde Pública,* 29(3):228-233, 1995.

OLIVEIRA, J. B.; CAMARGO, M. N.; ROSSI, M.; e CALDERANO FILHO, B. 1999. Mapa Pedológico do Estado de São Paulo. Campinas. EMBRAPA / IAC.

PALMIERE, F. e LARACH, J. O. I. 2003. Pedologia e geomorfologia. *In.:* Geomorfologia e meio ambiente. A. J. T. Guerra e S. B. Cunha (orgs). Rio de Janeiro, 4ª ed., Bertrand Brasil, p. 59-122.

PEDRO, F. G. e LORANDI, R. L. 2004. Potencial natural de erosão na área periurbana de São Carlos — SP. *Revista Brasileira de Cartografia,* 2004, nº 56/01: 28-33.

PEREIRA, V. P.; FERREIRA, M. E. e CRUZ, M. C. P. 1994. *Solos altamente suscetíveis à erosão.* Jaboticabal, FCAV — UNESP/SBCS. 253p.

PINHEIRO, A. L.; SOBREIRA, F. G. e LANA, M. S. 2003. Influência da expansão urbana nos movimentos em encostas na cidade de Ouro Preto, MG. *REM: Revista da Escola de Minas,* v. 56, n. 3:.169-174.

PUSKÁS, I. e FARSANG, A. 2009. Diagnostic indicators for characterizing urban soils of Szeged, Hungary. *Geoderma* 148: 267-281.

REATTO, A.; BRUAND, A.; MARTINS, E. S.; MULLER, F.; SILVA, E. M.; CARVALHO JUNIOR, O. A.; BROSSARD, M. e RICHARD, G. (2009). Development and origin of the microgranular structure in latosols of the Brazilian Central Plateau: Significance of texture, mineralogy, and biological activity. *Catena* 76: 122-134.

RESENDE, M.; CURI, N.; REZENDE, S. B.; CORRÊA, G. F. 1995. *Pedologia: base para distinção de ambientes.* Viçosa. NEPUT, 304p.

ROSS, J. S. 1992. Registro cartográfico dos fatos geomorfológicos e a questão da taxonomia do relevo. *Revista Geografia.* São Paulo, IG-USP, 1992.

SALOMÃO, F. X. T. 1994. *Processos lineares em Bauru (SP): regionalização cartográfica aplicada ao controle preventivo urbano e rural.* São Paulo. (Tese de Doutorado FFLCH-USP. Departamento de Geografia.)

__________. 2007. Controle e prevenção dos processos erosivos. *In: Erosão e conservação dos solos — conceitos, temas e aplicações,* 3ª ed. A. J. T. Guerra, A. S. Silva e R. G. M. Botelho (orgs.). BCD União de Editoras S.A. — Bertrand Brasil. Rio de Janeiro, p. 229-267.

SILVA, A. S. 2006. *Influência da erosão da remoção de nutrientes e metais pesados em uma topossequência em Petrópolis (RJ).* Rio de Janeiro. (Tese de Doutorado — IGEO/UFRJ. Departamento de Geologia.)

SISINNO, C. L. S. e MOREIRA, J. C.1996. Avaliação da contaminação e poluição ambiental na área de influência do aterro controlado do Morro do Céu, Niterói, Brasil. *Caderno. de Saúde Pública.* 12 (4):515-523, out.dez., 1996.

SISINNO, C. L. S. e OLIVEIRA, R. M. 2000. Impacto ambiental dos grandes depósitos de resíduos urbanos e industriais. *In: Resíduos sólidos ambiente e saúde: uma visão multidisciplinar.* C. L. S. Sisinno e R. M. Oliveira (orgs.). Rio de Janeiro. Ed. FIOCRUZ, p. 59-78.

SIMS, J. L.; SUFLITA, J. M. e RUSSELL, H. H. In-situ bioremediation of contaminated Ground Water. *Ground Water Issue.* EPA, 1992, p. 11.

SMYTH, C. G. e ROYLE, S. A. 1999. Urban landslide hazards: incidence and causative factors in Niterói, Rio de Janeiro State, Brazil. *Applied Geography,* v. 20, n. 2: p. 95-117.

CAPÍTULO 3

Bacias Hidrográficas Urbanas

Rosângela Garrido Machado Botelho

1. Caminhos das Águas em Ambientes Urbanos

A água, principal agente modelador e modificador da paisagem, assume diferentes estados e trajetórias ao longo do seu ciclo. Sua entrada nos sistemas terrestres, abrangendo a biosfera, a litosfera, a pedosfera e a própria hidrosfera, na forma de precipitação, desencadeia uma série de processos e possíveis trajetórias, que dependem não só das características da precipitação propriamente, mas também e sobretudo dos atributos e condições das diferentes esferas por onde irá circular.

Ao atingir a superfície a água pode, no caso de uma área com cobertura vegetal, como uma floresta tropical, assumir diferentes caminhos. Ela pode ser interceptada pela copa das árvores e daí evaporada para a atmosfera, pode ser armazenada nessas copas e depois precipitada, pode escorrer pelo tronco ou atravessar a vegetação e atingir diretamente a superfície do terreno. Em caso de uma cobertura de detritos orgânicos, restos de galhos, folhas, sementes e animais, semidecompostos sobre o terreno (serrapilheira), a água pode ser armazenada ou escoar sobre ou entre a referida camada orgânica, antes mesmo de atingir o solo. Quando finalmente atinge o topo do solo, ela pode infiltrar ou escoar, dependendo das características intrínsecas desse solo e das condições do relevo (em especial, a declividade da encosta e a rugosidade do terreno). Ao infiltrar o solo, a água poderá percolar até grandes profundidades, atingindo e alimentando lençóis subterrâneos e aquíferos, escoar lateralmente em subsuperfície, em função de variações nas condições de drenabilidade interna ou condutividade hidráulica dos materiais e inclinação do terreno, principalmente, ou ser absorvida pelas raízes dos vegetais, ascendendo pelo tronco até as folhas, de onde poderá ser transpirada, participando da ciclagem de nutrientes (Figura 1).

Nas áreas urbanas toda essa diversidade de caminhos do sistema natural é reduzida ao binômio escoamento e infiltração, com maior participação do primeiro. Em virtude da quase total ausência de uma cobertura vegetal, e consequentemente da serrapilheira, nessas áreas as demais possibilidades de trajetória da água são praticamente eliminadas. Nas áreas urbanas, novos elementos são adicionados pelo homem, como edificações, pavimentação, canalização e retificação de rios, entre outros, que acabam por reduzir drasticamente a infiltração e favorecem o escoamento das águas, que atingem seu exultório mais rapidamente e de forma mais concentrada, gerando o aumento da magnitude e da frequência das enchentes

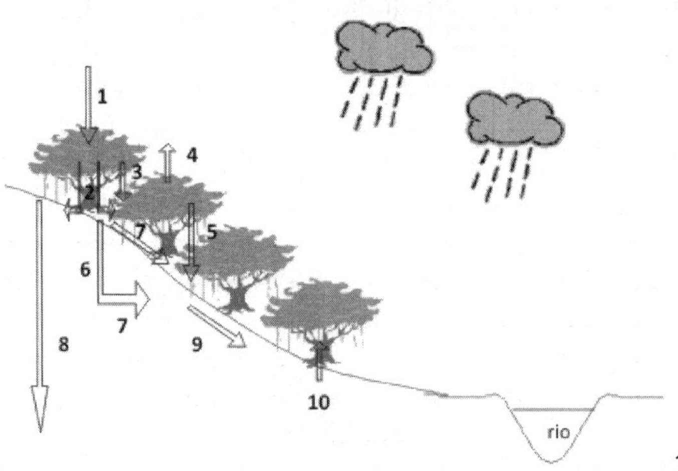

Figura 1 — Principais componentes do ciclo hidrológico na fase terrestre, em área vegetada.

nessas áreas. As bacias hidrográficas urbanas são, portanto, marcadas pela diminuição do tempo de concentração de suas águas e pelo aumento dos picos de cheias, quando comparadas às condições anteriores à urbanização. Hall (1984) e Tucci (2001) alertam para a ocorrência desses processos nas áreas urbanas e Porto *et al.* (2001) afirmam que, em casos extremos, o pico de cheia numa bacia hidrográfica urbana pode chegar a seis vezes mais do que o pico dessa mesma bacia em condições naturais.

Além disso, somam-se às águas pluviais as águas servidas, de uso doméstico, comercial e industrial, que muitas vezes são conduzidas juntamente com as águas pluviais, não havendo sistemas de recolhimento e escoamento individualizados. As águas servidas são também, algumas vezes, lançadas diretamente nos corpos d'água (rios, lagos, reservatórios, lagoas, mares e oceano), antes, aliás, de qualquer tratamento para desinfecção ou descontaminação. Estas são práticas altamente nocivas não só porque reduzem o tempo do "ciclo hidrológico urbano", mas também porque são responsáveis pela degradação da qualidade das águas no ambiente urbano.

Nos casos em que estações de tratamento de água e de esgoto (ETAs e ETEs) são construídas e entram em operação, um efeito reverso é gerado. Ao captar a água natural[1] para tratamento prévio ao consumo humano e ao conduzir as águas servidas às estações de tratamento, está sendo prolongado o tempo que a água permanece no sistema e, consequentemente, o tempo para sua chegada ao exultório, e é recuperada, ainda que parcialmente, a qualidade das águas utilizadas pelo homem (Figura 2).

---

[1] De acordo com a RDC nº 173/06 da Anvisa, água natural é a "água obtida diretamente de fontes naturais ou extração de água subterrânea. É caracterizada pelo conteúdo definido e constante de determinados sais minerais.

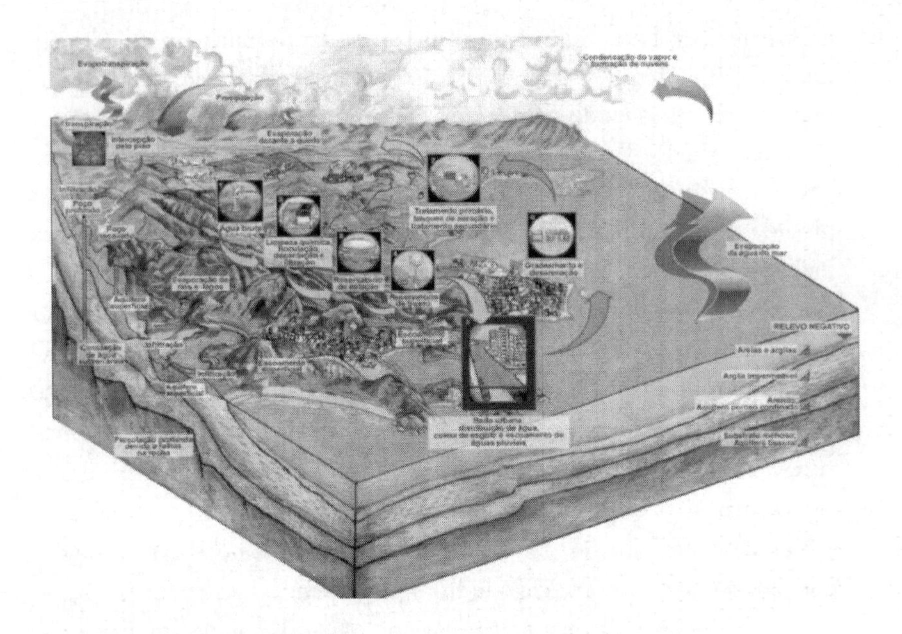

Figura 2 — Componentes do ciclo hidrológico considerando as intervenções antrópicas no ambiente. (Fonte: *Atlas do Saneamento* (IBGE, 2004).)

2. *Intervenções Antrópicas nos Cursos d'Água*

Os recursos hídricos têm sido alvo das intervenções antrópicas há longo tempo, desde o surgimento das primeiras comunidades humanas, que se utilizavam deles para sua dessedentação, preparo de alimentos, higiene, construção, navegação, irrigação, etc. Contudo, é em tempos historicamente mais recentes que são registradas as maiores intervenções nesses recursos, notadamente nos rios. O crescimento exponencial da população e sua concentração em determinadas porções do território — as cidades — aumentaram o número e a intensidade das interferências. Embora as necessidades humanas básicas apresentadas permaneçam, outras necessidades emergiram, como a geração de energia elétrica, o controle das enchentes, o aumento de área para ocupação etc.

Como intervenção será considerada, de acordo com a definição da Secretaria de Estado do Planejamento e da Ciência e Tecnologia do Estado de Sergipe (Sergipe, 2009) para interferência nos recursos hídricos, "toda e qualquer atividade, obra ou empreendimento que altere as condições de escoamento das águas, criando obstáculo, produzindo modificações ou perturbando o fluxo dessas águas".

No Brasil, as primeiras interferências nos recursos hídricos parecem datar do século XVII, na cidade do Rio de Janeiro. Há registro de protestos de padres franciscanos, datados de 1641, reivindicando solução para o mau cheiro da Lagoa Santo Antônio, que havia sido cedida para a implantação de um curtume (Cedae, 2007). A Câmara acatou o protesto e aumentou a vala de sangramento da lagoa, sendo esta considerada uma das primeiras obras de saneamento da cidade. Obras posteriores foram realizadas, incluindo a captação de água para abastecimento, como a construção do aqueduto do Carioca, em 1723, permitindo que a água dos mananciais chegasse mais próximo da população (Cedae, 2007). Uma das primeiras bacias hidrográficas brasileiras a ter rios retificados foi a do Rio Tietê, em São Paulo. Em 1849, foi concluída a retificação do Rio Tamanduateí, afluente do Tietê, pois as enchentes passaram a constituir um dos grandes problemas da cidade (Sabesp, 2009). Já em 1810 havia sido construída uma vala pelo centro da Várzea do Carmo, pois o Rio Tamanduateí infligia à cidade doenças, além dos constantes alagamentos. Durante seis meses por ano a cidade permanecia alagada. Contudo, apesar das obras, no ano seguinte, por ocasião de um temporal, transbordaram as águas do Rio Tamanduateí, inundando e destruindo casas e causando mortes por afogamento (Sabesp, 2009).

No Rio de Janeiro, as primeiras obras de retificação e canalização dos rios estão ligadas ao Plano de Melhoramentos da Cidade do Rio de Janeiro, elaborado entre 1875 e 1876, pela Comissão de Melhoramentos dirigida por Pereira Passos, que o implementou, cerca de 30 anos depois, quando estava à frente da prefeitura. Além das obras de drenagem urbana, foram preconizadas pela comissão obras de salubridade e saneamento, abertura e alargamento de ruas, criação de praças e parques, retificação e embelezamento de logradouros, obras viárias, remodelação arquitetônica das edificações e outras (IPP, 2006). Tais obras mudariam drasticamente não só o aspecto da cidade, como também o funcionamento dos seus sistemas hídricos.

As intervenções antrópicas nos cursos d'água que se processaram a partir de então, notadamente nas grandes cidades brasileiras, geraram um novo quadro urbano, uma nova paisagem urbana, com novos elementos e nova dinâmica. Na busca de novos espaços de ocupação e, principalmente, na solução do problema das enchentes, o homem alterou profundamente os rios, tornando-os "urbanos". Tais alterações, no entanto, marcadas, predominantemente, por obras estruturais e mecânicas nos cursos d'água, levaram ao surgimento de problemas ambientais que, em verdade, não eram novos, ao contrário, já eram bem conhecidos: enchentes, destruição de casas e patrimônios, propagação de doenças de veiculação hídrica, surgimento de focos de vetores, perdas de vidas humanas. As onerosas obras de drenagem urbana: canalização (aberta ou fechada), retificação, alargamento, afundamento, desvio etc. não só não impediram as enchentes, como contribuíram para sua ocorrência, muitas vezes em maior proporção, ao longo do tempo.

Diante de águas fluviais que extravasam seus leitos e inundam áreas adjacentes, mormente ocupadas pelas atividades antrópicas, o homem precisava criar mecanismos para fazer escoar rapidamente essas águas, impedindo seu transbordamento. Além disso, grandes áreas planas e baixas, de maior interesse histórico para ocupação, frequentemente correspondem a planícies de inundação de rios que por elas meandram. Rios, meandrantes em especial, passaram a ser vistos como um problema, pois diminuem a área útil a ser ocupada. Nessa visão, a canalização e a retificação, principalmente, aumentam a velocidade das águas e diminuem o espaço físico ocupado pelos rios, "permitindo" a ocupação de suas margens.

Durante a canalização, ao dotar o curso d'água de uma seção transversal com forma geométrica definida, normalmente com revestimento, diminui-se o atrito das águas com o fundo e as laterais. Ao alterar o percurso original do rio, reorientando sua corrente, eliminando suas curvas (meandros) e tornando seu traçado retilíneo, diminuem-se sua extensão e o tempo de que a água dispunha para percorrer cada curva, cada meandro construído. Assim, muitos rios foram canalizados e retificados, e suas áreas adjacentes, ocupadas.

Contudo, ao tomar essas medidas, o homem não extinguiu o problema das enchentes, como é possível verificar em várias regiões do Brasil e do mundo. Em tais intervenções não foram considerados preceitos básicos do funcionamento dos sistemas hídricos, notadamente da geomorfologia fluvial e da hidrologia.

Os cursos d'água, independentemente da interferência humana, realizam três processos geomorfológicos básicos: erosão, transporte e deposição, construindo, dessa forma, seu próprio perfil de equilíbrio. Sua extensão, sua largura, sua profundidade, a velocidade de suas águas e seu padrão de canal resultam da atuação daqueles processos, estando a eles adaptados e ao mesmo tempo os influenciando e alterando ao longo do tempo, evoluindo dinâmica e equilibradamente.

Qualquer intervenção no curso d'água altera esse equilíbrio dinâmico, obrigando o rio a buscar um novo ajuste. Dessa forma, toda interferência precisa ser muito bem avaliada, pois seus benefícios podem não ser compensadores ou nem sequer alcançados.

Os meandros formados pelos rios não são, por assim dizer, "caprichos" da natureza. Eles se formam porque o rio precisa dissipar a energia acumulada nos trechos de maior declive, a montante. Quando adentra áreas de baixa declividade, suas águas meandram ou divagam, sendo o processo de deposição o predominante.

Ao retificar o trecho do baixo curso de um rio, é preciso lembrar que não apenas esse trecho está sendo alterado, mas o rio como um todo. O que, a princípio, parece ser a solução dos problemas das enchentes, pois visa evitar o acúmulo das águas e acelerar seu escoamento, gera um efeito reverso e remontante. Isso significa que os processos erosivos e de transporte que caracterizam o alto e o médio curso dos rios são intensificados, pois a maior velocidade das águas imprimida a jusante incide sobre os trechos a montante, já que se trata de um único sistema. Ao erodir e transportar mais sedimentos, o rio irá necessariamente depositá-los a jusante, quando houver redução da declividade. O trecho canalizado tende a ser assoreado ao longo do tempo, especialmente se as margens no alto e médio cursos não estiveram devidamente protegidas, com a presença da mata ciliar. Desbarrancamentos das margens são comuns quando da ausência dessa cobertura vegetal. Os sedimentos serão transportados e depositados a jusante, diminuindo a área da seção transversal do canal, por assoreamento do fundo. Para tal, também contribui o lixo que é jogado diretamente no canal ou nas suas margens.

No momento das chuvas, portanto, poderá voltar a ocorrer o transbordamento das águas dos canais e a inundação das áreas marginais. É, pode-se dizer, um "tiro no pé", talvez nos dois. E, embora tenha transcorrido algum tempo, o homem finalmente se deu conta dessa situação e tem reformulado suas políticas ou formas de intervenção nos rios urbanos. Uma nova visão originou novos pressupostos que marcam a drenagem urbana moderna, que tem colocado em xeque as obras hidráulicas até então exaltadas como soluções necessárias e tem advogado em prol de uma menor intervenção e até mesmo da renaturalização de rios urbanos.

3. Desencontro entre Causa e Efeito

Talvez este seja o principal motivo do mau funcionamento das bacias hidrográficas nas áreas urbanas: o desencontro entre causa e efeito. Tal desencontro está fundamentado no comportamento humano diante dos efeitos decorrentes de suas ações no ambiente.

A ideia de que (e partindo de um exemplo minimalista) um simples papel de bala jogado no chão ou no próprio curso d'água (quando este corre abertamente) não tem nenhuma implicação no funcionamento do sistema hídrico local ainda persiste e precisa ser totalmente combatida. Acredita-se que haja uma consciência de que, ao fazê-lo, o indivíduo está, no máximo, afetando esteticamente o ambiente e que, para corrigir tal ação, existem os serviços básicos de limpeza e coleta de lixo, considerados de responsabilidade do governo local. Dessa forma, o indivíduo parece se sentir isento de qualquer responsabilidade, e o testemunho de materiais diversos (latas de alumínio, garrafas plásticas, embalagens de alimentos, objetos danificados e etc.) sendo descartados nas calçadas e ruas por pedestres, motoristas e passageiros é recorrente.

A ideia de que apenas um pequeno papel de bala ou apenas uma única lata de alumínio não fará nenhuma diferença no funcionamento do sistema como um todo é extremamente individualista e descompromissada com as necessidades e benefícios coletivos de uma sociedade. A ideia de que o que não pertence apenas a mim não é de fato meu persiste e justifica o fato de que, por exemplo, indivíduos arremessem "lixo" nas ruas pelas janelas dos veículos em vez de acondicioná-lo internamente para posterior descarte em local adequado. "As ruas não são minhas e não tenho responsabilidade sobre elas" — este parece ser o pensamento dominante. A consciência de que este pequeno papel de bala e esta única lata de alumínio se juntarão a outros milhares de papéis de balas e outras tantas latas de alumínio, notadamente num momento de chuvas torrenciais nas grandes cidades, e que serão carreados e poderão obstruir bocas de lobo, bueiros e galerias, causando enchentes, parece não estar consolidada. Por mais eficiente que sejam os serviços de varrição e coleta de lixo nas grandes cidades, é impossível pensar que estes possam dar conta de um comportamento repetitivo no tempo e no espaço de um número incalculável, mas expressivo de pessoas.

Atrelar o descarte do pequeno papel de bala (símbolo adotado aqui para retratar as várias possibilidades de materiais sendo descartados nas ruas das grandes cidades) ao bom funcionamento das bacias hidrográficas (entre outras medidas, obviamente) surge como missão a ser cumprida por todos nós, cada educador, cada governante, cada cidadão dispostos a garantir qualidade de vida, que pressupõe qualidade ambiental (Botelho e Silva, 2004), para si e para a sociedade, indissociáveis nesta questão. Nesta missão, destacam-se, portanto, medidas não só de educação, mas de formação ambiental, nas quais esteja fortemente embutida a noção de pertencimento.[2]

Poucos são os indivíduos que têm a noção de que habitam uma bacia hidrográfica, a compõem e são elementos que interagem dentro de um sistema, cujo funcionamento também depende das suas ações. Se nas áreas rurais essa visão é tênue, nas áreas urbanas ela é ainda mais nebulosa, pois muitas vezes os rios estão "invisíveis". Como muitos correm em canais

---

[2] Pertencimento ou o sentimento de pertencimento é a crença subjetiva numa origem comum que une distintos indivíduos (...) A sensação de "pertencimento" significa que precisamos nos sentir como pertencentes a tal lugar e ao mesmo tempo sentir que esse tal lugar nos pertence, e que assim acreditamos que podemos interferir e, mais do que tudo, que vale a pena interferir na rotina e nos rumos desse tal lugar (Amaral, 2009).

fechados e subterrâneos, eles não são vistos. Parece que aquele velho estigma "o que não se vê não se sente" encaixa com perfeição neste caso. É preciso conhecer o lugar que se habita. Nosso endereço precisa ser mais do que uma rua, um bairro e uma cidade; precisa ser também uma bacia hidrográfica. É preciso saber de onde vêm suas águas e, principalmente, para onde vão e em que parte desse trajeto nos encontramos. Vale ressaltar aqui que só se pode cuidar daquilo que se conhece. Não se pode proteger o desconhecido.

Projetos neste sentido estão sendo desenvolvidos, embora talvez nem todos com este propósito fundamental, mas que, na prática, acredita-se, possam assumir tal função. Adotando como exemplo a cidade do Rio de Janeiro, pode-se mencionar a colocação de placas dentro do perímetro urbano ao lado de alguns cursos d'água, indicando o nome do rio, bacia a qual pertence e onde deságua (Figura 3).

Uma campanha sobre o destino do lixo, intitulada "Para onde vai o seu lixo?", desenvolvida pela Secretaria do Ambiente do Estado do Rio de

Figura 3 — Placa instalada pela Prefeitura do Rio de Janeiro, informando o nome do rio, sua extensão e onde deságua.

Janeiro, divulgada nas emissoras de rádio e televisão, representa um grande passo na busca da consciência coletiva sobre a destinação final adequada do lixo doméstico e de um comprometimento ambiental nas áreas urbanas (Figura 4). A campanha, iniciada em novembro de 2008, envolve explanações sobre a origem, os tipos e a rota do lixo, seu impacto ambiental e sua associação com algumas doenças, com destaque para a dengue. Engloba também estratégias para conscientização ambiental, através da revisão do conceito de lixo, da divulgação dos princípios dos 3R (reduzir, reutilizar e reciclar) e do incentivo ao consumo consciente, à coleta seletiva, à reciclagem e à multiplicação de ideias (Rio de Janeiro, 2009).

Figura 4 — Personagens da campanha "Para onde vai o seu lixo?", desenvolvida pela Secretaria do Ambiente do Estado do Rio de Janeiro.

Exemplo institucional tem sido dado pelo Instituto Brasileiro de Geografia e Estatística (IBGE), que vem adicionando a informação de bacias hidrográficas em suas pesquisas e publicações, entre elas, o Censo Agropecuário de 2006, que incluiu o cadastramento dos setores censitários contidos nessas células naturais (IBGE, 2009).

4. *Enchentes Urbanas*

Um dos maiores problemas enfrentados pelas cidades brasileiras hoje é a ocorrência de inundações ou enchentes, que têm causado grandes prejuízos financeiros e até mesmo perdas de vidas humanas, seja por efeitos imediatos, como afogamentos, ou indiretos, como doenças infecto-contagiosas decorrentes do contato com água contaminada.

A ocorrência de cheias ou o transbordamento das águas dos canais fluviais é fenômeno natural, característico das áreas de baixo curso dos rios e responsável pela formação das planícies e terraços aluviais. Como parte da dinâmica fluvial, as cheias são controladas pelo volume e distribuição das águas das chuvas, pelo tipo e densidade da cobertura vegetal, pelas diferenciações na cobertura pedológica, substrato geológico, características do relevo, como declividade e forma das encostas, e geometria do canal fluvial. Tais fatores atuam sobre a quantidade e a distribuição das águas, determinando a frequência e a intensidade das cheias em uma bacia hidrográfica.

Entretanto, como já visto, o sistema hidrológico nas áreas urbanizadas apresenta especificidades em relação às áreas não urbanizadas. Nas áreas urbanas, os fatores antrópicos assumem grande importância, principalmente a ocupação intensa e desordenada e a inadequação do sistema de drenagem urbana. Dentre as modificações geradas pela ocupação do espaço urbano, destaca-se a impermeabilização de grandes áreas, através da pavimentação das vias de circulação (Cavalheiro, 1995; Porto *et al.*, 2001; Botelho e Rossato, 2002; Costa, 2002; Botelho, 2004; Botelho e Silva, 2004).

Na Alemanha, entre 1993 e 1995, as enchentes do Rio Reno provocaram US$ 2 bilhões de perdas para a economia. Na Áustria elas foram da ordem de US$ 3 bilhões e de US$ 2 bilhões na República Tcheca. Um dos países mais afetados no mundo por enchentes é a China, que entre os anos 1991 e 1996 teve um prejuízo em sua economia de US$ 40 bilhões, tendo sido arrasadas milhares de casas e ocorrido 7.238 mortes. Vale destacar que a maioria das mortes por enchentes ocorre na Ásia. Em 1991, em Bangladesh, enchentes foram responsáveis por 140.000 perdas humanas (Righetto e Mendiondo, 2004). Vale ressaltar que Bangladesh, embora tenha uma das maiores densidades populacionais do planeta, não apresenta elevado grau de urbanização. Suas enchentes estão fortemente relacionadas à sua localização, pois ocupa as planícies cortadas pelos rios Ganges e Bramaputra, tendo 90% do seu território a menos de 10m acima do nível do mar, estando ainda sujeita à passagem constante de ciclones. A baixa qualidade de vida da população e a carência de um sistema de saneamento adequado também contribuem para este quadro.

No Brasil, as enchentes nas áreas urbanas têm sido cada vez mais frequentes e, muitas vezes, em maiores proporções. No final de 2008, alguns Estados brasileiros foram afetados por grandes enchentes, sendo alvos de atenção da mídia e do governo federal, que precisou apoiar várias prefeituras e governos estaduais.

Exemplos atuais foram as fortes chuvas que atingiram o Estado de Santa Catarina, em novembro de 2008, e que acabaram por deflagrar movimentos de massas nas encostas e enchentes de proporções alarmantes nas áreas baixas. Dentre os municípios afetados (Figura 5), destacam-se:

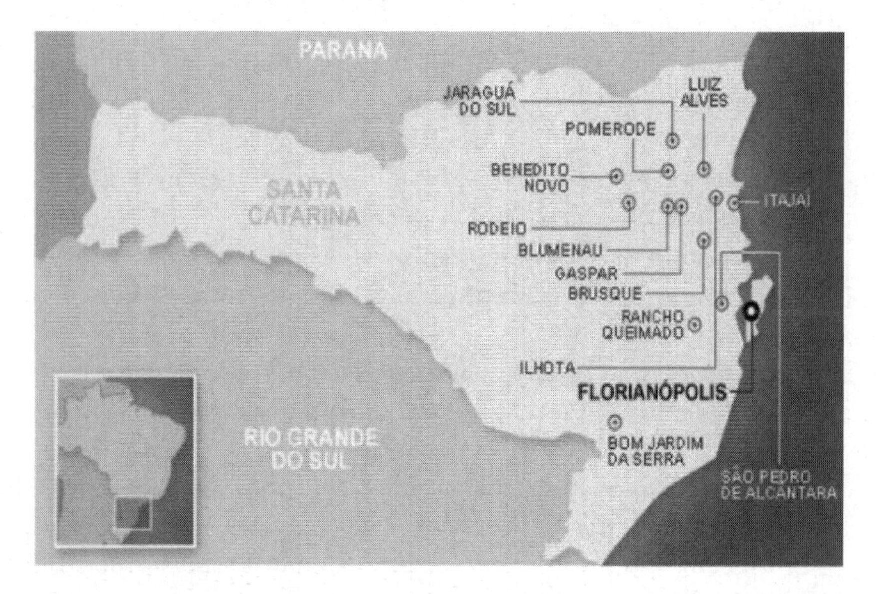

Figura 5 — Cidades afetadas pelas chuvas em Santa Catarina em novembro de 2008. (Fonte: http://g1.globo.com/Noticias/Brasil.)

Blumenau, Ilhota e Itajaí (Brasil, 2008). Os ventos de leste mantiveram o mar agitado e mais elevado, com ressaca na costa catarinense, o que dificultou o escoamento da chuva pelos rios até o mar em áreas como Itajaí e São Francisco do Sul, agravando a situação de alagamentos e enchentes na região (Santa Catarina, 2008). Em 22 de novembro, o Estado decretou situação de emergência. A população sofreu com a falta de energia elétrica, gás e água, e o Estado recebeu doações de alimentos e produtos de higiene de diversas partes do país. A Defesa Civil registrou 12.027 desalojados e desabrigados, 135 óbitos e duas pessoas desaparecidas (Santa Catarina, 2009).

Infelizmente, tais notícias não são raras. Em junho e julho de 1987, por exemplo, ocorreram enchentes sobre a Região Sul. Chuvas intensas afetaram os setores oeste e central do Rio Grande do Sul. Em Bagé e Sant'Ana do Livramento o total de chuvas mensais registradas foi de 500mm (Calbete *et al.*, 1996). Bertê (2004) afirma que o agravamento dos eventos de cheias no Rio Grande do Sul tem relação direta com o desmatamento das margens dos rios e a diminuição dos ambientes naturais reguladores, os banhados.

Entre dezembro de 1995 e abril de 1996, fortes chuvas de verão atingiram as principais cidades brasileiras — São Paulo, Rio de Janeiro, Belo Horizonte, Florianópolis, Curitiba, Salvador e Recife — e causaram enchentes de grandes proporções que, por sua vez, ocasionaram perdas materiais e de vidas humanas. De acordo com Fendrich (1999), durante esse período, o Rio Belém, na região metropolitana de Curitiba, elevou suas águas em 5,34m, a partir de uma precipitação de 60mm em 50 minutos.

Segundo Tavares e Silva (2008), em Rio Claro, interior de São Paulo, em 29 de janeiro de 2005, houve uma chuva média de 175mm, tombada sobre 37 milhões e 680 mil metros quadrados. Com isso, a cidade recebeu em poucas horas cerca de 6 bilhões e 594 milhões de litros de água. Tal fato, segundo os autores, em área predominantemente impermeabilizada, em circunstâncias desfavoráveis à evaporação e numa superfície dotada de alta densidade de drenagem, constituída pelo sistema viário, que escoa a água de modo eficiente e rápido para as áreas deprimidas, gerou enchentes e criou um caos urbano.

Com base em dados da Pesquisa Nacional de Saneamento Básico (PNSB, 2000), realizada pelo IBGE (2002), Botelho (2004) verificou que 1.235 municípios brasileiros com serviço de drenagem urbana apresentaram problemas de inundação ou enchente, sendo a Região Sudeste a que inclui maior número de municípios afetados (Tabela 1). Em seguida, aparece a Região Sul, destacando-se o Estado de Santa Catarina, com 45% dos seus municípios atingidos por enchentes.

Grandes Regiões	**Total**	%(1)	%(2)
Norte	57	4,6	12,7
Nordeste	238	19,3	13,3
Sudeste	539	43,6	32,4
Sul	356	28,8	30,7
Centro-Oeste	45	3,7	10,1

Tabela 1 — Número de municípios afetados pelas enchentes urbanas entre 1998 e 2000, segundo as grandes regiões; (1) em relação ao total de municípios brasileiros afetados. (2) em relação ao total de municípios da região. (Fonte: Botelho, 2004.)

Com relação ao tamanho da área inundada, destacam-se os Estados de Santa Catarina, Pernambuco, São Paulo, Rio Grande do Sul, Minas Gerais, Mato Grosso e Rio de Janeiro, nesta ordem. Em termos de regiões metropolitanas, Recife, São Paulo e Florianópolis apresentam as maiores áreas atingidas.

O fator mais frequentemente apontado como agravante das enchentes pelos municípios atingidos é a obstrução de bueiros, bocas de lobo etc. (Tabela 2), a despeito do número elevado de municípios que declararam realizar manutenção dos sistemas de drenagem urbana. Tal fato pode indicar insuficiência ou inadequação no desenvolvimento das atividades de manutenção e/ou, principalmente, a existência do desencontro entre causa e efeito, discutido no item anterior.

Vale mencionar que os serviços de limpeza urbana e coleta de lixo são os de maior cobertura no país. Contudo, é preciso considerar a existência

Fatores Agravantes	N	NE	SE	S	CO
Dimensionamento inadequado de projeto	14	26,5	30,8	25,8	22,2
Obstrução de bueiros	66,7	51,7	48,2	53,9	40
Obras inadequadas	28,1	28,2	26,9	29,2	28,9
Adensamento populacional	28,1	31,5	35,6	26,7	28,9
Interferência física[3]	22,8	23,9	24,1	25,6	26,7
Lenço freático alto	14	22,7	12,8	16,3	24,4

Tabela 2 — Número de municípios (%) por fator agravante de inundação urbana no conjunto de municípios afetados, segundo as grandes regiões. (Fonte: Botelho, 2004. Nota: Os valores não somam 100% pelo fato de os municípios poderem apresentar mais de um fator agravante.)

de áreas ainda sem coleta, ligadas, na maioria das vezes, a ocupações irregulares e de baixa renda, ou com coleta de baixa frequência e, notadamente, o despejo final do lixo urbano.

Botelho (2004) constatou, ainda, que a maioria dos municípios atingidos por enchentes declarou apresentar também problemas de erosão e assoreamento da rede de drenagem no perímetro urbano. A maioria dos municípios (83%) revelou a existência de pontos de estrangulamento,[3] que implicam a diminuição das seções de vazão e, portanto, maiores riscos à ocorrência de inundações. Outro dado significativo refere-se ao grau de pavimentação. Aproximadamente 70% dos municípios atingidos por enchentes apresentam mais de 60% de ruas pavimentadas. E cerca de 90% dos municípios apresentam taxa de urbanização superior a 50%, e 64% apresentam taxas maiores que 70%. Vale ressaltar que os municípios atingidos por enchentes encontram-se, em sua maioria, sob clima chuvoso e em áreas de planícies, como ao longo da planície costeira, ou às margens de importantes cursos d'água, como o rios São Francisco, Paraíba do Sul e Tietê.

[3] Pontos de estrangulamento: pontos do sistema de drenagem que se tornam críticos devido à diminuição das seções de vazão, assoreamentos, interferências físicas, entre outros fatores (IBGE, 2002).

Dados da próxima edição da PNSB, realizada em 2008, e já divulgados em 2009 permitem uma comparação e uma avaliação da evolução da ocorrência das enchentes urbanas e seus fatores agravantes no Brasil.

5. Qualidade das Águas Urbanas de Superfície

A qualidade da água dos rios que compõem uma bacia hidrográfica está relacionada com o uso do solo e com o grau de controle sobre as fontes de poluição existentes na bacia. A crescente expansão demográfica e urbana das últimas décadas acarretou alterações na quantidade e, principalmente, na qualidade das águas, degradando-as. Embora seja um recurso natural renovável, há uma limitação na disponibilidade de água doce no planeta, que reforça a necessidade de preservação, controle e utilização racional deste recurso (Silva e Botelho, 2008).

A água, inserida no sistema hidrogeomorfológico representado pela bacia de drenagem, é o receptor final de materiais que circulam no sistema. Nas áreas urbanas, os resíduos industriais, o lixo urbano e o esgoto doméstico quando atingem os rios comprometem o consumo de suas águas, exigindo maiores gastos no seu tratamento.

As fontes de poluição hídrica podem ser pontuais ou difusas. As fontes pontuais referem-se aos lançamentos diretos nos corpos d'água de esgotos domésticos ou rejeitos industriais, que podem ser facilmente identificados e, por isso, mais fáceis de serem fiscalizados e combatidos. As fontes difusas dizem respeito aos materiais que podem atingir os corpos d'água ao longo de toda a sua margem, conduzidas pelo escoamento superficial, como no caso de chuvas torrenciais, que, em função da baixa infiltração nas áreas urbanas, ocasionam fortes enxurradas que arrastam consigo sedimentos, lixo, esgoto não canalizado etc. para o interior dos corpos d'água. O combate a essas fontes é mais complexo e exige medidas amplas e, mormente, relacionadas ao planejamento e à gestão do uso do solo urbano.

Segundo o Relatório de Conjuntura dos Recursos Hídricos no Brasil (ANA, 2009a), o acompanhamento da qualidade da água em um país de dimensões continentais como o Brasil é dificultado pela heterogeneidade das redes de monitoramento existentes no país. De acordo com o relatório, 17 das 27 unidades da federação possuem redes de monitoramento da qualidade da água, totalizando 2.259 pontos, com um número variável de parâmetros analisados e frequências de coleta. A ANA possui uma rede com 1.340 pontos monitorados, coincidentes com as estações fluviométricas. Para definir a qualidade das águas superficiais, o estudo utiliza três indicadores: o índice de qualidade das águas (IQA), o índice de estado trófico (IET) e a estimativa da capacidade de assimilação das cargas de esgotos.

O IQA reflete, principalmente, a contaminação dos corpos hídricos ocasionada pelo lançamento de esgotos domésticos, uma vez que esse índice foi desenvolvido para avaliar a qualidade das águas, levando em conta sua utilização para o abastecimento público e os aspectos relativos ao tratamento dessas águas. Demais usos da água, como preservação da vida aquática, navegação e lazer não devem usar o IQA como indicador. O IQA adotado no estudo é composto por nove parâmetros: oxigênio dissolvido, coliformes fecais, potencial hidrogeniônico (pH), demanda bioquímica de oxigênio (DBO5,20), temperatura, nitrogênio total, fósforo total, turbidez e resíduo total, sendo que cada parâmetro possui um peso, que foi fixado em função da sua importância para a conformação global da qualidade da água, cuja condição varia de ótima a péssima (Quadro 1). Os corpos d'água com valores do IQA nas categorias ruim e péssima no país estão listados no Quadro 2.

Quadro 1 — Condição da qualidade de água de acordo com os valores do IQA

Classes do IQA	Qualidade
100 – 80	Ótima
79 – 52	Boa
51 – 37	Regular
36 – 20	Ruim
19 – 0	Péssima

(Fonte: ANA, 2009a.)

Quadro 2 — Corpos d'água com qualidade das águas* ruim ou péssima no Brasil**

Região hidrográfica	Extensões dos rios (%)	Rios	Unidade da Federação
Paraná	9	Tietê, Piracicaba, Preto Moji-Mirim, Santo Anastácio, Capivari Jaguari Iguaçu (alto curso)	São Paulo
		São Francisco	Paraná
São Francisco	21	Das Velhas, Pará Paraopeba, Verde Grande	Minas Gerais
Atlântico Nordeste Oriental	68	Jaguaribe, Cuiá, Cabocó, Mussure	Paraíba
		Pirapama	Pernambuco
Atlântico Sul	2	Coruripe	Alagoas
		dos Sinos, Gravataí	Rio Grande do Sul
		Paraibua	Minas Gerais
Atlântico Sudeste	1	Jacu, Itanguá	Espírito Santo
		Marinho, Piaçaguera	São Paulo

* Em relação à carga orgânica lançada.
** Ano de referência: 2006.
(Fonte: ANA, 2009a.)

Segundo a ANA (2009a), as principais bacias hidrográficas considera-das críticas encontram-se em regiões metropolitanas (São Paulo, Curitiba, Porto Alegre, Belo Horizonte e Vitória). Algumas bacias encontram-se impactadas pelo esgoto de cidades de médio e grande portes, como Campinas (SP), Juiz de Fora (MG), Cascavel (PR), Moji-Mirim (SP), São José do Rio Preto (SP), Presidente Prudente (SP), Montes Claros (MG) e João Pessoa (PB).

O índice do estado trófico (IET) classifica os corpos d'água em diferentes níveis de trofia, ou seja, avalia a qualidade da água quanto ao enriquecimento por nutrientes e seu efeito no crescimento excessivo das algas ou aumento da infestação de macrófitas aquáticas. Corpos d'água com elevado IET apresentam fortes restrições quanto aos seus múltiplos usos e ocorrência de episódios de florações de algas e mortandade de peixes. O cálculo do IET foi efetuado em rios e reservatórios a partir dos valores de fósforo total, que devem ser entendidos como uma medida do potencial de eutrofização, já que esse nutriente atua como agente causador desse processo. Entre os corpos d'água com os maiores valores de IET no país estão os reservatórios Edgard de Souza, Pirapora e Rasgão, localizados no Rio Tietê, a jusante da região metropolitana de São Paulo.

No Relatório (ANA, 2009a) foi realizada, ainda, uma estimativa das cargas de esgoto doméstico urbano dos municípios brasileiros e da capacidade de assimilação dessas cargas, incluindo as regiões que não apresentam monitoramento. De acordo com o Relatório, as regiões hidrográficas do Atlântico Nordeste Oriental, Atlântico Leste e Parnaíba apresentam as condições mais críticas para a assimilação dos esgotos domésticos. Boa parte de seus rios possui baixa disponibilidade hídrica, ou seja, baixas vazões, sendo muitas vezes, intermitentes, por se encontrar na região semiárida, e em função disso possui baixa capacidade de assimilar as cargas de esgotos.

Entretanto, alguns rios com alta disponibilidade hídrica também apresentam baixa capacidade de assimilação de cargas de esgotos, estando esse problema mais relacionado à elevada carga orgânica associada à elevada densidade populacional das regiões metropolitanas. Além das bacias do Nordeste, as principais áreas críticas localizam-se nas bacias dos rios Tietê e Piracicaba (SP), das Velhas e Verde Grande (MG), Iguaçu (PR), Meia Ponte (GO), dos Sinos (RS) e Anhanduí (MS).

Segundo dados da PNSB (IBGE, 2002), entre os serviços de saneamento básico, o esgotamento sanitário é o que tem menor presença nos municípios. Dos 5.507 municípios existentes à época da pesquisa, 52,2% eram servidos, aumentando em apenas 10% em relação a 1989, ano da primeira PNSB. Os distritos brasileiros com coleta de esgoto sanitário dividem-se entre os que tratam o esgoto coletado (33,8%) e os que não dão nenhum tipo de tratamento ao esgoto produzido (66,2%). Nesses distritos, o esgoto é despejado *in natura* nos corpos de água ou no solo, comprometendo a qualidade da água utilizada para o abastecimento, irrigação e recreação. Do total de distritos que não tratam o esgoto coletado, a maioria (84,6%) despeja o esgoto nos rios, principalmente nas Regiões Norte e Sudeste do país, onde 93,8% e 92,3%, respectivamente, dos distritos utilizam essa prática.

No Estado de São Paulo a porcentagem de coleta do esgoto (86%) é muito superior à de tratamento (45%), fazendo com que boa parte dos esgotos domésticos coletados ainda se destine aos corpos receptores sem nenhum tipo de tratamento, o que ocorre em 168 municípios do Estado (25% do total), totalizando 8 milhões de habitantes sem esse serviço (Cetesb, 2008).

De acordo com a classificação adotada pela Cetesb (2008), 41% dos corpos d'água do Estado de São Paulo estão enquadrados na categoria Boa e 36% nas classes Ruim e Péssima do índice de qualidade de água para fins de abastecimento público (IAP), sendo que as Unidades de Gerenciamento de Recursos Hídricos (Ugrhi) Piracicaba/Capivari/Jundiaí, Alto Tietê, Baixada Santista, Sorocaba/Médio Tietê e Turvo/Grande da Baixada Santista pioraram a qualidade das suas águas em 2007 em relação ao ano anterior não casualmente onde há significativa concentração urbana e industrial.

Quanto ao índice de qualidade da água para a proteção da vida aquática (IVA), 48% dos pontos monitorados enquadraram-se nas classes Ruim e Péssima. A Ugrhi do Alto Tietê, onde está situada a capital paulista, apresenta 56% dos pontos de amostragem nas categorias Ruim e Péssima. Da mesma forma que o IAP, os piores valores de IVA ocorrem nas Ugrhi mais densamente urbanizadas e industrializadas, ou nas que estão em processo de expansão urbana ou industrial. No primeiro caso estão os rios metropolitanos, Tietê, Tamanduateí e Pinheiros, que recebem um aporte significativo de cargas poluidoras de origem industrial e doméstica (tratada e não tratada), além da carga difusa urbana (Cetesb, 2008).

De acordo com o Relatório de Avaliação da Qualidade das Águas Superficiais do Estado de Minas Gerais, elaborado pelo Instituto Mineiro de Gestão das Águas (Igam, 2008), as maiores ocorrências de águas de qualidade muito ruim e ruim foram registradas nas bacias dos rios São

Francisco (4,1% e 27,9%, respectivamente), Grande (0,4% e 28,4%, respectivamente) e Paraíba do Sul (30,4% ruim). Contudo, o relatório aponta para uma estabilidade da qualidade das águas dos rios do Estado em 2008 em relação ao ano anterior, sendo o índice de qualidade médio ainda predominante (45,1%). De acordo com o estudo, houve um aumento da ocorrência de águas de boa qualidade, que passou de 27,3% em 2007 para 28,3% em 2008, enquanto a ocorrência de água com condição de qualidade muito ruim diminuiu de 2,5 para 2,0%.

Segundo o levantamento, alguns trechos de corpos hídricos com as piores condições de qualidade de água em 2008 estão situados a jusante de importantes cidades mineiras, como o Ribeirão dos Vieiras (pertencente à bacia do Rio São Francisco), a jusante de Montes Claros, o Ribeirão Fartura ou Gama, a jusante de Nova Serrana (bacia do Rio Pará), e o Rio das Velhas, em cujo alto curso localiza-se a capital mineira. A qualidade ruim verificada no Rio das Velhas está relacionada principalmente ao mau uso do solo devido à ocupação urbana e ao lançamento de esgotos provenientes dos municípios de Belo Horizonte, Contagem, Sabará e Santa Luzia (Igam, 2008). Além disso, no Rio das Velhas foram encontradas substâncias tóxicas (arsênio, chumbo e cianeto) responsáveis pela contaminação desse rio no nível alto, confirmando a grande interferência do diversificado parque industrial da região metropolitana de Belo Horizonte.

Em Londrina, no norte do Paraná, resultados do IQA revelam o agravamento da poluição dos rios urbanos. Um dos vilões, apontam os dados, é a Estação de Tratamento de Esgoto da Zona Sul (ETE-SUL), da Companhia de Saneamento do Paraná (Sanepar). Em ponto de coleta de amostra anterior à ETE-Sul, realizada em julho de 2007, o IQA era de 69,40, e após a ETE-Sul caiu para 30,79. Em coleta realizada em agosto de 2008, antes da ETE-Sul, o IQA piorou para 50,04 e, logo após a ETE-Sul, ficou em 25,89. Dessa forma, é possível verificar a degradação da qualidade das águas de superfície na cidade no tempo e no espaço. Na coleta de 2008, o índice de coliformes fecais[4] antes da estação de tratamento já

---

[4] Esse tipo de bactéria não se reproduz no meio hídrico, só nos intestinos. Portanto, sua presença na água indica obrigatoriamente a presença da matéria intestinal. Assim, a existência de coliformes fecais na água apresenta, sempre, a presença de esgotos, e essa, por sua vez, significa a possibilidade da presença de patogênicos, dada a provável existência de pessoas doentes ou portadoras em meio à população que deu origem àqueles esgotos (Machado *et al.*, 2005).

estava acima dos níveis permitidos, num total de 160 mil unidades por 100ml. Após a estação, a presença dos coliformes saltou para 2,8 milhões por 100ml (Menechino, 2008).

6. Novos Paradigmas e Novos Caminhos

Diante das variadas e intensas intervenções antrópicas no sistema hidrográfico em ambiente urbano, faz-se necessária a adoção de novos paradigmas, novos conceitos, novas visões e novas medidas que garantam o melhor funcionamento das bacias de drenagem urbanas, de modo a combater e prevenir problemas ambientais, notadamente as enchentes e a degradação dos corpos hídricos.

É sabido que os procedimentos de canalização, retificação, dragagem, etc. acabam acelerando a velocidade das águas de escoamento e aumentam o risco de enchentes, para os quais também contribuem a pavimentação das vias e as construções, que impedem a infiltração e comprometem o abastecimento dos lençóis d'água subterrâneos e a recarga de aquíferos.

Dessa forma, é preciso desenvolver novas formas de ocupação, novos materiais, novas técnicas, novas leis, estabelecendo novas relações de uso do espaço urbano. Uma vez que a ideia de "desconstruir" cidades é inconcebível e ilusória, pois não podemos deixar de construir moradias, asfaltar ruas, erguer centros empresariais etc., é preciso criar mecanismos alternativos que possam substituir o processo hidrológico fundamental de infiltração, expandindo e diversificando o tempo de chegada das águas ao final de cada sistema hidrográfico.

Segundo Vaz (2004), "os fundamentos da drenagem urbana moderna estão basicamente em não transferir os impactos a jusante, evitando a ampliação das cheias naturais, recuperar os corpos hídricos, buscando o reequilíbro dos ciclos naturais (hidrológicos, biológicos e ecológicos) e considerar a bacia hidrográfica unidade espacial de ação". Vale acrescentar que os impactos sobre os cursos d'água também podem ser transferidos a montante, como visto no item 2 deste capítulo. É nessa visão ampla e integrada que novos projetos na área de drenagem urbana estão apoiados. Desenvolvidos inicialmente no exterior, em países como a Alemanha, esses novos conceitos estão sendo aos poucos incorporados em projetos no Brasil e se refletindo em novas técnicas e estratégias de ação.

No que se refere às medidas de controle de enchentes, estas são usualmente classificadas em *estruturais*, quando o homem altera o sistema fluvial, através de obras hidráulicas, como barragens, diques, canalização e retificação; e em *não estruturais*, quando o homem busca uma convivência harmônica com o rio, através da elaboração de planos de uso e ocupação e zoneamentos de áreas de risco à inundação, sistemas de alerta e seguros-enchentes.

As medidas estruturais podem, ainda, segundo Tucci (2001), ser classificadas como intensivas e extensivas. As primeiras são as que modificam diretamente o curso d'água, como a retificação e a canalização. As extensivas são medidas que afetam o sistema hidrológico de um modo geral, mas não constituem intervenções diretas sobre o rio (Figura 6).

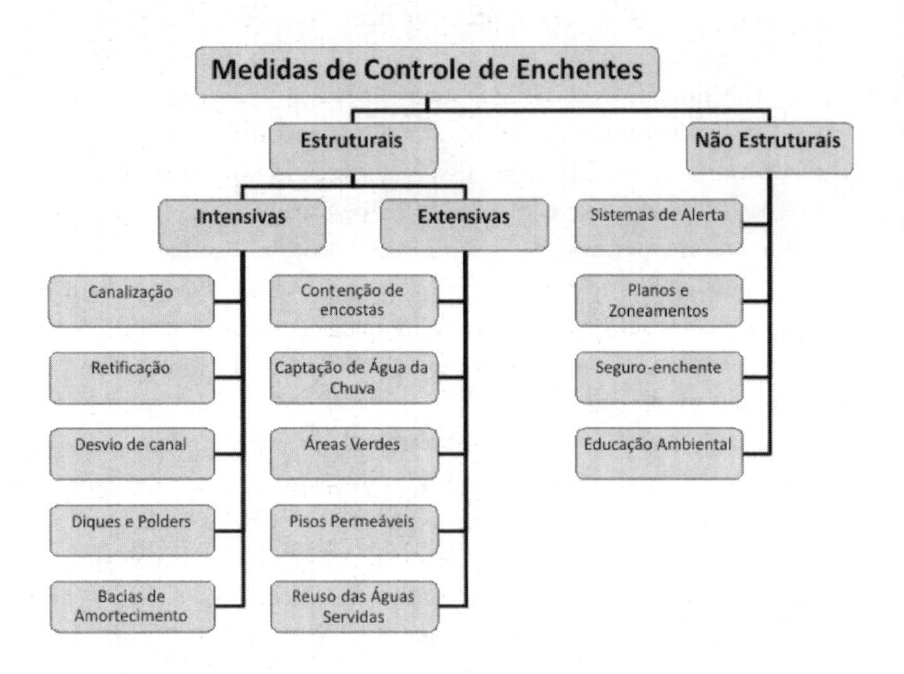

Figura 6 — Principais medidas estruturais e não estruturais de controle de enchentes.

As medidas estruturais intensivas, como já discutido, não tratam das causas do problema e sim tentam minimizá-lo através de medidas compensatórias. Trata-se de medidas custosas e pouco eficientes a médio e longo prazos. Incluem, além da canalização e da retificação, a construção de canais de desvio, canais paralelos e canais extravasores — que alteram diretamente o traçado e/ou a direção dos cursos d'água — e diques, reservatórios ou bacias de amortecimento. Tais medidas foram amplamente difundidas no Brasil na década de 1970.

Os diques são muros construídos geralmente de concreto armado, para confinar as águas de um rio, evitando seu transbordamento e a consequente inundação das áreas do entorno. O maior exemplo de dique de proteção contra enchentes construído em área urbana no Brasil é o da cidade de Porto Alegre (RS), conhecido como "Muro da Mauá" (Figura 7). O sistema de diques que circunda a cidade totaliza uma extensão de 68km e impede a entrada das águas do Rio Gravataí e do Lago Guaíba.

Figura 7 — "Muro da Mauá" em Porto Alegre (RS), com 6m de altura, 3m acima do solo e 3m abaixo.

Para evitar que essas águas entrem pela foz dos arroios (cursos d'água) afluentes e extravasem, o projeto inclui a extensão do sistema (diques, casas de bombas, comportas) pelas margens dos principais arroios. Para criar o projeto, os técnicos do DNOS (extinto Departamento Nacional de Obras e Saneamento) tomaram como referência a enchente histórica de 1941, que atingiu a cota de 4,75m, deixando a cidade com 70 mil flagelados e um mês sem energia elétrica e água potável (Soares, 1999).

Tal obra, além de dispendiosa, tem custos de operação e manutenção elevados. Em 1999, esses custos foram de R$ 614.000,00, dos quais R$ 526.000,00 destinaram-se à operação e R$ 88.000,00 à manutenção corretiva do sistema (Soares, 1999).

Além disso, embora o sistema de diques tenha protegido a cidade de várias enchentes desde sua construção na década de 1970, a urbanização crescente, com aumento das áreas impermeáveis, constante obstrução dos sistemas de drenagem urbana e assoreamento dos cursos d'água (Figura 8), tem causado inundações cada vez mais frequentes na grande Porto Alegre (Rossato e Silva, 2004).

Figura 8 — Arroio Dilúvio, rio urbano na capital gaúcha.

As bacias ou reservatórios de amortecimento, tanto de infiltração quanto de detenção e retenção, têm como objetivos principais reduzir o volume do escoamento superficial, através do armazenamento da água, e amortecer as vazões nos picos de cheias a jusante. Entretanto, há pequenas distinções entre elas.

As *bacias de infiltração* são depressões no terreno com as finalidades de reduzir o escoamento, remover alguns poluentes e promover a recarga das águas subterrâneas. Podem ser construídas às margens das rodovias e estradas vicinais. Ao longo das rodovias de pista dupla, podem ser construídas valas de drenagem centrais gramadas, que funcionam também como uma bacia de infiltração e se integram bem à paisagem.

As *bacias de detenção* são tanques com espelho d'água permanente, construídos com os objetivos de reduzir o escoamento, sedimentar sólidos em suspensão e ainda permitem o controle biológico dos nutrientes. As bacias de detenção exigem a remoção periódica do lodo e a criação de proteção contra eventuais quedas de animais e pessoas.

Existem também as chamadas *bacias de detenção secas*, projetadas para armazenar temporariamente as águas de escoamento e liberá-las lentamente. Assim como as anteriores (bacias de detenção permanentes), dispõem de estruturas hidráulicas de esgotamento.

As *bacias de retenção* têm os mesmos objetivos das bacias de detenção, sendo que aquelas liberam as águas retidas mais lentamente do que estas. Os termos detenção e retenção, muitas vezes, são usados como sinônimos, porém há uma sutil diferença nos dispositivos hidráulicos das estruturas das bacias, tanto de detenção como de retenção (também chamadas de bacias de contenção), a jusante, que liberam a água represada de volta para a bacia urbana (UFRRJ, 2009).

Botelho (2004) verificou que apenas 11,7% dos municípios atingidos por enchentes urbanas possuíam bacias de detenção ou amortecimento. Desses, quase 80% apresentavam o máximo de cinco bacias; sendo os maiores números registrados para os municípios de Franca (SP) e Orleans (SC), com 20 e 30 bacias, respectivamente. Tal quadro se justifica, pois se trata de obras dispendiosas, que exigem grande investimento, restringindo sua utilização.

A região metropolitana de São Paulo nos últimos anos tem adotado os reservatórios de amortecimento, nas suas diversas modalidades, no controle das enchentes urbanas, haja vista a construção do reservatório do Pacaembu, que deu origem e popularizou o termo "piscinão". Segundo Canholi (2008), as obras de reservação realizadas em São Paulo representam uma mudança de paradigma e um caminho acertado na busca da redução das inundações que atingem a região, que já conta com cerca de sete milhões de metros cúbicos em mais de 40 reservatórios, o que equivale a 100 "piscinões" do Pacaembu. De acordo com o autor, toda a drenagem da região metropolitana de São Paulo, com quase 2.000km^2 de área urbana, 39 municípios e quase 20 milhões de pessoas, tem um único escoadouro, o Rio Tietê, o que torna a questão ainda mais complexa.

Para Santos (2008), os famosos "piscinões" são obras de alto custo de implantação e manutenção e, devido ao intenso e acelerado assoreamento que os atingem e pelo alto grau de contaminação das águas superficiais urbanas, constituem verdadeiros "atentados urbanísticos, sanitários e ambientais". Segundo o autor, é preciso reverter a cultura da impermeabilização, investindo em medidas de fácil execução, como pequenos e médios reservatórios domésticos e empresariais de água da chuva.

De acordo com a visão atual, as medidas estruturais extensivas e as não estruturais são as mais indicadas na prevenção e controle das inundações, por seu menor custo e maior eficiência.

As principais medidas mitigadoras estruturais extensivas de controle das enchentes e que têm reflexo sobre a melhora do funcionamento do ciclo hidrológico urbano e, consequentemente, na quantidade e qualidade de água (embora, na maioria, ainda pouco divulgadas e implementadas) são: contenção de encostas e margens de rios, captação de água da chuva, ampliação de áreas verdes, utilização de pisos permeáveis e aproveitamento das águas servidas.

As obras de contenção de encostas e margens de rios podem ser feitas através de técnicas mecânicas, que utilizam estruturas como cimento, pedras, pneus etc., ou técnicas vegetativas, ou ainda uma combinação entre elas. Em anos recentes, as duas últimas têm sido priorizadas em detrimentos das primeiras, que, em geral, apresentam custo maior e menor eficiência a longo prazo. Tais obras têm como principal objetivo o controle da erosão, impedindo que os sedimentos sejam carreados junto com a água de escoamento e assoreiem rios, lagos e reservatórios. De acordo com Santos (2008), a erosão é responsável atualmente por um aporte de mais de 3,5 milhões de metros cúbicos anuais de sedimentos para o interior dos cursos d'água, representando 95% do volume total do assoreamento. Os 5% restantes correspondem ao lixo urbano e entulhos da construção civil.

A captação de água da chuva, através dos telhados, coberturas, terraços e pavimentos descobertos de casas e prédios, pode ser não só uma grande aliada na substituição da infiltração nas áreas urbanas, mas também pode significar uma importante economia de água, na medida em que essa água, após um rápido processo de filtragem, pode servir ao consumo humano ou, ao menos, para lavagem de roupas, carros, quintais, despejo em privadas etc.

O Estado de São Paulo possui uma lei (Lei estadual 12.526/2007) que torna obrigatória a captação e retenção da água da chuva em construções novas ou reformadas que tenham a partir de 500m^2 de área impermeabilizada. Seu aproveitamento, no entanto, não está garantido, pois a lei faculta o uso dessa água.

A criação de áreas verdes no meio urbano inclui: reflorestamento, especialmente de Áreas de Preservação Permanente (APPs), tanto de cumeadas quanto de margens de rios; criação e ampliação de parques urbanos; arborização urbana; e áreas livres verdes. A criação, ampliação e manutenção dessas áreas propiciam a diminuição do escoamento superficial e o aumento da infiltração da água, contribuindo no equilíbrio hidrológico da bacia e na qualidade ambiental, pois apresentam também função paisagística, de lazer e de atenuação dos efeitos do clima urbano (formação de "ilhas de calor" nas grandes cidades).

A situação das APPs em áreas urbanas é bastante crítica. O desrespeito em relação às leis que asseguram a preservação da cobertura vegetal nas áreas de cumeadas, altas declividades e margem de rios é frequente. A ocupação das encostas praticamente até os divisores de água, notadamente nas cidades com presença de morros e maciços no sítio urbano, tem sido cada vez mais intensa (Figura 9). Tal fato, além de agravar o risco de enchentes, ampliando o volume das águas de escoamento, aumenta o risco

Figura 9 — Ocupação irregular das encostas e topos de morro na cidade de Porto Alegre (RS).

de deslizamentos nas encostas e de perdas de vidas humanas, como ocorreu no final de 2008, após chuvas torrenciais em algumas cidades brasileiras, com destaque para os Estados de Santa Catarina e Minas Gerais. Raríssimos são os rios que cortam as grandes cidades brasileiras e apresentam, ainda, suas matas ciliares preservadas. Essas ou foram extraídas no momento da canalização e/ou retificação do rio, ou suprimidas quando da ocupação irregular das suas margens (Figura 10). As matas ciliares têm papel fundamental no funcionamento hidrológico das bacias e no equilíbrio ambiental. Elas permitem a infiltração da água no solo, fixam as margens dos rios, protegendo contra o desbarrancamento, abrigam fauna terrestre e aquática específica, através da disponibilidade de nutrientes e sombreamento sobre as águas, e servem, ainda, como grandes filtros, retendo sedimentos e poluentes que na sua ausência atingem mais frequentemente rios, lagos e reservatórios.

São poucos, ainda, os parques urbanos existentes nas cidades brasileiras. Segundo o relatório GEO Cidade de São Paulo (SVMA; IPT, 2004),

Figura 10 — Ocupação irregular nas margens do Rio Tinguá, município de Nova Iguaçu, região metropolitana do Rio de Janeiro.

a capital paulista apresenta 32 parques urbanos municipais. A cidade de Curitiba (PR) possui 30 parques e bosques, com um dos maiores índices de áreas verdes do país: 51m^2 por habitante, totalizando aproximadamente 81 milhões de metros quadrados (Basgal e Blanc, 2006). No entanto, o mais importante é o estado dos parques urbanos. Muitos deles precisam não só de cuidados, mas principalmente de um plano de manejo para que possam, de fato, cumprir suas funções, em especial a prestação de serviços ambientais ao seu entorno imediato, conforme ressaltam Sousa e Machado (2008). Segundo esses autores, tais serviços referem-se à manutenção da biodiversidade local e regional, à drenagem de águas pluviais, à regulação microclimática, ao equilíbrio ecológico (principalmente como abrigo de espécies reguladoras de pragas urbanas e bioindicadoras), à qualidade do ar (por meio do sequestro de carbono e retenção de partículas sólidas emitidas por veículos), além da sua potencialidade turística, da possibilidade de servir de lócus adequado para atividades de educação ambiental e agregar valor econômico a imóveis do entorno. De acordo com Silva e Ferreira

(2003), a presença de parques no espaço urbano visa minimizar a deterioração da qualidade de vida e os processos de degradação ambiental. Para isso, portanto, é preciso que os parques urbanos sejam mais do que simples áreas livres e/ou parquinhos para crianças. É necessário, por exemplo, do ponto de vista da conservação da biodiversidade, que abriguem espécies vegetais nativas e frutíferas, de interesse para determinadas espécies animais que se deseje atrair. Do ponto de vista hidrológico, é preciso ampliar as áreas de cobertura vegetal, ainda que de gramíneas, e diminuir as áreas cimentadas.

A arborização das vias nas áreas urbanas é uma medida simples e que pode trazer benefícios, não só em termos estéticos e paisagísticos, mas também de conforto térmico e melhor equilíbrio do sistema hidrológico, desde que realizada adequadamente, no que se refere à escolha das espécies a serem plantadas e ao espaço para elas reservado. O principal benefício da arborização urbana em termos hidrológicos refere-se ao aumento das possibilidades de caminhos ou componentes do ciclo da água: interceptação e armazenamento de parte das chuvas pela copa das árvores (de onde ela pode ser evaporada), escoamento pelo tronco, aumento da infiltração, diminuição do escoamento superficial e alimentação do lençol freático. Outros benefícios são: sombreamento, redução da temperatura do piso, atenuação de ruídos, melhoria da qualidade do ar e valorização estética da via.

Embora simples, a arborização urbana exige planejamento prévio e precisa considerar o espaço disponível nas calçadas (sua largura e recuo predial), canteiros centrais de avenidas e rotatórias, a presença ou ausência de fiação aérea e outros equipamentos urbanos. Dependendo desse espaço, a escolha ficará vinculada ao conhecimento do porte da espécie a ser utilizada. Definições de portes das árvores e indicação de espécies mais utilizadas podem ser encontradas em Guzzo (2009) e Rio Grande Energia (2009).

Além disso, é preciso que o espaço em volta do pé permita a infiltração da água da chuva, fato que raramente acontece, pois é comum a cimentação do piso até a base do tronco da árvore. Essa prática errônea conjugada com o plantio de espécies de porte inadequado costuma ser responsável pela destruição do pavimento das calçadas (Figura 11).

Figura 11 — Destruição do pavimento da calçada na área urbana de Goiânia (GO).

As áreas ou espaços livres no meio urbano correspondem a áreas não edificadas e podem ser públicas ou particulares. As primeiras referem-se às áreas de livre acesso à população, como parques e praças, e as segundas referem-se às áreas livres de propriedades particulares, cujo acesso não é permitido a qualquer cidadão, como os jardins e quintais de casas, condomínios e clubes. Guzzo (2009) identifica, ainda, áreas livres potencialmente coletivas, que são aquelas localizadas junto às universidades, escolas e igrejas, sendo o acesso da população controlado de alguma forma. É de suma importância que essas áreas possam constituir áreas livres verdes, ou seja, que elas possam estar o máximo possível recobertas por vegetação. Existem praças cujo piso é quase todo cimentado, não havendo praticamente área gramada. O piso dos estacionamentos abertos também pode ser gramado ou, na impossibilidade de uso da cobertura vegetal, pode ser de terra (areia grossa lavada) ou cascalho, ou, ainda, de blocos permeáveis de cerâmica ou concreto, com furos para penetração da água. Alguns pisos permeáveis já estão à venda no mercado, contudo seu custo ainda é elevado.

Por fim, outra medida de grande importância e ainda pouco difundida no Brasil é o aproveitamento ou reuso das águas servidas ou residuárias. Tais águas são comumente classificadas em águas cinza e águas marrons. As primeiras são águas servidas que foram utilizadas para limpeza (tanques, pias, chuveiros) e as marrons ou negras são águas servidas que foram utilizadas em vasos sanitários e contêm coliformes fecais.

Nas áreas urbanas, Bernardi (2003) aponta os seguintes usos potenciais das águas servidas após tratamento: irrigação de campos de golfe e quadras esportivas, faixas verdes decorativas ao longo de ruas e estradas, gramados residenciais, viveiros de plantas ornamentais, parques e cemitérios, descarga em toaletes, lavagem de veículos, reserva de incêndio, recreação, construção civil (compactação do solo, controle de poeira, lavagem de agregados, produção de concreto), limpeza de tubulações, sistemas decorativos, tais como espelhos d'água, chafarizes, fontes luminosas, entre outros. Tais usos potenciais, entretanto, precisam considerar o tipo de tratamento ao qual as águas servidas foram submetidas e se haverá contato da população com as áreas ou atividades nas quais elas serão reutilizadas.

O reuso das águas marrons exige necessariamente procedimentos de filtragem e desinfecção existentes nas estações de tratamento de esgoto para que as águas possam ser reutilizadas. As águas cinza, no entanto, podem, a partir de medidas mais simples e menos custosas de filtragem e limpeza, ser reutilizadas para fins não potáveis, como água para limpeza em tanques, pias, vasos sanitários e chuveiros. As águas de banho e pia podem, ainda, ser utilizadas diretamente nas descargas de vasos sanitários, através da simples instalação hidráulica de tubos coletores e condutores.

Nesse sentido, recentemente, estão sendo incentivados, elaborados e construídos projetos arquitetônicos ecológicos ou sustentáveis, que privilegiam o uso de sistemas ecoeficientes, nos quais são utilizadas energias alternativas, como a solar e a eólica, sistemas de iluminação e ventilação natural, utilização de materiais alternativos na construção civil, aproveitamento das águas da chuva e reuso das águas servidas. Impossível pensar em "cidades sustentáveis" sem pensar numa nova arquitetura, que esteja comprometida não apenas como a segurança e o conforto do usuário, mas também com o uso sustentável e conservação dos recursos naturais.

Os primeiros edifícios verdes (*green buildings*) surgiram na década de 1970 na Holanda, na Alemanha e nos países nórdicos. Hoje, calcula-se que existam nos Estados Unidos cerca de 6 mil edifícios verdes e a tendência é crescer para 100 mil nos próximos anos (Knapp, 2009). No Brasil, aos poucos, estão sendo divulgados nas grandes cidades — notadamente São Paulo, Rio de Janeiro e Porto Alegre — anúncios de prédios que reaproveitam a água da chuva, promovem a reciclagem de lixo e utilizam energia solar. É uma forma de chamar a atenção da população que se preocupa com o ambiente e a sustentabilidade de suas ações. Segundo o engenheiro civil Luiz Fernando Lucho do Valle, 40% dos seus clientes procuram residências que tenham o apelo do "ambientalmente correto" (Asbea, 2009). A construção de um empreendimento sustentável, em geral, é até 15% mais cara que a convencional, mas de acordo com Valle, é possível reduzir esse custo para 3% por meio do conceito de padronização e economia de escala criado pelo Henry Ford.

Segundo Gonçalves e Duarte (2006), nesse processo de discussões e propostas de projetos e novas tecnologias para a arquitetura, observa-se a passagem do chamado "edifício inteligente", que tem enfoque na eficiência energética e no uso da tecnologia, para o "edifício sustentável", que objetiva reduzir os impactos ambientais e a dependência tecnológica.

Com relação às *medidas não estruturais*, pode-se afirmar que, ao realizar um estudo de zoneamento de risco de inundação, seguido por um plano de uso e ocupação do solo urbano, implementado através de políticas públicas e da regulamentação do uso do solo, evita-se a ocupação indevida das áreas de risco e, consequentemente, os efeitos indesejáveis das enchentes urbanas. Contudo, em função da ocupação prévia e já concretizada de muitas áreas de várzeas ou planícies de inundação, fazem-se necessárias medidas atenuantes dos impactos causados pelas enchentes. Nesse sentido, destacam-se os sistemas de alerta, como medidas preventivas, e os seguros-enchentes, como medidas compensatórias.

Os serviços de previsão e de alerta de enchentes são sistemas de aquisição de dados em tempo real, que são transmitidos a um centro de análise para previsão também em tempo real, através da aplicação de modelos matemáticos. Tal sistema envolve a participação da Defesa Civil, que deve estar preparada para atuar segundo um plano de ação, incluindo evacuação e realocação da população sob risco. Para o desenvolvimento do sistema é necessário o estabelecimento de uma rede hidrometeorológica, cujo porte e qualidade estão diretamente associados à instalação e ao funcionamento das estações pluviométricas e fluviométricas.

No Brasil, um convênio entre a ANA, o Estado de Minas Gerais e o Igam possibilitou a operação e modernização do Sistema de Alerta na bacia do Rio Doce, que vem sendo operado desde janeiro de 1997 e beneficia 16 municípios de Minas Gerais e do Espírito Santo, localizados às margens dos rios Piranga, Piracicaba e Doce, e uma população de cerca de um milhão de habitantes (ANA, 2009b). Um sistema de alerta para a bacia do Rio das Velhas, onde se encontra a capital mineira, também está sendo desenvolvido (Minas Gerais, 2009). A ANA assinou também convênio com o Estado de Santa Catarina e a Secretaria do Desenvolvimento Urbano e Meio Ambiente (SDM), para o estabelecimento de um sistema de alerta na bacia do Rio Itajaí (ANA, 2009c).

No Estado do Rio de Janeiro, o Sistema de Alerta de Enchentes operado pelo Instituto Estadual do Ambiente (Inea), da Secretaria Estadual do Ambiente, cobre toda a baixada fluminense e o município de Nova Friburgo, na região serrana. O sistema foi expandido aos municípios de Macaé, Petrópolis e Teresópolis, tendo entrado em operação no segundo semestre de 2009 (Agência Rio de Notícias, 2009).

O Sistema de Alerta a Inundações de São Paulo (Saisp), operado pela Fundação Centro Tecnológico de Hidráulica (FCTH, 2009), gera a cada cinco minutos boletins sobre as chuvas e suas consequências na cidade. Em Manaus, está em operação, desde 1989, um sistema de monitoramento de níveis de água dos rios Solimões/Negro/Amazonas, que permite prever, com um alto nível de acerto, a magnitude do pico da cheia. Desde 2004, o trabalho de monitoramento das cheias produz o Mapa de Enchentes de Manaus, instrumento de especial significado para a gestão da área urbana afetada pela cheia do Rio Negro. Em média, anualmente, 57 mil moradores de habitações ribeirinhas são diretamente beneficiados por esse sistema de alerta (CPRM, 2005).

O seguro-enchente permite à pessoa física ou jurídica a obtenção de uma proteção econômica por eventuais perdas causadas por enchentes ou inundações. É considerada uma medida complementar que visa minimizar os prejuízos sobre a economia local. A prática de contratação de seguros contra enchentes, no entanto, não é uma constante, nem no Brasil nem em outros países mais severamente atingidos por inundações. Segundo Riguetto e Mendiondo (2004), mesmo na rica Alemanha, a prática não tem crescido, apesar de as perdas provocadas por enchentes terem aumentado.

Mais uma vez se destacando no panorama nacional, a prefeitura de São Paulo promulgou em agosto de 2007 a lei que autoriza a isenção ou remissão (perdão do crédito tributário), até o limite de R$ 20.000,00, do Imposto Predial e Territorial Urbano (IPTU) incidente sobre imóveis atingidos por enchentes causadas por chuvas ocorridas na cidade a partir de 1º de outubro de 2006 (Globo, 2007).

Ressalta-se a necessidade de estudos e desenvolvimento de modelos de avaliação de risco de enchentes e sua valoração, a fim de subsidiar políticas públicas de implantação de seguros-enchentes.

7. Revitalização e Renaturalização de Rios Urbanos

Atualmente, as estratégias de manutenção do equilíbrio hidrológico e do bom funcionamento das bacias hidrográficas urbanas estão, portanto, centradas na recuperação de áreas para infiltração, no aumento da capacidade de retenção das águas, na captação de água das chuvas e seu aproveitamento, no reuso das águas servidas e na revitalização e renaturalização dos rios urbanos. De todas, talvez, esta última seja a mais recentemente incorporada à gestão dos recursos hídricos nas áreas urbanas.

A renaturalização objetiva trazer ao rio sua condição mais natural ou original possível (Souza; Kobiyama, 2003). De acordo com a Semads (2001), é necessário buscar a morfologia mais natural dos rios, estabelecer a vegetação espontânea marginal, restabelecer a continuidade do curso d'água para a fauna migratória, restabelecer os locais de desova e biótipos aquáticos, entre outras medidas. Essencialmente, os projetos de renaturalização devem prever espaços para recuperação da vegetação ao longo de suas margens e a reconstrução do seu traçado meândrico. Os principais benefícios ambientais do processo de naturalização são: redução dos picos de cheia, diminuição dos processos erosivos, melhoria da qualidade da água, restabelecimento do ecossistema, ampliação das áreas verdes (com a possibilidade de criação de corredores ecológicos nas áreas de matas ciliares), aumento ou restabelecimento da fauna aquática (inclusive da piracema) e terrestre, expansão das possibilidades de lazer e turismo nas cidades, valorização imobiliária do entorno, entre outros.

Nesse sentido, alguns autores reforçam que renaturalização é um processo multi e interdisciplinar (Saunders e Rezende, 2003; Souza e Kobiyama, 2003; Carvalho e Braga, 2009), que exige a participação de especialistas de diversas áreas do conhecimento trabalhando em conjunto, notadamente biólogos, geomorfólogos e engenheiros.

Contudo, nas áreas urbanas a renaturalização de cursos d'água torna-se mais difícil, pois é nas cidades que eles sofrem as alterações mais profundas, havendo grande comprometimento das relações biológicas. Ainda que o processo de renaturalização não signifique propriamente o retorno do rio ao seu estado original exato, ela pressupõe algumas medidas que implicariam a remoção da população e de todo artefato urbano (vias, instalações de iluminação, prédios públicos etc.) que ocupam a planície de inundação. Tal prática nem sempre é factível nas grandes cidades. Nesses casos, acredita-se que o termo revitalização[5] (objetivo mor a ser alcançado) seja mais adequado do que renaturalização,[6] uma vez que, apesar das limitações, é possível implementar ações que minimizem os impactos ambientais negativos e propiciem a revalorização ecológica dos rios urbanos. Tais ações poderão resultar em melhorias nas condições de vida da população que reside próximo aos cursos d'água.

---

[5] Os termos recuperação, reabilitação e restauração também são utilizados. Assim como o termo revitalização, esses não pressupõem a busca da condição natural do rio, e sim da melhoria da sua qualidade, eficiência e harmonia paisagística.

[6] Alguns autores consideram renaturalização um conceito mais amplo, em que se busca restaurar não as condições naturais do rio, mas sua valorização enquanto elemento paisagístico e patrimônio da comunidade. Acredita-se, no entanto, que tal concepção esteja semanticamente melhor representada pelo termo revitalização.

Algumas experiências internacionais envolvendo renaturalização e/ou revitalização de rios urbanos estão na Alemanha (rios Lech e Vils), país considerado pioneiro e referência nesse tema, na Inglaterra (Rio Tamisa, em Londres) e no Canadá (Rio Don, em Toronto).

No Brasil, essa técnica ainda é pouco utilizada. Há poucos projetos em andamento e outros em elaboração. No Estado do Rio de Janeiro, no município de Macaé, o Rio São Pedro foi renaturalizado, com aplicação de obras de engenharia ambiental, arborização e recuperação da mata ciliar (Saunders e Rezende, 2009). Em Minas Gerias, está em fase inicial o projeto de revitalização do Rio das Velhas. Em São Paulo, há o projeto de renaturalização do Riacho do Ipiranga. Além desses, há o Projeto de Revitalização do Córrego da Mina, na bacia do Alto São Francisco, iniciado em 2006 e que faz parte do grande Programa de Revitalização do Rio São Francisco do Ministério do Meio Ambiente (ANA, 2008). Estão também para ser implementados programas de revitalização nas sub-bacias hidrográficas do Rio Parnaíba, no Piauí. A maioria dos projetos ainda se encontra na fase de planejamento e discussão, notadamente aqueles voltados para os trechos dos rios que cortam as grandes cidades.

Entretanto, esses exemplos refletem as recentes mudanças no panorama nacional no que se refere à relação sociedade/natureza. Renovada, essa relação espelha um novo olhar sobre os recursos hídricos, mais especificamente sobre os cursos d'água e, em destaque, os rios urbanos. Além de todos os benefícios hidrológicos, microclimáticos, ecológicos, sociais e econômicos advindos dos processos de renaturalização e/ou revitalização dos rios urbanos, há ainda aquele que aproxima o homem do ambiente fluvial, que passa a ser visto não como um problema, mas como um bem a ser utilizado, valorizado e preservado. A melhoria nas condições do curso d'água urbano conduz a uma nova visão desse elemento nas cidades, que pode assumir múltiplas funções: de lazer, turística, esportiva, além de estética (de embelezamento) e até lúdica. Ao ser reintegrado à paisagem urbana como um elemento positivo, a sociedade tem a possibilidade de admirar, respeitar, vivenciar e cuidar do rio, criando algumas das premissas necessárias para o estabelecimento e funcionamento das cidades sustentáveis.

8. Referências Bibliográficas

AGÊNCIA NACIONAL DE ÁGUAS. Revitalização do Velho Chico a todo o vapor. *ÁguasBrasil.* Informativo da Agência Nacional de Águas n.7, jul./ago. 2008. Disponível em: <http://www.ana.gov.br/SalaImprensa/anexos/aguasBrasiln730092008.pdf>. Acesso em: 18 abr. 2009.

_________. Conjuntura dos Recursos Hídricos no Brasil 2009: qualidade das águas superficiais. Disponível em: <http://conjuntura.ana.gov.br/>. Acesso em: 16 abr. 2009a.

_________. Sistema de alerta contra enchentes na bacia do rio Doce. Disponível em: <http://www.ana.gov.br/gestaorcechidricos/-UsosMultiplos/arqs/ALERTA_DOCE.pdf> Acesso em: 16 abr. 2009b.

_________. Sistema de alerta contra enchentes na bacia do rio Itajaí. Disponível em: <http://www.ana.gov.br/gestaorechidricos/UsosMultiplos/arqs/ALERTA_ITAJAI.pdf> Acesso em: 16 abr. 2009c.

AGÊNCIA RIO DE NOTÍCIAS. Sistema de alerta de enchentes será expandido. 02 fev. 2009. Disponível em: <http://www.agenciario.com.br/noticias.asp?cod=57496>. Acesso em: 18 mar. 2009.

AMARAL, A. L. *Dicionário de Direitos Humanos: Pertencimento.* Disponível em: <http://www.esmpu.gov.br/dicionario/tiki-index.php?page= Pertencimento> Acesso em: 25 fev. 2009.

AsBEA. – Associação Brasileira dos Escritórios de Arquitetura. Construção ecológica é viável. E lucrativa. Disponível em: <http://www.asbea.org.br/-escritorios-arquitetura/noticias/construcao-ecologica-e-viavel-e-lucrativa-123727-1.asp> Acesso em: 22 jan. 2009.

BASGAL, D. M. O.; BLANC, P. F. Parques Urbanos e a Função Socioambiental da Propriedade na Cidade de Curitiba. *IV Congresso Brasileiro de Direito Urbanístico.* São Paulo, 2006.

BERTÊ, A. M. A. Problemas ambientais no Rio Grande do Sul: uma tentativa de aproximação. *In: Rio Grande do Sul: paisagens e territórios em transformação.* R. Verdum; L. A. Basso; D. M. Suertegaray, Porto Alegre: Editora da UFRGS, 2004, 71-83.

BERNARDI, C. C. *Reuso de água para irrigação.* (Monografia). ISEA-FGV/ECOBUSINESS SCHOOL. Brasília, 2003, 52p.

BOTELHO, R.G.M. Enchentes em Áreas Urbanas no Brasil. Seminário *A Questão Ambiental Urbana: expectativas e perspectivas.* (CD-ROM). Universidade de Brasília — Brasília (DF), 2004.

BOTELHO, R.G.M.; ROSSATO, M.S. Erosão em áreas urbanas no Brasil: formas de ocorrência e fatores agravantes. *XIII Encontro Nacional de Geógrafos.* (CD-ROM). João Pessoa (PB), 2002.

BOTELHO, R. G. M.; SILVA, A. Bacia Hidrográfica e Qualidade Ambiental. *In: Reflexões sobre a Geografia Física Brasileira.* A. C. Vitte e A. J. T. Guerra (orgs.). Bertrand Brasil, Rio de Janeiro, 153-192, 2004.

BRASIL. Ministério das Cidades. Ministro visita áreas atingidas por enchentes em SC. Brasília, 09 dez. 2008. Disponível em: <http://www.cidades.gov.br/noticias/ministro-visita-areas-atingidas-por-enchentes-em-sc/>. Acesso em: 12 mar. 2009.

CALBETE, N.O. *et al.* Precipitações intensas ocorridas no período de 1986 a 1996 no Brasil. INPE/CPTEC. *Climanálise* (1986 a julho 1996) — Boletim de Monitoramento e Análise Climática. Disponível em: <http://www.cptec.inpe.br/products/climanalise/cliesp10a/11.html>. Acesso em: mar./2009.

CANHOLI, A.P. A atual estratégia de combate a enchentes urbanas na região metropolitana de São Paulo é adequada? SIM. Um novo paradigma. *Folha de S. Paulo.* 27/12/2008.

CARVALHO, P.F.; BRAGA, R. Da Negação à Reafirmação da Natureza na Cidade: o conceito de "renaturalização" como suporte à política urbana. *VIII Simpósio Nacional de Geografia Urbana.* Recife (PE), 2003.

CAVALHEIRO, F. Urbanização e alterações ambientais. *In: Análise Ambiental: uma visão multidisciplinar,* 2ª ed. S. M. Tauk-Tornisielo, N. Gobbi e H. G. Fowler (orgs.), São Paulo: Editora da Universidade Estadual Paulista. 114-124, 1995.

CEDAE. – Companhia Estadual de Águas e Esgotos. No Brasil, a história do abastecimento começa no Rio de Janeiro. Disponível em: <http://www.cedae.rj.gov.br/raiz/002002003.asp> Acesso em: – 04 fev. 2009.

CETESB. Companhia de Tecnologia de Saneamento Ambiental. Relatório de qualidade das águas interiores do estado de São Paulo 2007. São Paulo: Cetesb, 2008.

COSTA, A..J.S.T. Hidrografia e a cidade do Rio de Janeiro. *In: Estudos de geografia fluminense.* G. J. Marafon e M. F. Ribeiro (orgs.). Rio de Janeiro. Livraria e Editora Infobook Ltda., p. 193-209, 2002.

CPRM — SERVIÇO GEOLÓGICO DO BRASIL. Recursos hídricos. Relatório da Administração 2005. Disponível em: <http://www.cprm.gov.br/publique/media/rec_hidricos-06.pdf>. Acesso em: 12 abr. 2009.

FENDRICH, R. Política e operacionalização de projetos de drenagem urbana. *A água em revista.* Ano VII, nº 11, nov. 1999, 57-66.

FCTH — FUNDAÇÃO CENTRO TECNOLÓGICO DE HIDRÁULICA. Disponível em: <http://www.saisp.br/estaticos/sitenovo/home.xmlt>. Acesso em: 18 abr. 2009.

GLOBO. SP promulga lei do seguro-enchente. São Paulo, 09 ago. 2007. Disponível em: <http://g1.globo.com/Noticias/SaoPaulo/0,,MUL85714-5605,00.html>. Acesso em: 4 abr. 2009.

GONÇALVES, J.C.S.; DUARTE, D.H.S. Arquitetura sustentável: uma integração entre ambiente, projeto e tecnologia em experiências de pesquisa, prática e ensino. *Ambiente Construído,* Porto Alegre, v. 6, n. 4, p. 51-81 out./dez. 2006.

GUZZO, P. *Arborização urbana.* Disponível em: <http://educar.sc.usp.br/biologia/prociencias/arboriz.html>. Acesso em: 16 abr. 2009.

HALL, M.J. *Urban Hydrology.* Essex: Elsevier, 1984.

IBGE — INSTITUTO BRASILEIRO DE GEOGRAFIA E ESTATÍSTICA. *Censo Agropecuário 2006: Notas Técnicas.* Rio de Janeiro: IBGE, 2007. Disponível em: http://www.ibge.gov.br/home/estatistica/economia/agropecuaria/censoagro/2006/notatecnica.pdf Acesso em: 25 fev. 2009.

__________. *Censo Demográfico 2000.* Rio de Janeiro: IBGE. 519 p., 2001.

__________.Departamento de População e Indicadores Sociais. *Pesquisa Nacional do Saneamento Básico: 2000.* Rio de Janeiro: IBGE. 341 p., 2002.

__________. *Atlas Nacional do Saneamento.* Rio de Janeiro: IBGE, 2004.

IGAM — INSTITUTO MINEIRO DE GESTÃO DAS ÁGUAS. Relatório Executivo 2008: Qualidade das Águas Superficiais, 22 p. Disponível em: <http://www.igam.mg.gov.br>. Acesso em: 8 abr. 2009.

IPP — INSTITUTO PEREIRA PASSOS. Pereira Passos, vida e obra. *Rio Estudos.* nº 22, ago. /2006. Disponível em: <http://www.rio.rj.gov.br/ipp/download/rioestudos221.pdf>. Acesso em: 16 mar. 2009.

KNAPP, L. A onda verde chega às construções. Disponível em: <http://horizontegeografico.terra.com.br/index.php?acao=exibirMateria&materia%5Bid_materia%5D=297>. Acesso em: 11 abr. 2009.

MACHADO *et al.* Qualidade das águas do rio Paraibuna no trecho urbano de Juiz de Fora/MG. 2005. Disponível em: <http://www.virtu.ufjf.br/primeira.htm> Acesso em: 11 abr. 2009.

MENECHINO, L. Cai qualidade das águas dos rios da cidade. *Jornal de Londrina.* 21 nov. 2008. Disponível em: <http://portal.rpc.com.br/jl/online/conteudo.phtml?tl=1&id=830183&tit=Cai-qualidade-das-aguas-dos-rios-da-cidade>. Acesso em: 08 abr. 2009.

MINAS GERAIS. Secretaria de Estado do Governo. Agência Minas. Bacia do rio das Velhas terá sistema de alerta de enchentes. Belo Horizonte, 18 abr. 2009. Disponível em: <http://www.agenciaminas.mg.gov.br>. Acesso em: 16 abr. 2009.

PORTO, R. *et al.* Drenagem urbana. *In: Hidrologia: ciência e aplicação.* C. E. M. Tucci (org.). Porto Alegre: Editora da Universidade/UFRGS, p. 769-847, 2001.

RIGHETTO, J.M.; MENDIONDO E. M. Avaliação de riscos hidrológicos: principais danos e causas e proposta de seguro contra enchentes. *III Simpósio de Recuesos Hídricos* do Centro-Oeste, Goiânia, 2004.

RIO DE JANEIRO (Estado). Secretaria de Estado do Ambiente. *Para onde vai o seu lixo?* Disponível em: <http://www.meulixo.rj.gov.br/conteudo/index.asp>. Acesso em: 8 abr. 2009.

RGE — RIO GRANDE ENERGIA. *Manual de arborização.* Disponível em: <http://www.rge-rs.com.br/gestao_ambiental/arborizacao_e_poda/especies_recomendadas.asp>. Acesso em: 16 abr. 2009.

ROSSATO, M.S.; SILVA, D. L. M. A reconstrução da paisagem metropolitana de Porto Alegre: o tempo do homem e a degradação ambiental da cidade. *In: Rio Grande do Sul: paisagens e territórios em transformação.* R. Verdum; L. A. Basso; D. M. Suertegaray. Porto Alegre: Editora da UFRGS, 2004, 107-124.

SABESP — Companhia de Saneamento Básico do Estado de São Paulo. Disponível em: <http://www.sabesp.com.br/sabesp/ filesmng.nsf/81501697B5CE74-A98325719C00547829/$File/Encarte3.pdf>. Acesso em: 5 fev. 2009.

SANTA CATARINA. Secretaria Executiva de Justiça e Cidadania. Departamento Estadual de Defesa Civil. *Resumo do desastre.* Florianópolis, 2 abr. 2009. Disponível em: <http://www.desastre.sc.gov.br/>. Acesso em: 17 abr. 2009.

SANTA CATARINA. Secretaria de Estado de Comunicação. Chuva continua da Grande Florianópolis ao Vale do Itajaí nas próximas 60 horas. Blumenau, 23 nov. 2008. Disponível em: <http://webimprensa.sc.gov.br/paginas/index.asp>. Acesso em: 12 mar. 2009.

SANTOS, A.R. A atual estratégia de combate a enchentes urbanas na região metropolitana de São Paulo é adequada? NÃO. É preciso atacar também outras causas. *Folha de S. Paulo*. 27/12/2008.

SAUNDERS, C.A..B.; REZENDE, V.L.F.M. Diretrizes para a renaturalização do rio Aldeia Velha, no município de Silva Jardim — RJ. *XXI Congresso Brasileiro de Cartografia*. Belo Horizonte (MG), 2003.

SECRETARIA DE ESTADO DE MEIO AMBIENTE E DESENVOLVIMENTO SUSTENTÁVEL. *Ambiente das águas no Estado do Rio de Janeiro*, vol. 10. Rio de Janeiro, 2001, 228 p.

SERGIPE. Secretaria de Estado do Planejamento e da Ciência e Tecnologia. *Glossário*: termos empregados em gestão de recursos hídricos pela SEPLANTEC/SRH/Sergipe. Disponível em: <http://www.seplantec-srh.se.gov.br>. Acesso em: 4 fev. 2009.

SILVA, S.C.P.; BOTELHO, R. G. M. Uso do solo e qualidade da água na bacia do rio Itamarati, região serrana do trecho fluminense da bacia do rio Paraíba do Sul. *Simpósio de Recursos Hídricos da Bacia do Paraíba do Sul.* CD-ROM. Resende (RJ), 2008.

SILVA, F. B.; FERREIRA, W. R. Parques urbanos de Uberlândia: estudo de caso no parque municipal Victório Siqueirolli. *II Simpósio Regional de Geografia.* Universidade Federal de Uberlândia — Instituto de Geografia, 2003.

SOARES, R. C. Sistema de proteção contra cheias de Porto Alegre. *Ecos*, n. 16, ano 6. Porto Alegre, nov. 1999. Disponível em: <http://www.portoalegre.rs.gov.br/ecos/revistas/ecos16/estinteg.htm. Acesso em: 5 abr. 2009.

SOUSA, T. R.; MACHADO, R. Os parques urbanos e a cidade sob a abordagem do turismo e do planejamento dos transportes Marcos. *Estudos Geográficos*, Rio Claro, 6(1): 1-17, 2008. Disponível em <http://cecemca.rc.unesp.br/ojs/index.php/estgeo>. Acesso em: 17 abr. 2009.

SOUZA, D.P.; KOBIYAMA, M. Ecoengenharia em zona ripária: Renaturalização de rios e recuperação de vegetação ripária. *In*: *I Seminário de Hidrologia Florestal*, 2003, A. Wagner. Zonas ripárias. Florianópolis: PPGEA/UFSC, v. 1,. p. 121-131, 2003.

SVMA; IPT. Secretaria do Verde e do Meio Ambiente. Instituto de Pesquisas Tecnológicas. GEO Cidade de São Paulo: panorama do meio ambiente urbano. São Paulo; Brasília, PNUMA, 2004.

TAVARES, A.C.; SILVA, A.C.F. Urbanização, chuvas de verão e inundações: uma análise episódica. Climatologia e estudos da paisagem. *Rio Claro,* vol .3, n.1, jan./jun., 2008.

TUCCI, C.E.M. Enchentes. *In: Hidrologia: ciência e aplicação.* C.E.M. Tucci (org.). Porto Alegre: Editora da Universidade/UFRGS, p. 769-847, 2001.

UFRRJ – UNIVERSIDADE FEDERAL RURAL DO RIO DE JANEIRO. *Bacias urbanas.* Disponível em: < http://www.ufrrj.br/institutos/it/de/acidentes/baciaurb.htm >. Acesso em: 17 abr. 2009.

VAZ, V.B. Drenagem Urbana. Núcleo de Pesquisa e Extensão em Gerenciamento de Recursos Hídricos. Comitê de Gerenciamento da Bacia Hidrográfica do Rio Pardo — Comitê Pardo. *Boletim Informativo* nº. 05, ano VI, maio/2004.

CAPÍTULO 4

Geomorfologia Urbana: Conceitos, Metodologias e Teorias

Maria do Carmo Oliveira Jorge

1. Introdução

Pensando na problemática homem e ambiente urbano, a geomorfologia oferece diversas possibilidades na busca de novos parâmetros para o reconhecimento da relação sociedade e natureza.

Considerada uma nova subdivisão da geomorfologia, a geomorfologia urbana destaca a ação dos processos sobre um ambiente artificial. A necessidade de se explorar essa nova subdivisão da geomorfologia deve-se à preocupação com as diversas mudanças que o homem tem provocado no meio, já que grande parte dos problemas enfrentados pela sociedade refere-se a problemas visíveis nas cidades. Essas mudanças estariam relacionadas a um ambiente construído e modificado em diversas escalas.

Como ponto de partida para o estudo geomorfológico da urbanização e concomitantemente deste capítulo, faz-se necessário verificar parte da história da inserção variável antrópica nos estudos de geomorfologia.

As mudanças que vêm ocorrendo de forma acelerada nesse meio construído pelo homem têm relação com o crescimento humano e desordenado, muito comum nas grandes e médias cidades, pois seu desenvolvimento, muitas vezes, não obedece aos condicionamentos biofísicos do lugar original de implantação.

Os ambientes alterados pela ação do homem começaram a ser motivo de preocupação há algumas décadas, quando ele começou a sentir uma queda na qualidade de vida urbana; esse período caracteriza-se pela crise ambiental urbana. A preocupação com a fonte dos recursos naturais e as possíveis alterações nos ciclos naturais globais provocados pelo avanço de técnicas mais transgressoras ao ambiente torna-se eminente (Rodrigues, 1997).

Essa queda na qualidade de vida urbana deve-se, entre muitos fatores, ao crescimento acelerado das grandes cidades, principalmente das metrópoles. Segundo dados do IBGE, o Brasil passou de um país rural a urbano em 60 anos; o país que tinha apenas 31,3% da população vivendo em centros urbanos em 1940, passou a ter 81,2% em 2000.

Aliados a esse crescimento são notórias as profundas modificações na paisagem urbana, principalmente após a década de 1970, e é no espaço urbano, sobretudo nas regiões metropolitanas, que se verifica o equilíbrio ambiental mais profundamente afetado. Com relação à geomorfologia urbana, de acordo com Lacerda (2005), destacam-se os afundamentos em áreas de carste (exemplos em locais como a porção norte da região metropolitana de São Paulo, cidades como Mairinque e Cajamar; áreas ao norte de Belo Horizonte, como Sete Lagoas e porção norte de Curitiba). Outro exemplo é o da erosão acelerada, em que na morfogênese antrópica em áres urbanas, a erosão e a produção de sedimentos ocorrem durante o período de construção. Ainda de acordo com Lacerda (2005), os assoreamentos, os cortes de taludes, os aterros e movimentos de massa induzidos, a mineração em áreas urbanas e periurbanas, as inundações e alagamentos fazem parte dos problemas urbanos e, concomitantemente, do objeto de estudo da geomorfologia urbana.

Como já visto pelos exemplos citados, o conjunto de problemas ambientais que as grandes cidades atualmente apresentam mostram as formas predatórias de apropriação da natureza. Numa sociedade marcada por profunda divisão social do trabalho, a degradação ambiental tem sido fruto de uma relação dos grupos sociais com a natureza. O crescimento rápido, espontâneo e desordenado tem provocado o inchaço de muitas cidades, caracterizado pela ocupação de áreas periféricas, a maioria imprópria para edificações.

A paisagem alterada é um espaço produzido, cujo relevo serve de suporte físico, em que as diferentes formas de ocupação refletem o momento histórico, econômico e social. Portanto, o relevo e seu modelado representam o fruto da dinamicidade entre os processos físicos e os agentes sociais atuantes, que ocorrem de modo contraditório e dialético a partir da análise integrada das relações processuais de uma escala de tempo geológica para a escala histórica ou humana.

Segundo Silva e Magalhães (1983), a contribuição de tecnologias e das técnicas utilizadas no processo de urbanização e na gestão de áreas urbanas também exerce influência sobre a qualidade ambiental das cidades. Esses autores apontam alguns desses aspectos que contribuem para agravar e comprometer a qualidade ambiental das cidades, como a impermeabilização da maior parte das superfícies urbanas, a inadequada malha urbana frente às características topográficas e dos solos locais, a canalização que serve tanto para escoar esgotos sanitários quanto as águas pluviais e a pouca extensão de áreas verdes.

2. *Crescimento Urbano e Precariedade da Ocupação*

O processo de urbanização brasileira, caracterizado pela apropriação do mercado imobiliário das melhores áreas das cidades e pela ausência, quase completa, de áreas urbanizadas destinadas à moradia popular, levou a população de baixa renda a buscar alternativas de moradia, ocupando áreas vazias desprezadas pelo mercado imobiliário, nesse caso, áreas ambientalmente frágeis, como margens de rios, mangues e encostas íngremes. A precariedade da ocupação (aterros instáveis, taludes de corte em encostas íngremes, palafitas, ausência de redes de abastecimento de água e coleta de esgoto) aumenta a vulnerabilidade das áreas já naturalmente frágeis.

No Brasil, um dos problemas mais comuns nessas áreas frágeis é a ocorrência de escorregamentos. Apesar de a possibilidade da ocorrência de escorregamentos atingir áreas de maior declividade nas cidades, é inegável que os maiores acidentes são mais frequentes em locais precários, ausentes de infraestrutura, como favelas, loteamentos irregulares e demais formas de assentamento precário.

O Instituto de Pesquisas Tecnológicas do Estado de São Paulo (IPT), num estudo sobre a ocorrência de deslizamentos em encostas, indica que ele se aplica a aproximadamente 150 municípios brasileiros, localizados principalmente nas regiões Sudeste, Nordeste e Sul. Atualmente, o aumento de pessoas vivendo em áreas de risco de deslizamentos, enchentes e inundações tem sido umas das características negativas do processo de urbanização nas cidades brasileiras, o que se verifica principalmente nas regiões metropolitanas (Carvalho *et al.*, 2007).

De acordo com Macedo e Akiossi (1996), um estudo sobre escorregamentos e vítimas fatais no Brasil, no período de 1988-1996, mostrou 835 vítimas fatais, sendo esses acidentes concentrados nas cidades do Rio de Janeiro, São Paulo, Recife, Salvador e Petrópolis, cuja maior incidência ocorreu nas áreas metropolitanas e com ocupação irregular nas encostas.

Como se vê, o processo de urbanização e os problemas ambientais não ocorrem de forma homogênea nos espaços urbanos; geralmente atingem os espaços físicos ocupados pelas classes menos favorecidas, cuja distribuição espacial está associada quase sempre à desvalorização do espaço, como locais próximos a áreas de inundação dos rios, indústrias, usinas termonucleares, locais insalubres, encostas sujeitas a desmoronamento e erosão. Dessa forma, é necessário que profissionais e estudiosos, como, por exemplo, o geomorfólogo, possam compreender que as medidas mitigadoras devam ultrapassar uma escala de ação mais ampla, que possam abarcar de forma integrada a cidade e adjacências e até mesmo os espaços mais distantes (Nunes Coelho, 2006).

3. A Importância do Pensamento Geomorfológico na Análise Ambiental Urbana: o Homem como Agente Modificador

O arcabouço conceitual e geral acerca da modificação e da criação dos processos geomorfológicos pelo homem tem-se tornado um tema cada vez mais pertinente em estudos referentes a processos naturais e processos derivados da ação antrópica. Porém esse tema nem sempre foi abordado sob essa perspectiva; Charles Lyell (1833) *in* Peloggia (2005), em *Principles of Geology,* considerava que a ação do homem era insignificante em relação às forças naturais, pois para ele o homem seria, em termos geomorfológicos, apenas um agente nivelador.

Segundo Rodrigues (2004), as bases para uma consideração sistemática da ação antrópica já teriam sido lançadas anteriormente à década de 1960, porém elas não teriam sido formuladas explicitamente para tal fim.

A sistematização e o referencial teórico a respeito da ação antrópica em estudos do meio físico, principalmente os que focalizam interfaces e esferas da superfície terrestre, como a geomorfologia, podem ser encontrados em modelos organizados por Bertrand (1971), Chorley (1971), Delpoux (1974), Tricart (1977), Sotchava (1977), Troll (1982). Porém, de acordo com Rodriguez (2005), apesar de todas essas metodologias terem o reconhecimento e a necessidade da variável antrópica em sua formulação, seu real aproveitamento em estudos que consideram a atividade antrópica não foram realizados de forma progressiva, mas sim de forma descontínua e desarticulada, muitas vezes reproduzindo-se percursos metodológicos sem se ter consciência ou explicitação de sua proposição original.

No Brasil, apesar de não haver muitos estudos teóricos, conceituais e metodológicos a respeito do assunto, pesquisadores e estudiosos, como Ab'Sáber (1957) e Christofolletti (1967), já consideravam a necessidade de pesquisas geomorfológicas relacionadas à ação humana e de suas consequências desastrosas.

Mais recentemente, de acordo com Gregory (1992), a geomorfologia vem-se estruturando e equilibrando o número de estudos referentes a processos naturais e derivados da ação antrópica.

A preocupação com a caracterização da ação geomorfológica humana também pode ser vista em trabalhos de Goudie (1994). Na obra *The Human Impact on the Natural Environment* o autor se preocupa em discutir a ação humana geomorfológica e fornece dados quantitativos acerca da mobilização de materiais pela ação humana, cujos processos antropogênicos são classificados como diretos e indiretos. Os diretos estariam relacionados ao aterramento e interferência hidrológica. Os indiretos, a escorregamentos e erosão acelerada.

Vita-Finzi (1993), ao discorrer sobre mudanças produzidas pelo homem, também concorda com a separação básica entre as mudanças fisiográficas diretas produzidas pelo homem e sua contribuição para o desenvolvimento de feições topográficas, como, por exemplo, a erosão.

Sabe-se que a ação do homem no meio tem produzido diversos estudos em diferentes áreas do meio acadêmico. A ação do homem sobre o meio, pela atividade produtiva, tem produzido efeitos geológicos e geomorfológicos que se acumulam em quantidade e se diversificam em qualidade, a ponto de ter sido proposta a designação de um novo período geológico para caracterizar tal época: o Quinário ou Tecnógeno (Peloggia, 1998).

Peloggia (1998), define o período quinário e/ou tecnógeno como:

> "... o período em que a atividade humana passa a ser qualitativamente diferenciada da atividade biológica na modelagem da Biosfera, desencadeando processos (tecnogênicos) cujas intensidades superam em muito os processos naturais".

Outros autores, como Suertegaray (1997), definem o termo tecnogênico como um indicador de novas formações sedimentares, sendo resultado de fases mais atuais da tecnificação da sociedade. Para Rossato e Suertegaray (2000), o termo quinário seria um período geológico que constitui a expressão do tempo que faz, e esse tempo seria:

> "representado pelas mudanças espaciais a partir de escalas temporais de reduzida dimensão. Essa aceleração do tempo diz respeito ao desenvolvimento da sociedade e do homem através do seu fazer técnico".

Para Oliveira e Queiroz Netto (1993), os depósitos tecnogênicos são processos resultantes da atividade humana, e dessa forma abrangem:

> "... tanto os depósitos construídos, como os aterros de diversas espécies, quanto os depósitos induzidos, como os corpos aluvionares resultantes de processos erosivos, desencadeados pelo uso do solo.

Todas essas mudanças que o homem tem provocado no ambiente têm despertado o interesse não somente de pesquisadores e estudiosos do meio acadêmico, mas também de outros meios, como exemplo, o de uma matéria publicada no jornal *Folha de S. Paulo* em março de 2005, intitulada "Eu, tatu: estudo mostra que seres humanos já são o principal agente causador de erosão na superfície da Terra" (Peloggia, 2005).

> "... o artigo comenta um estudo do geólogo norte-americano Bruce Wilkinson, da Universidade de Michigan, publicado na revista *Geology* (Wilkinson, 2005) destacando a importância no que diz respeito à quantificação da ação dos humanos como agentes geológicos, o que possibilita sua comparação com a ação dos agentes naturais. De fato, Wilkinson conclui que a ação humana tem uma ordem de magnitude mais importante, no que diz respeito à movimentação de sedimentos, do que a soma de todos os outros processos naturais atuantes na superfície do planeta. Seja como for, a matéria jornalística refere-se ainda aos trabalhos de Roger Hooke, da Universidade de Maine, sobre a história dos seres humanos como agentes geomórficos. O autor citado, de fato, considera que o homem é um agente geomórfico comparável, ou de maior intensidade, que qualquer outro e, que desde o paleolítico vem progressivamente se tornando o principal elemento da esculturação das paisagens (Hooke, 1994 e 2000)".

Peloggia (1998), de uma forma breve, coloca que o homem e, concomitantemente, a ação humana sobre o meio têm consequências referíveis a três níveis de abordagem como a modificação do relevo e as alterações fisiográficas da paisagem (exemplos de retificações de canais fluviais, terraplenagem e surgimento de áreas erodidas), a alteração da fisiologia das paisagens e a criação de depósitos correlativos comparáveis aos quaternários (os depósitos tecnogênicos). O autor ainda ressalta que a atuação do homem como agente geológico apresenta um caráter eminentemente novo, e o que o diferencia de todos os demais tipos de agentes e fatores geológicos, em sua ação sobre a natureza, é a natureza antropomorfizada. Embora Peloggia (1998) se refira ao homem como agente geológico, ele insere o estudo da ação geomorfológica humana como sendo um aspecto da ação geológica do homem.

Todavia, a preocupação com a proposição de um estudo sistemático e metodologicamente definido da ação geomorfológica humana tem-se verificado bem mais recentemente, no Brasil, com o trabalho de Rodrigues (1999). A autora faz uma série de propostas que se apresentam num trabalho intitulado *Antropogeomorphology*, e destaca a necessidade de uma avaliação e dimensionamento dos efeitos da ação antrópica na superfície terrestre. Resumidamente, as propostas são:

1. observar as ações antrópicas como ações geomorfológicas na superfície terrestre;
2. perscrutar os padrões de ações humanas expressivas para a morfodinâmica terrestre, uma vez que cada intervenção antrópica tem um significado próprio e os processos decorrentes podem ocorrer de forma direta e indireta;
3. perscrutar a dinâmica e a história acumulativa das intervenções humanas, que possibilitarão o entendimento da morfodinâmica anterior às perturbações antrópicas;
4. aplicar diversas escalas temporais, dada a importância das interpretações, para que sejam completas e coerentes;
5. aplicar e investigar as possibilidades da cartografia geomorfológica de detalhe, já que esta pode ser uma ferramenta de grande utilidade, e quando não usada adequadamente, pode levar a imprecisões e comprometer a qualidade dos materiais produzidos;
6. explorar a aborgadem sistêmica e a teoria do equilíbrio dinâmico;
7. utilizar a noção de limiares geomorfológicos e a análise de magnitude e frequência;
8. dar ênfase à análise integrada de sistemas geomorfológicos, considerando que as ações antrópicas podem modificar sistemas geomorfológicos e criar novos sistemas;
9. levar em consideração as particularidades morfoesculturais e morfoclimáticas de um sistema, isso é importante para não se correr o risco de fazer análises comparativas em ambientes com características físicas diferentes;
10. ampliar o monitoramento de balanços, taxas e geografia dos processos derivados e não derivados das ações antrópicas, para que se possa conhecer a real contribuição da ação antrópica no meio modificado.

A metodologia proposta por Rodrigues (1999) busca a compreensão das ações humanas na superfície terrestre como ações de natureza geomorfológica, ideia essa que implica considerar as próprias ações humanas ações que intervêm direta e indiretamente nas formas, nos materiais superficiais e nos processos.

4. A Urbanização sob a Perspectiva da Geomorfologia

Antes de discutir o papel da geomorfologia urbana, devemos lembrar que um trabalho intitulado *Geomorfologia do sítio urbano de São Paulo*, (Ab'Sáber, 1957 e 2007) é digno de muito crédito e ponto inicial para se discutir o papel da geomorfologia. Hoje, mais de 50 anos após sua publicação, ainda continua sendo considerado um trabalho precursor e de grande utilidade; segundo Rodrigues (2005), ainda continua sendo o estudo mais completo em termos de conteúdo geomorfológico de áreas urbanas e área de abrangência, pois estudos posteriores ou são incompletos ou foram realizados em menor área.

No referido trabalho, as informações são direcionadas a diversos profissionais, principalmente aos que trabalham com planejamento urbano ou zoneamento dos espaços urbanos, planos de uso e ocupação do solo urbano e políticas públicas de habitação, entre outros. A descrição do sítio urbano de São Paulo vai além do entendimento de suas diferentes topografias. O autor, ao empregar a expressão sítio urbano, a toma em seu sentido geográfico mais simples, ou seja, o de um pequeno quadro do relevo que efetivamente engloba um organismo humano, ele analisa *a priori*, o *assoalho topográfico* sob o qual se assentou a metrópole:

> " o sistema de colinas que asilou o organismo urbano de São Paulo influiu profundamente na forma de expansão e no arranjo geral das ruas, avenidas e radiais da metrópole. Preferidas para a localização de "habitat" urbano, através de todas as épocas da história da cidade, as colinas de São Paulo caracterizam sobremodo a paisagem metropolitana. A elas se devem, por outro lado, soluções urbanísticas especiais, tais como as nossas tradicionais ladeiras e escadarias, os grandes viadutos,

galerias e túneis. Pode-se dizer que toda a suntuosidade urbanística que tão bem caracteriza a paisagem do Centro da cidade de São Paulo está ligada às condições de detalhe do relevo das colinas regionais. A despeito da onda imensa do casario que mascarou o assoalho topográfico original, as colinas constituem o traço marcante da paisagem urbana, exigindo do pesquisador cuidados especiais."

No decorrer da leitura de sua obra, verificam-se inúmeras correlações realizadas entre a apropriação urbana e as unidades consideradas, como as colinas, os terraços, as várzeas, os anfiteatros, os espigões:

> "importantes áreas das altas colinas mais próximas da cidade, na zona de além-Pinheiros, foram loteadas nos últimos anos, embora não tendo sofrido ainda aquela ocupação extensiva e rápida a que assistimos para os quadrantes leste, norte e sul da metrópole. As fotografias aéreas mais recentes mostram a sua grande extensão, ao mesmo tempo que a modéstia da extensão metropolitana naquela direção. Apenas, em torno dos velhos núcleos (como o Butantã), assistiu-se a um extravasamento da cidade, sendo igualmente digna de nota a penetração urbana ao longo das colinas suaves da margem direita do Pirajuçara (em torno do bairro do Caxingui). Observa-se, outrossim, que o loteamento popular e os bairros mais modestos se estenderam com rapidez e profundidade pelos vales e regiões mais baixas da região; enquanto os bairros loteados com maior cuidado e maiores pretensões sociais, situados em áreas de altas colinas, permanecem estagnados, a despeito de terem nascido com todos os melhoramentos urbanos que se possa pretender (caso dos jardins Guedala e Leonor)".

A obra de Ab'Sáber (1957 e 2007) nos mostra duas questões importantes, como a de atender às necessidades específicas da geomorfologia e a grande preocupação em estudar os espaços urbanos ocupados na década de 1950. Embora essa obra seja de grande importância até os dias atuais, cumpre destacar que não existia a preocupação com o arcabouço teórico-conceitual e metodológico acerca da geomorfologia urbana, pois o propósito não era esse. Segundo Nir (1983) *in* Rodrigues (2005), são poucas as obras que tratam da urbanização como um fenômeno geomorfológico, uma vez que muitos estudos, até então, estariam voltados para outras atividades, a exemplo das atividades agrícolas.

À medida que a urbanização se torna inquestionavelmente grande expressão espacial, a preocupação com o desenvolvimento de temas direcionados a estudos de casos e sistematizações metodológicas se amplia. Na geomorfologia, os trabalhos direcionados ao meio urbano buscam orientações comuns no sentido de se discriminarem os estádios de urbanização que possam representar relevantes processos morfodinâmicos; dessa forma, surge a necessidade de se reconhecerem os diferentes estádios da urbanização como a pré-urbanização e a consolidação urbana (Rodrigues, 2005).

Os diferentes estádios do processo de urbanização são verificados no trabalho de Nir (1983) *in* Lacerda (2005) e servem como um modelo a ser aplicado. Pensando na cidade construída sobre um substrato com características geomorfológicas próprias, a geomorfologia antrópica em sítios urbanos é abordada em três etapas: período pré-urbano, período de construção e período urbano consolidado. No período pré-urbano, existe alguma atividade de construção. Nessa etapa, ocorre aumento das vazões máximas, erosão acelerada e aumento da sedimentação nas drenagens e corpos d'água. No período de construção, as grandes áreas são expostas a agentes climáticos, devido à execução de cortes e aterros, construção do sistema viário, edificações e instalação da rede de drenagem das águas pluviais e outros elementos da infraestrutura urbana. Mesmo quando são tomadas medidas mitigadoras, essas atividades resultam em erosão no sítio em construção e sedimentação a jusante. O escoamento superficial aumenta, e algumas drenagens podem ser eliminadas em obras de terraplenagem. No período urbano consolidado (Figura 1), o sítio urbano é marcado por uma nova topografia, como impermeabilização extensiva, drenagem total ou parcialmente artificial, com descarga fora da área urbana. Nessa fase ocorre aumento do pico de cheia, com inundações a jusante do sítio urbano e redução da carga de sedimentos das águas drenadas pelas cidades. O maior problema ambiental da urbanização é a impermeabilização dos terrenos da bacia e o *runoff* ou enxurrada (Lacerda, 2005). É nas cidades que ocorrem as maiores cheias (Figura 2), e essas acontecem logo após o início das chuvas, justamente por não haver a oportunidade de infiltração nos terrenos impermeabilizados.

Figura 1 — Vista de um trecho do bairro Recreio dos Bandeirantes, no Rio de Janeiro (RJ). No modelo descrito por Nir (1983), trata-se de um período urbano consolidado, cuja área é marcada por uma nova topografia, impermeabilização extensiva e drenagem modificada. (Foto: Maria C. O. Jorge (maio/2009).)

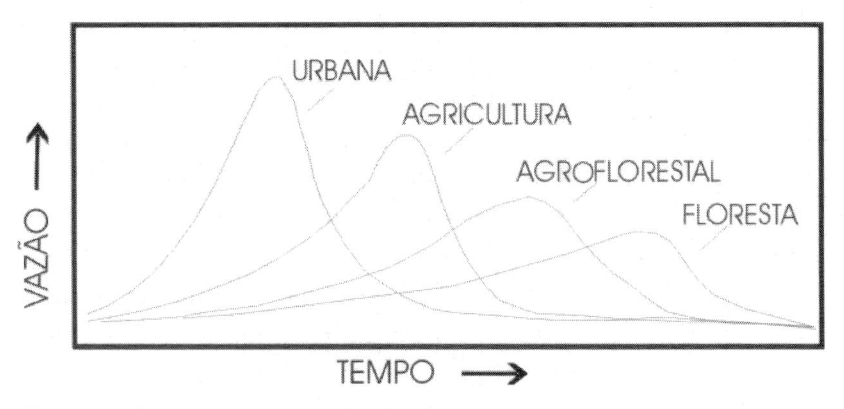

Figura 2 — Vazões máximas em vários tipos de coberturas.
(Fonte: http://www.ufrrj.br/institutos/it/de/acidentes/mma5.htm.)

O modelo de Nir (1983), embora não tenha pretensão de conceituar a expressão geomorfologia urbana, mostra nitidamente o papel da geomorfologia antrópica nos sítios urbanos.

A aplicação desse modelo, porém, à realidade das nossas cidades, ainda é um desafio, pois o que se verifica em nosso modelo de construção é a desorganização e a falta de planejamento, salvo exceções. O que se vê é a falta da instalação de uma infraestrutura adequada às características físicas do local a ser habitado (Figura 3), o que leva a processos geomorfológicos impactantes após o período de construção.

O modelo de Nir (1983) *in* Lacerda (2005) não se aplica a locais isentos de infraestrutura, como o sistema de drenagem urbano e a pavimentação, pois nesses locais a erosão e a produção de sedimentos não cessam após o período de construção e continuam em níveis elevados, resultando em impactos como inundações e alagamentos.

Figura 3 — Modelo de ocupação no sítio urbano de Angra dos Reis (RJ); grandes prédios nos fundos de vales e casas avançando nas encostas. (Foto: Maria C. O. Jorge (maio/2009).)

O processo de urbanização nas cidades frente à geomorfologia ainda é um desafio, pois verifica-se que a realidade das cidades, sejam médias ou grandes, deixa muitas lacunas quanto ao seu planejamento.

Um exemplo de modelo visando ao desenvolvimento urbano a partir de um plano piloto serve para elucidar bem essa questão. Em 1956, Lúcio Costa elaborou um plano urbanístico para a área compreendida entre a Barra da Tijuca, o Pontal de Sernambetiba e Jacarepaguá, sendo esse projeto aprovado em 1969. Esse plano representava a oportunidade de se criar na cidade um novo projeto urbanístico pautado no respeito à natureza (Silva, 2009).

Ainda em relação ao plano, esse novo polo urbano que substituiria o Centro antigo do Rio de Janeiro englobaria o futuro Centro metropolitano e deveria seguir alguns parâmetros de ocupação do uso do solo. O que ocorreu a partir daí foi uma notável expansão urbana na baixada de Jacarepaguá, em decorrência do expressivo processo de ocupação da Barra da Tijuca (Figura 4). A expansão demográfica nas últimas três décadas tornou a Barra da Tijuca a região de maior índice populacional da cidade do Rio de Janeiro, de 1980 a 2000, tendo crescido 21,7 vezes mais que a do município e 3,6 vezes mais que a baixada de Jacarepaguá, esse crescimento resultou em inúmeros impactos, principalmente no que se refere à poluição hídrica e ao assoreamento da bacia hidrográfica da baixada de Jacarepaguá (Silva, 2009).

O exemplo aqui citado serve para elucidar que, mesmo quando há um plano de estratégia de ocupação, os resultados nem sempre são positivos. As relações que se estabelecem com a ocupação antrópica e a multiplicidade do quadro natural criam uma grande variedade de processos morfológicos. O entendimento das intervenções antrópicas urbanas como processos geomorfológicos deve ser realizado não somente no sentido de mensuração dos efeitos, mas no sentido mais pleno dos estudos geomorfológicos.

Figura 4 — Expansão da área urbana na bacia de Jacarepaguá, Rio de Janeiro (RJ). Ao fundo, à esquerda, o bairro Barra da Tijuca, e à direita, o bairro Recreio dos Bandeirantes, em grande processo de expansão nos últimos anos. (Foto: Maria C. O. Jorge (maio/2009).)

5. Geomorfologia Urbana

Etimologicamente, geomorfologia é a ciência das formas de relevo e dos processos que as criam. No ambiente urbano o homem é o criador da paisagem (*landscape*), ou da paisagem da cidade (*cityscape*), pois o homem, ao ocupar e criar ambientes artificiais (Figura 5), distorce uma parte ou grande parte das áreas urbanas (Coates, 1976). A geomorfologia urbana é vista por Goudie e Viles (1997) como uma compreensão da relação existente entre os fatores do meio físico e os impactos provocados pela ocupação humana.

Esses ambientes artificiais nos levam a refletir sobre o papel da geomorfologia urbana frente a esses impactos. Num ambiente urbano, quais seriam os impactos negativos e positivos criados pelo homem e quais seriam suas dimensões. As formas de processos gerados ou induzidos pelo

Figura 5. Encosta antropizada, modelo de construção urbana que extrapola os limites naturais do terreno. Município de Ubatuba (SP). (Foto: Maria C. O. Jorge (maio/2009).)

homem, segundo Ross (1992), corresponderiam ao sexto táxon. Essas formas englobam as menores formas produzidas pelos processos atuais ou depósitos atuais, como, por exemplo, as voçorocas, as ravinas, os deslizamentos e os assoreamentos, ou as pequenas formas de relevo que se desenvolvem por interferência antrópica ao longo das vertentes. Porém, de acordo com Peloggia (1998), as mudanças provocadas pela ação humana se poderiam relacionar ao quinto táxon e até mesmo ao quarto táxon. O quinto táxon corresponde às formas de vertentes contidas em cada forma de relevo, como encostas terraplenadas e aterros, e o quarto táxon, às formas de relevo individualizados de cada unidade morfológica, como as planícies fluviais aterradas e os montes artificiais (exemplo: os grandes aterros sanitários).

Outra questão importante é o papel das escalas espaçotemporais. Rodrigues (1999) propõe que o papel dessa escala é importante para que se possam realizar trabalhos mais coerentes. Cabe ao pesquisador a opção da escolha da escala global ou regional, para que sua análise não tenha interpretações errôneas, pois a escala pequena leva à perda de referência do sistema, e a escala grande pode não ser suficiente para o entendimento dos processos. Ainda para a autora, as escalas temporais também devem ser levadas em consideração, pois as intervenções antrópicas podem ocorrer com maior rapidez e a mensuração para essa análise pode ser realizada em diversos intervalos de tempo.

A discussão sobre paisagens urbanas modificadas leva-nos a refletir sobre dois importantes aspectos: o do papel do geomorfólogo e de outros profissionais, que embora tenham o mesmo objeto de estudo, não o exploram da mesma forma, e o do terreno que a geomorfologia urbana pode explorar.

Guerra e Marçal (2006) chamam atenção da existência de uma geomorfologia urbana no país, porém carente de um arcabouço teórico-conceitual, metodológico e aplicado. Ainda segundo os autores, a geomorfologia urbana não pretende substituir profissionais como engenheiros e planejadores, mas sim contribuir com informações ambientais.

No contexto internacional, o livro *Urban Geomorphology*, é um dos precursores que marcam a trajetória da geomorfologia urbana no contexto acadêmico. Nele são discutidos o papel do homem como agente criador da paisagem e as consequências dessas modificações. Para o autor a ênfase da geomorfologia urbana está em um único conjunto geográfico, em que o homem pode ser considerado um intruso, modificando-o (Coates, 1976).

Pesquisa em geomorfologia urbana também tem sido vigorosamente desenvolvida na China desde meados da década de 1980, e essa tem-se tornado uma das áreas mais ativas entre os campos de investigação da geomorfologia. O livro *Urban Geomorphology: Chengtai Diao* faz uma exposição sistemática dos problemas urbanos e trata os seres humanos como agentes geomorfológicos, como seres capazes de criar e recriar o ambiente em que vivem. O conceito de cidade é usado para gerar novas ideias e pontos de vista quanto aos recursos e à importância econômica da paisagem, por exemplo. Se analisam vários processos, incluindo os naturais e os perturbadores decorrentes das atividades humanas. Os estudos sobre as formas de modelo do terreno para construção urbana, os desastres urbanos, a classificação e a importância da cartografia urbana geomorfológica e a avaliação da qualidade do ambiente urbano são assuntos pertinentes e que fazem parte desta pesquisa geomorfológica (Huang e Mu, 2000).

Ainda na década de 1980, de acordo com Douglas (1988), as tarefas do geomorfólogo urbano podem ser divididas em três etapas: como conhecer a topografia em que a cidade é construída, entender os processos geomorfológicos atuais modificados pela urbanização e poder predizer as futuras mudanças geomorfológicas que ocorrerão. Essencialmente, essas tarefas requerem conhecimento do passado, entendimento do presente e habilidade de prever o futuro (Figura 6). O planejamento urbano, segundo Douglas (1988), geralmente envolve algum conhecimento do passado, em termos de limitações físicas, mas em geral tem pouca atenção quando se trata do presente e do futuro. A falta da geomorfologia na política urbana e no planejamento, no noroeste da Inglaterra, como exemplo, ocorre contra o registro histórico de muitos comentários sobre as consequências

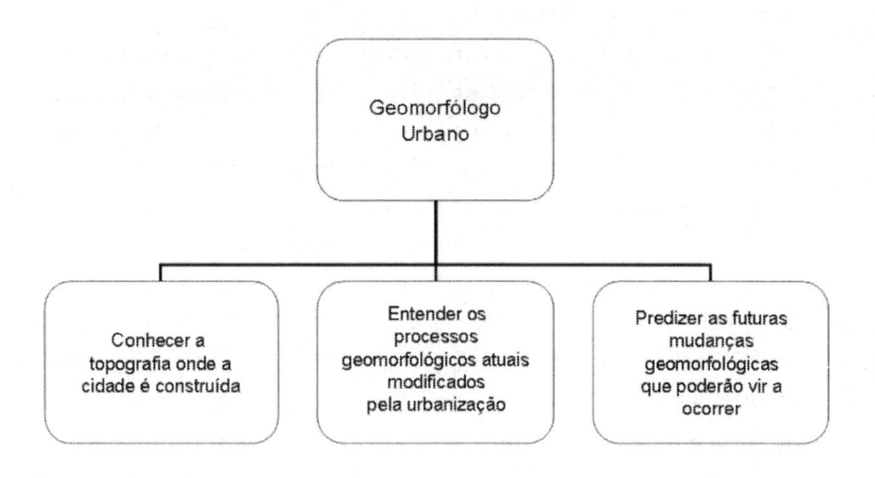

Figura 6 — As tarefas do geomorfólogo urbano, segundo Douglas, 1988.

geomorfológicas e hidrológicas da urbanização. Os planos locais para os rios de Manchester mostram falta de conhecimento da geomorfologia, que se deveria esperar para o planejamento de paisagens fluviais. O Rio Mersey, na grande Manchester, mostra a ramificação de processos geomorfológicos em muitos campos da política urbana, como em áreas de recreações, no transporte, nos despejos de lixo e na proteção contra as enchentes.

Enfim, é notório como a geomorfologia tem um papel importante nas políticas urbanas, porém, ela acaba só sendo acatada após a ocorrência de desastres, principalmente quando há perda de vidas humanas. Não é raro verificar que muitos dos impactos repercutem nas políticas urbanas após os desastres e que as políticas para controle em áreas de riscos são uma resposta a esses desastres que ocorreram no passado. No Brasil, temos o exemplo de cidades como Rio de Janeiro, Petrópolis, Nova Friburgo, Belo Horizonte, Ouro Preto, São Paulo, Salvador, Recife, Campos do Jordão, Santos, Guarujá, Caraguatatuba, municípios do médio e baixo Itajaí, em Santa Catarina, municípios do litoral sudeste brasileiro envoltos pela Serra do Mar e, de uma forma geral, os municípios situados em regiões serranas. A tipologia dos acidentes é sobejamente conhecida e invariavelmente associada à ocupação habitacional de encostas com alta declividade, margens e várzeas de cursos d'água.

Pensando numa forma de prever e propor soluções, é indispensável o papel da geomorfologia nas políticas públicas urbanas. Segundo Coates (1976), a geomorfologia urbana pode contribuir na preparação da base de dados, como uma solução para os problemas que ocorrem nas áreas urbanas.

Como visto, os impactos resultantes da ação antrópica no ambiente urbano são inúmeros. Goudie (1990), ao descrever o papel humano na criação de formas de relevo, enumera-os chamando-os de processos antropogênicos diretos (atividades construtivas, interferência na natureza hidrológica) e indiretos (aceleração da erosão e sedimentação, movimentos de massa).

Aspectos da geomorfologia urbana podem ser vistos no trabalho de Lacerda (2005), como os afundamentos em área de carste, erosão acelerada, assoreamento, alagamentos, cortes, aterros e movimentos de massa induzidos e mineração. Em todos os processos, a presença do homem é eminente. Nos afundamentos, apesar de os processos serem naturais na morfogene do carste, estes podem ser intensificados pela ação humana, no bombeamento da água subterrânea e nas vibrações às detonações em áreas de mineração. A erosão acelerada em áreas urbanas ocorre durante o período de construção, porém o processo será mais intenso onde já exista a suscetibilidade natural. Já as consequências dos assoreamentos incluem redução dos canais e concomitantemente levará a inundações e alagamentos. As inundações ainda ocorrerão onde o sistema de drenagem é ineficiente, ou quando a cidade foi construída sobre áreas naturalmente afetadas pelas enchentes. Os cortes, aterros e movimentos de massa induzidos nem sempre seguem normas recomendáveis e resultam em acidentes geomorfológicos. A mineração em áreas urbanas e periurbanas leva à erosão nas cavas e estradas, e as cavas abandonadas transformam-se em lagos que poderão levar riscos à população do entorno, como riscos de afogamentos.

Com relação aos métodos de controle de sedimentos, em áreas de desenvolvimento urbano, Guy (1976) sugere que esses devam ser cuidadosamente elaborados, tanto espacial quanto temporalmente, pois o impacto causado pelo aumento de sedimentos, durante o crescimento urbano, em direção aos canais fluviais varia. As atividades humanas podem afetar mudanças num longo período, à medida que o uso da terra é alterado, ou num curto período de tempo, quando a cobertura vegetal é removida, as encostas mudam, o subsolo é exposto e os canais fluviais são alterados (Figura 7). Como resolução para esses problemas, é necessário estudar os princípios técnicos envolvidos e os controles físicos e biológicos que afetam a erosão, o transporte e deposição nessas áreas.

Diante da complexidade entre os processos e respostas à urbanização, o estudo da geomorfologia exige uma interface com a geologia, a engenharia e o planejamento urbano (Douglas, 1988; Cooke e Doornkamp,1990; Avijit e Rafi, 1999).

Segundo Avijit e Rafi (1999), uma série de estudos em diferentes partes do mundo tem demonstrado a utilidade da geomorfologia urbana para geólogos, engenheiros, gestores de cidades e urbanistas, porém a falta de comunicação ocorre frequentemente entre esses grupos e os geomorfólogos, embora existam exceções. Esse insucesso na comunicação é particularmente visto em cidades de países em desenvolvimento, quase

Figura 7 — Canal retificado na cidade de Caraguatatuba (SP). Mesmo com as obras de retificação e de canalização, que aconteceram recentemente, a dinâmica fluvial já está provocando assoreamento no leito do canal concretado. (Foto: Antonio J.T. Guerra (maio/2009).)

todas situadas no ambiente tropical ou subtropical. A incapacidade de assumir a geomorfologia local em consideração, quer na fase de planejamento ou gestão, leva à perda de vidas.

A utilidade da geologia para os engenheiros está na proporção direta do quão bem ela ajuda a predizer a subsuperfície; essa predição, por sua vez, depende do conhecimento acerca dos processos geomorfológicos que moldaram o terreno. Dessa forma, na bagagem de ferramentas do geólogo a geomorfologia é bastante útil, em especial ao geólogo urbano (Kaye, 1976).

As contribuições geomorfológicas, como, por exemplo, em questões relacionadas ao ambiente, não são exclusivas dos geomorfólogos; outros profissionais podem tornar-se envolvidos com a geomorfologia, como os agrônomos, engenheiros florestais, ambientais, arquitetos e planejadores (Cooke e Doornkamp, 1990).

A geomorfologia aplicada aos problemas no meio urbano pode ajudar a controlar o rápido consumo de recursos naturais disponíveis e prevenir a ocorrência de novos impactos. A aplicação de especialidades como geologia de engenharia e geomorfologia urbana tem provado ser mais garantida para fins de segurança e economia no desenvolvimento do uso do solo (Palmer, 1976).

Com relação à compreensão dos limites de uso da terra (como regulamentos, códigos e zoneamentos), é necessário que profissionais ligados ao planejamento possam avaliar propostas específicas de desenvolvimento. Em complementação às determinações das disponibilidades para uso da terra, como a construção civil, é importante que o geólogo considere as necessidades dos processos geomorfológicos naturais. Particularmente no que diz respeito aos processos geo-hidrológicos e sedimentares, a imposição dos trabalhos de engenharia tem frequentemente intensificado os problemas e os custos associados com o uso da terra, causando danos e perdas irreversíveis no ambiente. Com o objetivo de avaliar conflitos existentes entre o uso da terra e suas características, os geólogos se devem familiarizar com os problemas sociais e econômicos das sociedades, à medida que esses problemas se relacionem com o espaço que está sendo ocupado. Os mais sérios conflitos são criados pela ocupação de áreas que invadem planícies de inundação, canais e praias, áreas de instabilidades de encostas, riscos de movimentos de massa e áreas com problemas subsuperficiais. Porém a aplicação dos regulamentos depende da disponibilidade de técnicos com conhecimento geológico, geomorfológico e de engenharia, para que essas leis e conhecimentos técnicos possam ser bem aplicados. Os geólogos, juntamente com os geomorfólogos urbanos, são particularmente bem qualificados na compreensão dos processos naturais (Palmer, 1976).

O conhecimento de geologia para os engenheiros está na proporção direta do quão ela ajuda a predizer a subsuperfície, essa predição, por sua vez, depende do conhecimento dos processos geomorfológicos que moldaram o terreno. Para o geólogo, a geomorfologia é bastante útil, em especial ao geólogo urbano, pois o conhecimento dos materiais que estão em subsuperfície e como eles chegaram até ali tem que ser compreendido pelo geólogo urbano; dessa forma a interação entre esses profissionais só irá acrescentar aos trabalhos e torná-los mais completos (Kaye, 1976).

Outro tópico pertinente aos estudos de geomorfologia urbana tem sido a abordagem dada a trabalhos realizados nos trópicos por Avijit e Rafi (1999). A atenção dada aos trópicos deve-se ao rápido processo de urbanização que vem ocorrendo em muitas cidades e à sua falta de planejamento. Ressalta-se que muitas dessas cidades surgiram sem um planejamento adequado, até porque muitas remontam há séculos. Como consequência, muitas dessas cidades foram criadas em áreas ambientalmente sensíveis, como planícies aluviais, pântanos costeiros, encostas íngremes e dunas, entre outros. É possível justificar a localização das principais cidades tropicais em termos econômicos, mas não na sua localização. Em face da ocupação em diversos locais impróprios, muitos riscos e concomitantemente desastres podem ocorrer, com vítimas fatais. De acordo com Avijit e Rafi (1999), os riscos urbanos geomorfológicos podem ser divididos em dois grandes grupos: os riscos associados com a localização da cidade e os riscos criados ou agravados pela utilização dos recursos. Exemplos do primeiro tipo são as cidades localizadas próximo a encostas íngremes, várzeas e deltas. O segundo tipo são as cidades de onde se retira uma grande quantidade de águas subterrâneas de aquíferos arenosos quaternários. Uma cidade pode ter ambos os tipos de fragilidade.

Os estudos realizados por Avijit e Rafi (1999), em cidades como Cingapura, Kingston e Bangkok, mostram exemplos de cidades tropicais e seus riscos geomorfológicos, alguns de fácil controle e outros com maior grau de dificuldade. Cingapura, com problemas geomorfológicos de pequena escala, Kingston (Jamaica), com riscos geomorfológicos altos e Bangkok, cidade com riscos geomorfológicos ampliados pelo desenvolvimento desenfreado. Os três estudos de caso mostram a necessidade de comunicação, através da interface entre a geomorfologia urbana e a engenharia.

Essa interface da geomorfologia urbana é um dos objetivos do trabalho de Avijit e Rafi (1999). As informações requeridas pelos geomorfólogos devem ser transferidas para engenheiros, gestores e planificadores para a sua aceitação e utilização, pois o leque da geomorfologia urbana na gestão urbana é muito amplo. Os dados obtidos a partir de levantamentos também devem ser transferidos e usufruídos por esses mesmos profissionais.

Outro item importante sobre o conhecimento da geomorfologia urbana dos trópicos é que esta é bem variável, algumas cidades têm sido bem documentadas e outras possuem pouca informação. Na realidade, são poucas as cidades que têm sido estudadas de forma mais aprofundada pelos geomorfólogos urbanos, pois o número de praticantes da geomorfologia urbana nos trópicos, embora crescente, é ainda relativamente reduzido. Além disso, é necessário indicar que, mesmo quando esses dados são compilados, não são necessariamente concebidos para a utilização de outros profissionais.

6. Conclusões

Este capítulo procurou abordar um tema pouco explorado no campo da geomorfologia, apesar de já existir uma geomorfologia urbana, como visto em vários trabalhos citados.

A preocupação com a influência do homem sobre o ambiente começou a ser discutida em meados da década de 1950, como a famosa obra de Ab'Sáber (*Sítio urbano de São Paulo*), porém só nas últimas décadas nota-se uma crescente demanda relacionada a pesquisas de impactos ambientais urbanos.

Ainda há muito a ser explorado na parte conceitual da geomorfologia urbana assim como na parte prática. Outra questão importante a ser destacada é que os profissionais da área devem-se reportar aos desafios e problemas decorrentes no espaço urbano, pois esses são muito diferenciados, sejam de ordem física, social ou econômica. Classificar os impactos negativos e positivos sem conhecer a realidade do local é outro item que não pode ser negligenciado pelo profissional.

A cidade, no conceito da ecologia humana, é considerada um sistema aberto e complexo, cada qual com características próprias (topografia, drenagem, geologia, localização, uso do solo, entre outros), o que leva à necessidade da multidimensionalidade; negar essa característica pode conduzir a erros (Nunes Coelho, 2006).

Pensar a cidade com a multidimensionalidade que ela possui leva a outro ponto importante para quem se dedica a estudos nessa área. A comunicação entre os geomorfólogos urbanos e profissionais como geólogos, arquitetos, engenheiros e planejadores faz-se necessária. O grande papel da geomorfologia urbana está na contribuição que ela pode fornecer a esses profissionais para que juntos possam atuar e compreender os processos ambientais, seja em micro, meso e macroescala de análise; cabe a sua aceitação por parte de outros profissionais.

A geomorfologia urbana tem um grande desafio, pois o crescimento das cidades é um processo inexorável, e, independente de as cidades serem médias ou grandes, o perigo é eminente, quando se pensa que esse crescimento, muitas vezes, é de forma desordenada. Dada a complexidade dos processos criados no ambiente artificial, é necessário construir uma interface de comunicação entre os diversos grupos de profissionais.Os geomorfólogos urbanos, utilizando-se de técnicas modernas como imagens de satélite e Sigs, podem elaborar e formar uma base de dados voltada para políticas urbanas, bem como realizar estudos de impactos de acordo com a proposta de zoneamento de cada cidade.

Ressalta-se que as políticas urbanas não devem ver a geomorfologia urbana em termos de limitações físicas, mas sim como parte da dinâmica de mudanças do sistema urbano.

As mudanças econômicas e tecnológicas afetam as construções, e a manutenção do uso do solo na cidade, por sua vez, influencia os processos geomorfológicos. À medida que o caráter socioeconômico de uma cidade se altera, há uma resposta geomorfológica para a qual a política urbana deve estar atenta. É evidente que há um lugar para a geomorfologia na política urbana, mas esse lugar, às vezes, se torna inexpressivo, em parte porque a geomorfologia é raramente identificada como uma área do conhecimento, bem como porque acaba sendo confundida com outras áreas, como engenharia, ecologia e geologia. A geomorfologia deveria ser vista com mais seriedade por entidades de setores públicos e privados, como exemplo. Os geomorfólogos urbanos também deveriam ter um papel mais importante e decisivo nos trabalhos realizados por planejadores e engenheiros, pois estes, muitas vezes, aconselham governos locais e nacionais em políticas públicas. Nessa perspectiva, a geomorfologia urbana não deve permanecer como um interesse secundário da profissão, mas sim como uma tarefa que deve ser adotada e promovida para o bem de uma sociedade.

7. Referências Bibliográficas

AB'SÁBER, A.N. (1957). Geomorfologia do sítio urbano de São Paulo. São Paulo, FFLCH/USP, *Boletim 219 (Geografia 12)*, 343 p.

AB'SÁBER, A.N. (2007). *Geomorfologia do sítio urbano de São Paulo.* Edição Fac-Similar 50 anos. Ed: Ateliê Editorial, Cotia, São Paulo, 360p.

AVIJIT, G.; RAFI, A. (1999). Geomorphology and the urban tropics: building an interface between research and usage. *Geomorphology*, v. 31, Issues 1-4, p. 133-149.

BERTRAND, G. (1971). Paisagem e geografia física global — esboço metodológico. *In*: *Cadernos de ciências da Terra*, n. 13, IG/USP.

CARVALHO, C.S.; MACEDO, E.S.; OGURA, A.T. (2007). Mapeamento de riscos em encostas e margem de rios. Brasília, Ministério das Cidades, 175p.

CHORLEY, R.J. (1971). A geomorfologia e a teoria dos sistemas. *Notícia Geomorfológica.* Campinas, v. 11, n. 21.

CHRISTOFOLETTI, A. (1967). A ação antrópica. *In*: *Notícia Geomorfológica,* 13/14, p. 66-67.

COATES, D.R. (1976). *Urban geomorphology.* The Geological Society of America Colorado, Estados Unidos, 166p.

COOKE, RU.; DOORNKAMP, J.C. (1990). *Geomorphology in Environmental Management — An Introduction.* Oxford University Press, 2 ed., Oxford, Inglaterra, 410p.

DELPOUX, M. (1974). Ecossistema e paisagem. *In*: *Métodos em Questão.* São Paulo, IGEOG-USP, n. 7.

DOUGLAS, I. (1998). Urban planning policies for physical constraints and environmental change. *In*: *Geomorphology in Environmental Planning*. J.M. Hooke (org.). John Wiley and Sons, Ltd. Devon, Inglaterra, p. 63-86.

GOUDIE, A. (1990). The Human Impact on the Natural Environment. Oxford, Basil Blackwell Ltd., Inglaterra, 388 p.

GOUDIE, A. (1994). *The human impact on the natural environment*. The MIT Press, 4. ed. Cambridge Massachusetts.

GOUDIE, A. ; VILLES, H. (1997). *The earth transformed — An Introduction to Human Impacts on the Environement*. Oxford, Blackwell Publishers, 276 p.

GREGORY, K. J. (1992). *A natureza da geografia física*: Bertrand Brasil, Rio de Janeiro.

GUERRA, A.J.T.; MARÇAL, M.S. (2006). *Geomorfologia ambiental*. Bertrand Brasil, Rio de Janeiro, 189 p.

GUY, H.P. (1976). Sediment-control methods in urban development: Some examples and implications. *In*: *Urban Geomorphology*. D.R. Coates (org.). The Geological Society of America. Colorado, Estados Unidos, p. 21-35.

HUANG, J.H. MU, G.C. (2000). Progress in urban geomorphology. R*eview of Urban Geomorphology*. Chinese Geographical Science, vol. 10, n. 3, p. 288.

LACERDA, H. (2005). Notas de geomorfologia urbana. *In*: Encontro Nacional de Geografia - EREGEO, 9, Porto Nacional (TO). *Anais*... Porto Nacional, EREGEO, disco compacto, 10p.

KAYE, C. A. (1976). Beacon hill end moraine, Boston: new explanation of an important urban feature. *In*: *Urban geomorphology* — D. R. Coates (org.) (1976). The Geological Society of America, Colorado, Estados Unidos, p. 7-20.

MACEDO, E.S.; AKIOSSI, A. (2004). Escorregamentos ocorridos no Brasil entre 1988 e 1996: levantamento a partir de notícias de jornal. *In*: Congresso Brasileiro de Geologia, 34, 1996, Salvador. *Anais*... Araxá, SBG, disco compacto, 2 p.

NUNES COELHO, M.C. (2006). Impactos ambientais em áreas urbanas — teorias, conceitos e métodos de pesquisa. *In*: *Impactos ambientais no Brasil*. GUERRA, A.J.T.; CUNHA, S.B. (orgs). Rio de Janeiro, Bertrand Brasil, 4. ed., p. 1-45.

OLIVEIRA, A.M. do S.; QUEIROZ NETO, J.P. de (1993). Depósitos tecnogênicos induzidos pela erosão acelerada no Planalto Ocidental Paulista. *Boletim Paulista de Geografia,* nº 73. Associação dos Geógrafos do Brasil (AGB). São Paulo, p. 91-124.

PALMER, I. (1976). Application of land-use constrains. *In*: *Urban Geomorphology*. D.R. Coates (org.) (1976). The Geological Society of America. Colorado, Estados Unidos, p. 61-84.

PELOGGIA, A. (1998). *O homem e o ambiente geológico: geologia, sociedade e ocupação urbana no município de São Paulo.* Xamã, São Paulo, 271p.

PELOGGIA, A. (2005). A cidade, as vertentes e as várzeas: a transformação do relevo pela ação do homem no município de São Paulo. *Revista do Departamento de Geografia,* v. 16, p. 24-31.

RODRIGUES, C. (2005). Morfologia original e morfologia antropogênica na definição de unidades espaciais de planejamento urbano: um exemplo na metrópole paulista. *Revista do Departamento de Geografia* (USP), v. 17, p. 101-111.

RODRIGUES, C. (1999). On Anthropogeomorphology. *In*: *Anais da Regional Conference on Geomorphology.* Rio de Janeiro. Anais da Regional Conference on Geomorphology, v. 1, p. 100-110.

RODRIGUES, C. (1997). *Geomorfologia aplicada: avaliação de experiências e de instrumentos de planejamento físico-territorial e ambiental brasileiros.* São Paulo, 276p. (Tese de Doutorado, Faculdade de Filosofia, Letras e Ciências Humanas da USP.)

RODRIGUES, C.A. (2004). A urbanização da metrópole sob a perspectiva da geomorfologia: tributo a leituras geográficas. *In*: CARLOS, A.F.A.; OLIVEIRA, A.U. (orgs.) *Geografias de São Paulo: representação e crise da metrópole.* Contexto, São Paulo, p. 89-114.

ROSS, J.L.S. (1992). O registro cartográfico dos fatos geomórficos e a questão da taxonomia do relevo. *In*: *Revista do Departamento de Geografia* 6. FFLCH-USP. p. 17-29.

ROSSATO, M. S.; SUERTEGARAY, D. M. (2000). Repensando o tempo da natureza em transformação. *Ágora* (Unisg), Santa Cruz, v. 6, n. 2, p. 93-98.

SILVA, R. S.; MAGALHÃES, H. (1983). Ecotécnicas urbanas. Santa Maria: Ed. UFSM; Ijuí: Ed. UNIJUI. *Ciência & Ambiente,* v. 4, n. 7, p. 33-42.

SILVA, G.C. (2009). *Zoneamento sociambiental: uma proposta metodológica para unidades de paisagem. Estudo de caso: a bacia hidrográfica da baixada de Jacarepaguá. Rio* de Janeiro, 387 p. (Tese de Doutorado, Departamento de Geografia, Universidade Federal do Rio de Janeiro.)

SOCHAVA, V.B. (1977). O estudo de geossistemas. *Métodos em questão.* São Paulo, n. 16, p. 1.

SUERTEGARAY, D.M.A. (1997). Geomorfologia: novos conceitos e abordagens. *In*: *Anais do VII Simpósio Brasileiro de Geografia Física Aplicada e I Fórum Americano de Geografia Física Aplicada.* Curitiba, Editora da Universidade Federal do Paraná. p. 24-9.

TRICART, J. (1977). Ecodinâmica, SUPREN/IBGE, Rio de Janeiro, 91 p.

TROLL, C. (1982). El paisaje geográfico y su investigación. *In*: MENDOZA, J.G. *et al. El pensamiento geográfico.* Aliança Editorial, Madri, p. 323-329.

VITA-FINZI, C. (1993). Physiographic effects of man. *In*: *The New Encyclopaedia Britannica,* Macropaedia. Chicago, v. 20, 15. ed., p. 22-26.

CAPÍTULO 5

GEOTECNIA URBANA

Helena Polivanov
Emílio Velloso Barroso

1. Conceituação Geral

O título deste capítulo é composto por um substantivo, a geotecnia, e por um adjetivo, urbana, o que significa que a geotecnia é o tema principal do texto e que sua aplicação em meio urbano requer abordagem própria em algumas situações específicas. Dessa forma, inicialmente a geotecnia será definida e serão apresentados seus referenciais teóricos, bem como as subáreas do conhecimento que a compõem, em especial a geologia de engenharia.

O projeto e a execução de estruturas constituídas pelos mais variados materiais (madeira, aço, concreto e solo compactado) são atividades básicas e tradicionais da engenharia civil. Prever o comportamento dessas estruturas construídas sobre o substrato geológico (*e.g.* recalques de fundações ou solicitações dinâmicas por sismos) ou ainda a execução de obras diretamente no meio geológico, como nos casos dos taludes de escavação e dos túneis, são exemplos de atividades da engenharia geotécnica ou geotecnia, uma das áreas de especialização da engenharia civil. Além disso, a geotecnia se ocupa também da interação do homem e das estruturas de engenharia com o meio ambiente, buscando soluções que encontrem a sustentabilidade dos projetos de engenharia ou a remediação de sítios previamente degradados. É de aceitação corrente o fato de que a geotecnia é composta pelo conjunto de três especialidades profissionais, a saber: a mecânica dos solos, a mecânica das rochas e a geologia de engenharia. A princípio poder-se-ia questionar a existência de duas mecânicas aplicadas. A justificativa para isso baseia-se no fato de que o comportamento mecânico de materiais geológicos se afasta bastante daqueles observados para os meios ideais, comumente conhecidos como meios do tipo CHILE (contínuos, homogêneos, isotrópicos e linear-elásticos). A razão fundamental para as diferenças de comportamento reside principalmente em fatores geológicos, tais como a variabilidade espacial da composição de solos e rochas, a presença de estruturas, foliações metamórficas ou acamamentos sedimentares, e de descontinuidades no meio, como as fraturas e as falhas. Esses elementos, em conjunto ou isoladamente, conferem aos solos e rochas características particulares, tornando-os em regra descontínuos, heterogêneos, anisotrópicos e raramente elásticos. Como resultado, as propriedades de engenharia (resistência, deformabilidade e permeabilidade) são variáveis de ponto para ponto e também com a direção no interior do maciço de solo ou rocha onde um projeto de engenharia será executado. Até mesmo o número mínimo necessário de amostras para caracterizar o meio geológico é maior para meios heterogêneos e anisotrópicos. Na Figura 1 este conceito está ilustrado.

No parágrafo anterior evidenciou-se o importante papel que a geologia exerce nos projetos de engenharia geotécnica. Portanto, a correta iden-

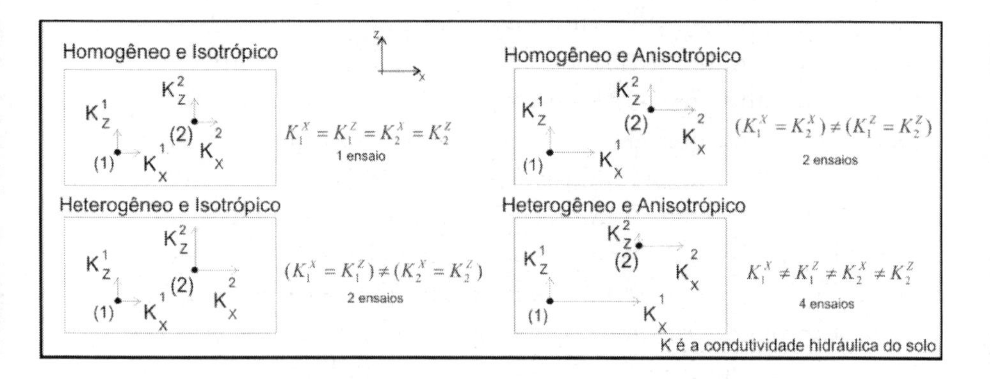

Figura 1 — Dependência do número de ensaios em função do meio geológico.

tificação dos principais aspectos geológicos que podem interferir em um determinado projeto de engenharia, além da adequada caracterização das propriedades de interesse para a geotecnia constituem atividades centrais da geologia de engenharia. Quando se emprega o termo urbano para qualificar as atividades de geotecnia, não significa que haja um novo campo do conhecimento com fundamentações teóricas distintas. Mas, então, por que a inclusão do termo urbano? Pode-se dizer que a geotecnia tem muito a contribuir para o planejamento do desenvolvimento das cidades sob a perspectiva da adequação dos terrenos para a implantação de novos loteamentos, construção de novos equipamentos urbanos e expansão do sistema viário e outras atividades. Ou seja, a geotecnia é capaz de responder pelas potencialidades e fragilidades do meio físico frente ao processo de urbanização. Para fazer face ao crescimento das cidades, áreas de materiais de empréstimo são criadas (minerações urbanas), provocando desmatamento e exposição do solo local. Durante a execução de obras civis são realizados cortes e aterros, instalação da rede de drenagem das águas pluviais e outros elementos da infraestrutura urbana. O meio físico é transformado, criam-se novas condições geomorfológicas caracterizadas por superfícies artificiais do terreno. Produz-se extensiva impermeabilização com as obras de pavimentação, gerando mudanças nos regimes hidrológico e hidrogeológico, reduzindo a infiltração das águas pluviais e favorecendo seu escoamento superficial.

Todas essas intervenções exigem criteriosa investigação geotécnica para que se evitem problemas como instabilidades de encostas, erosões aceleradas, subsidências, entre outros. A ocorrência desses problemas geotécnicos nas cidades resulta em danos aos patrimônios público e privado, e óbitos em casos extremos.

Para o planejamento urbano adequado, a geotecnia é fundamental, pois a ocupação deve ser feita respeitando as vocações naturais dos terrenos. A engenharia geotécnica tem aplicação na redução de riscos decorrentes de processos da dinâmica externa que muitas vezes são acelerados pela ação antrópica, em especial nas cidades, como são os problemas de instabilidades em encostas. Além disso, algumas obras executadas em meio urbano devem ser desenvolvidas com extremo cuidado para que se evite ao máximo interferir de forma negativa com construções e equipamentos urbanos preexistentes, como são os casos das escavações subterrâneas. São exemplos da problemática da geotecnia urbana: a construção de cidades sobre leques aluviais inundáveis, cidades inteiras afetadas por escorregamentos de solos, subsidências generalizadas em áreas cársticas, recalques em argilas moles e até mesmo cidades "engolidas" por processos erosivos de grande porte e pela migração de dunas.

São muitas as aplicações da geotecnia relacionadas com o desenvolvimento das cidades. Neste capítulo serão apresentados alguns exemplos. Antes disso, deve-se entender como os engenheiros geotécnicos veem e trabalham com os solos e as rochas.

2. Solos e Rochas do Ponto de Vista Geotécnico

É possível supor que rochas e solos com a mesma gênese tenham comportamentos geomecânicos homólogos. No entanto, processos de intemperismo atuantes sobre as rochas individualizam diferentes materiais no que diz respeito às suas características físicas, mineralógicas e também com relação ao seu comportamento geomecânico (Barroso *et al.*, 1993). No caso dos solos, a própria pedogênese gera diferenciações sobre o material de origem, levando à formação de horizontes com distintas características. Por isso solos e rochas são classificados segundo normas específicas.

2.1. Classificação de Campo

Uma das formas mais empregadas para reconhecimento de solos e rochas no campo e considerando as finalidades da geotecnia é através da descrição dos diversos componentes de um perfil de alteração. Trata-se de uma sequência de camadas, com diferentes propriedades físicas e químicas, desenvolvidas sobre rochas *in situ* ou sobre solos transportados, controladas pelas estruturas presentes, pelo clima, pela geomorfologia e pela hidrologia.

Solos e rochas devem ser agrupados em conjuntos que representem características comuns e às quais possam ser atribuídas propriedades homólogas. Neste ponto é relevante diferenciar as terminologias empregadas pela pedologia e fazer a devida correspondência com os termos de aplicação corrente em geotecnia (Figura 2).

Na pedologia o horizonte C é o material de origem, ou seja, o horizonte sobre o qual a pedogênese atua, dando origem ao *solum*, que são os horizontes pedogenéticos propriamente ditos e também chamados de horizontes A e B. Ainda com relação ao horizonte C, este pode ser desenvolvido a partir da alteração intempérica das rochas *in situ* ou ter origem em sedimentos transportados por diferentes agentes. Sotoposto ao horizonte C, o horizonte B é, em geral, o diagnóstico da classe de solo. O horizonte A é o mais superficial, com maior acumulação de matéria orgânica e pode ser também um horizonte diagnóstico. A utilização da classificação pedológica, apesar de enfatizar os horizontes mais superficiais, A e B, é de grande importância, pois apresenta informações úteis à geotecnia.

Para a geotecnia o horizonte C da pedologia recebe duas designações: solo residual jovem, se desenvolvido *in situ* a partir da alteração de rochas, ou solo transportado/solo sedimentar, se desenvolvido sobre sedimentos de qualquer origem. Alguns autores (Salomão & Antunes, 1998) também chamam esse horizonte de solo saprolítico. O termo saprólito (Pastore, 1995) é usado para o horizonte de transição entre solos e rochas onde há

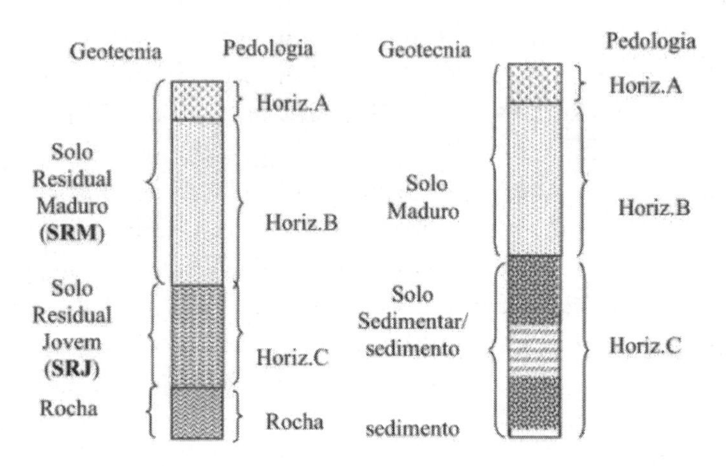

Figura 2 — Perfis de alteração e suas nomenclaturas.

presença de até 10% em volume de blocos de rochas no interior da massa de solo.

Acima desses horizontes, desenvolvem-se os solos residuais maduros, desenvolvidos *in situ*, ou simplesmente solo maduro, quando o material de origem sofreu transporte. Em ambos os casos, não é possível reconhecer características (mineralogia e estrutura) do material de origem.

Deve-se mencionar que em algumas situações a distinção no campo entre o solo residual jovem e o solo residual maduro não pode ser feita facilmente, como ocorre nas alterações de rochas sedimentares.

Entre os horizontes de solo e a rocha não alterada desenvolvem-se vários estádios de alteração, denominados frente de intemperismo. Esse intervalo é caracterizado pela presença de rochas alteradas, podendo haver a presença de blocos de rocha perfazendo volume variável de 10 a 90%. Essas rochas intemperizadas em diferentes intensidades não configuram exatamente horizontes, uma vez que as descontinuidades estruturais (fraturas e falhas) controlam a distribuição espacial dos diversos estádios de alteração no interior do maciço rochoso, e, devido à heterogeneidade do meio, esse intervalo apresenta comportamento geotécnico extremamente variável. Isso tem sido a causa de acidentes em obras civis, tendo em vista as dificuldades de identificá-los com precisão nas fases de investigação.

Dearman (1974) mostrou que nos casos em que a geologia se configura de forma complexa, o conceito de zonas de intemperismo, definidas principalmente pelas razões solo/rocha, deve ser substituído pelo mapeamento dos estádios ou classes de alteração. A Sociedade Internacional para a Mecânica das Rochas (ISRM, 1978) apresenta critérios e denominações para descrição das rochas no campo. Esta classificação serve como um guia de campo. Outro parâmetro já há muito utilizado na prática da geotecnia para distinguir diferentes estádios de alteração em rocha é a coerência (Guidicini *et al.*, 1972). Esse parâmetro é definido com base em propriedades como a friabilidade, a tenacidade e a dureza da rocha, através da apreciação no campo da resistência da rocha ao golpe do martelo e ao risco com uma lâmina de aço. Deve-se lembrar que a coerência é um critério relativo e aplicável aos diferentes estágios de alteração de um mesmo tipo litológico.

2.2. *Classificação de Solos em Laboratório*

Para fins de engenharia, faz-se necessária a utilização de classificações que, para além do reconhecimento geológico, também permitam distinguir solos e rochas de acordo com seu provável comportamento geomecânico. Estes devem ser descritos e caracterizados de forma inequívoca, e o resultado da classificação deve ser fundamentalmente quantitativo.

Na engenharia geotécnica o solo é definido como agregado não cimentado de partículas minerais e matéria orgânica decomposta, com a presença de líquido e gás ocupando os espaços vazios. A Figura 3 é uma representação esquemática da participação, em massa e volume, dos três componentes principais dos solos: a fase sólida (minerais), a fase gasosa (em geral o ar) e a fase líquida (em geral a água). Vale ressaltar que em problemas relativos à contaminação de solos pode haver outros fluidos (o próprio contaminante) e outros gases (fase vapor do contaminante) ocupando os espaços vazios do solo, os poros. Na Tabela 1 são apresentadas algumas relações denominadas índices físicos do solo.

Os índices físicos, embora não sejam usados para classificar os solos, controlam seus comportamentos de resistência e deformabilidade. O índice de vazios é útil também para expressar o estado em que se encontra uma areia. Isoladamente, o valor do índice de vazios não responde se determi-

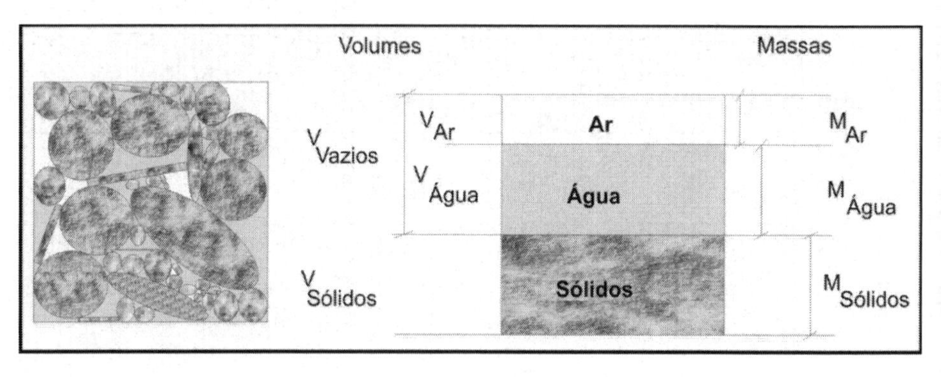

Figura 3 — Componentes do solo cujas relações em massa e volume dão origem aos índices físicos do solo.

nada areia está no estado compacto ou fofo, ou ainda pode-se dizer que com um mesmo índice de vazios uma areia está compacta e outra fofa. Para se determinar o estado de uma areia ou sua compacidade é necessário analisar seu índice de vazios com relação aos valores máximo (estado mais fofo possível) e mínimo (estado mais compacto possível). Portanto, a compacidade de uma areia pode ser expressa pela compacidade relativa (CR):

ÍNDICE FÍSICO	EQUAÇÃO	COMENTÁRIOS
Teor de Umidade (ω)	$\omega = \frac{m_s}{m_w}$	Índice que controla os estados do solo (limites de Atterbreg). Adimensional.
Índice de Vazios (*e*)	$e = \frac{V_v}{V_s}$	Controla a compressibilidade dos solos. Adimensional.
Porosidade (η)	$\eta = \frac{V_v}{V}$	Propriedade correlata ao índice de vazios. Mais usado na mecânica das rochas. Adimensional.
Grau de Saturação (*S*)	$S = \frac{V_v}{V_v}$	Frequentemente os solos são encontrados não saturados. Nesse caso, tensões de sucção contribuem para aumentar a resistência. Adimensional.
Peso Específico (γ)	$\gamma = \frac{m}{V}$	Pode ser calculado o seco, o saturado ou aquele relativo a um teor de umidade determinado. Útil para o cálculo das tensões no solo devidas ao peso próprio.
Peso Específico dos Sólidos (γ_s)	$\gamma_s = \frac{m_s}{V_s}$	Dependente da mineralogia do solo.
Densidade Real dos Grãos (G)	$G = \frac{\gamma_s}{\gamma_w}$	Índice necessário para o cálculo dos percentuais das classes granulométricas silte e argila no ensaio de sedimentação. Adimensional.

Tabela 1 — Índices físicos do solo.

$$CR = \frac{e_{máx} - e_{nat}}{e_{máx} - e_{mín}},$$

Em que $e_{máx}$ é o índice de vazios máximo, $e_{mín}$ é o índice de vazios mínimo e e_{nat} corresponde ao índice de vazios natural. Os índices de vazios máximo e mínimo de uma areia dependem de fatores como a distribuição granulométrica e a forma dos grãos. A Tabela 2 mostra a classificação das areias segundo a compacidade (Souza Pinto, 2000).

Designação	Compacidade Relativa (CR)
Areia Fofa	CR < 0,33
Areia de Compacidade Média	0,33 < CR < 0,66
Areia Compacta	CR > 0,66

Tabela 2 — Classificação das areias segundo a compacidade. (Souza Pinto, 2000.)

Na Figura 4 ilustra-se o conceito de compacidade relativa, em que as areias 1 e 2 têm índice de vazios idênticos a 0,50. A areia 1 possui $e_{mín}$ de 0,30 e $e_{máx}$ de 0,60, enquanto a areia 2 tem $e_{mín}$ de 0,40 e $e_{máx}$ de 0,70. Nesse caso, a areia 2 é mais compacta (CR = 0,66) do que a areia 1 (CR = 0,33).

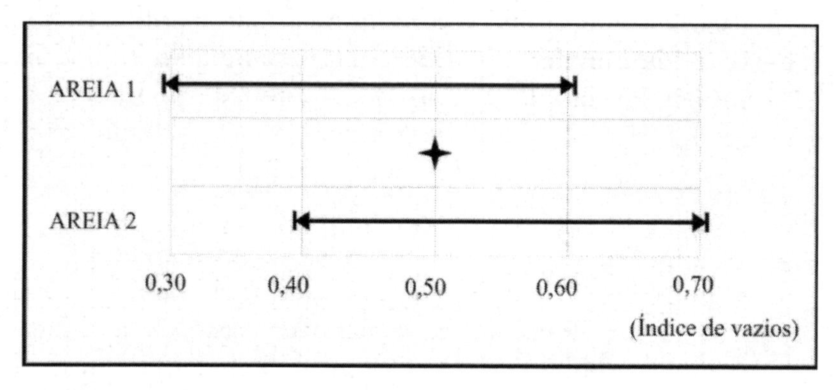

Figura 4 — Comparação dos estados de duas areias com o mesmo índice de vazios (e_{nat} = 0,5).

Embora os índices físicos sejam de extrema relevância para a prática da engenharia geotécnica, as classificações de solos para fins de engenharia não os tomam em consideração. O Sistema Unificado de Classificação de Solos (Sucs) usa como parâmetros a distribuição ganulométrica e os limites de Atterberg.

Em geral, um solo é composto por partículas de diferentes tamanhos. A distribuição granulométrica dos grãos é usada na geotecnia como uma característica básica dos solos e tem a finalidade de determinar quantitativamente as proporções de cada fração dos solos e expressá-las através da curva granulométrica, sendo as frações divididas em argila, silte, areia, pedregulho, pedra e matacão. O ensaio granulométrico completo de solos é composto por dois procedimentos: peneiramento e sedimentação. Para detalhes dos procedimentos de ensaio recomenda-se consultar a norma da ABNT (1984a).

Alguns aspectos sobre as curvas granulométricas necessitam comentários adicionais. Diz-se que um solo é bem graduado quando em sua constituição estão presentes muitas classes granulométricas e mal graduado quando apresenta predominância de uma única classe. As areias mal graduadas apresentam um maior entrosamento entre os grãos, pois as partículas com menores diâmetros ocupam os espaços vazios entre os grãos maiores e, por isso, quando comparadas às areias mal graduadas, apresentam melhor comportamento geotécnico: maior resistência e menor deformabilidade. Outros dois parâmetros importantes obtidos a partir das curvas granulométricas são o Coeficiente de Não Uniformidade (CNU) e o Coeficiente de Curvatura (CC). Além de descrever a forma da curva granulométrica, são utilizados para classificar o solo no sistema Sucs.

$$CNU = \frac{D_{60}}{D_{10}} \quad \text{e} \quad CC = \frac{(D_{30}^2)}{D_{10} D_{60}}$$

O parâmetro D_{10} é chamado de diâmetro efetivo e corresponde ao diâmetro na curva de distribuição granulométrica abaixo do qual restam apenas 10% de partículas mais finas. Os parâmetros D_{30} e D_{60} são definidos de maneira análoga. Quanto maior o CNU, mais bem graduada é a areia. Areias com CNU menores que 2 são chamadas de areias uniformes.

O CC permite identificar descontinuidades na curva granulométrica ou a concentração de grãos mais grossos no conjunto (Souza Pinto, 2000).

Se para os solos arenosos as curvas granulométricas permitem alguma previsão de comportamento, o mesmo não ocorre para os solos finos, aqueles em que há predominância das frações silte e argila. Essas partículas finas apresentam superfícies específicas (relação entre área superficial e volume da partícula) muito elevadas e também muito diferentes entre os diversos tipos de argilas. Além disso, as estruturas cristalinas dos argilominerais e os íons adsorvidos em suas superfícies contribuem para o processo de troca de cátions e a adsorção de água na superfície. Os dois aspectos conferem aos solos argilosos comportamentos distintos na presença de água.

Para acessar rapidamente os diferentes comportamentos dos solos finos em função de seus teores de umidade, Atterberg sugeriu ensaios índices que foram então padronizados por Casagrande. Esses ensaios determinam teores de umidade para os quais os solos mudam seus comportamentos, conhecidos como Índices de Consistência ou Limites de Atterberg. Um solo argiloso com teores de umidade muito baixos comporta-se de forma quebradiça, e ao se lhe acrescentar água, torna-se possível moldá-lo. Diz-se então que o solo passou de quebradiço para plástico, e o teor de umidade-limite entre os estados quebradiço e plástico, é o limite de plasticidade. Se o solo continua recebendo água e aumentando seu teor de umidade, passará então a comportar-se como um líquido e não mais poderá ser moldado. Dá-se a esse teor de umidade-limite, correspondente à passagem do estado plástico para o líquido, o nome de limite de liquidez. O Índice de Plasticidade (IP) é definido pela diferença entre os teores de umidade correspondentes aos limites de liquidez e de plasticidade. Quanto maior o valor de IP, mais o solo se comporta plasticamente. A determinação dos limites de liquidez e de plasticidade seguem as normas preconizadas pela NBR 6459 (ABNT, 1984b) e NBR 7180 (ABNT, 1984c), respectivamente.

As classificações geotécnicas convencionais dos solos são baseadas na determinação da granulometria e dos Índices de Consistência. Entre as classificações mais empregadas está a do Sistema Unificado de Classificação de Solos (Sucs). Nela os solos são representados por duas letras e são agrupados em 14 grupos distintos. Os solos grossos são denominados

GW, GP GM, GC, SW, SP, SM, SC, enquanto os solos finos recebem as seguintes denominações: CL, ML, OL, CH, MH, OH, PT. Recomenda-se consultar Sousa Pinto (2000) para o enquadramento de solos na classificação Sucs. A complementação da classificação vai depender da plasticidade do solo, o que pode ser verificado pela carta de plasticidade de Casagrande (Figura 5).

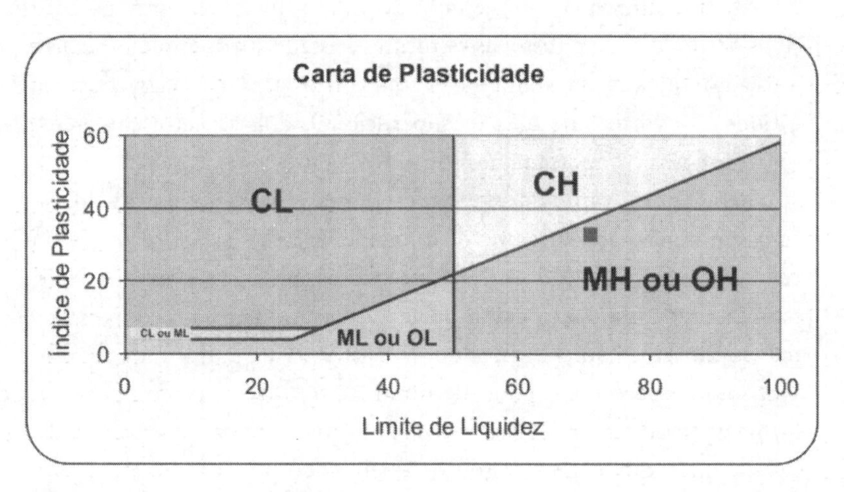

Figura 5 — Carta de Casagrande: campos de alta e baixa plasticidade.

Da mesma forma que se define o estado das areias (compacidade), também se define estado para os solos argilosos, chamado de consistência (Sousa Pinto, 2000) e que tem relação direta com a resistência à compressão simples das argilas (Tabela 3).

Consistência	Resistência (kPa)
Muito Mole	< 25
Mole	25 a 50
Média	50 a 100
Rija	100 a 200
Muito Rija	200 a 400
Dura	> 400

Tabela 3 — Relação entre consistência e resistência das argilas. (Sousa Pinto, 2002.)

2.3. Classificação de Rochas em Laboratório

Para fins de engenharia a classificação de rochas começa com a descrição e classificação geológica convencional, que não será tratada aqui. Atualmente pode-se dizer que a resistência é o principal parâmetro classificador de rochas. O corpo de prova usado em ensaios para se medir a resistência de rochas é um cilindro, em geral obtido de sondagens.

Embora o estado de tensões representado pelo ensaio de compressão simples não seja muito comum na natureza ou na maior parte das solicitações em obras, este tem sido largamente usado para fins de classificação. Na compressão simples aplica-se uma força crescente na direção axial do cilindro até que este perca sua capacidade de resistir aos esforços aplicados. A resistência da rocha é dada pela razão entre a máxima força (ou carga) aplicada e a área da seção transversal do cilindro. A grandeza física que expressa a resistência de rochas é a tensão que no sistema internacional de unidades de medidas (SI) é dada em N/m^2 (Newton por metro quadrado). Para rochas costuma-se usar o fator multiplicador de 10^6 (mega), ou seja, MN/m^2 que é igual ao MPa (megaPascal). A Tabela 4 apresenta a classificação de rochas baseada na resistência (ISRM, 1978).

Símbolo	Designação	Intervalo de Resistência à Compressão Simples (MPa)
R0	Rocha Extremamente Branda	0,25 – 1,0
R1	Rocha Muito Branda	1,0 – 5,0
R2	Rocha Branda	5,0 – 25,0
R3	Rocha Medianamente Resistente	25,0 – 50,0
R4	Rocha Resistente	50,0 – 100,0
R5	Rocha Muito Resistente	100,0 – 250,0
R6	Rocha Extremamente Resistente	> 250,0

Tabela 4 — Classificação de rochas quanto à resistência. (ISRM, 1978.)

3. *Exemplos de Atuação da Geotecnia Urbana*

Muitas são as atividades geotécnicas que se desenvolvem em meio ambiente urbano. Os estudos para dimensionamento de fundações; a prospecção, caracterização e explotação de áreas para materiais de construção; o projeto e a execução de aterros para fins de pavimentos ou para constituírem barreiras hidráulicas em aterros sanitários (*liners*); as escavações subterrâneas para fins viários (túneis e metrô) são alguns exemplos desta atividade. Quando se trata do meio ambiente urbano a segurança e a redução de riscos são pontos fundamentais. Dada a grande diversidade de aplicações, neste capítulo serão abordadas duas das aplicações mais tradicionais da geotecnia urbana (Cabral & Barroso, 1993), a saber: o planejamento urbano e os problemas de instabilidades de taludes.

3.1. *Planejamento Urbano e Mapeamento Geotécnico*

Segundo o IBGE, cerca de 80% da população brasileira se concentra nas cidades. Agravam-se os problemas de natureza ambiental e surgem dificuldades crescentes de planejamento, implantação e gestão dos sistemas urbanos. Os desafios impostos ao poder público existem em cidades de todos os tamanhos. Nas grandes regiões metropolitanas o processo de conurbação impõe ainda dificuldades de ordem política, dado que os problemas relativos ao meio físico independem de limites administrativos.

Este quadro demonstra a necessidade cada vez mais premente de se estabelecerem diretrizes para a ocupação racional do solo. Essa preocupação não é nova e está explícita na Constituição Federal de 1988, que faz a exigência da elaboração de planos diretores para os municípios com população superior a 20.000 habitantes. Para que esse instrumento legal seja efetivo, deve-se levar em consideração no planejamento urbano a dinâmica do meio físico e como esse responde às ações dos agentes socioeconômicos. Para isso procura-se, de forma integrada, conhecer a dinâmica da natureza e da sociedade e suas articulações.

Sendo assim, o planejamento urbano não deve ser elaborado sem considerar a geotecnia, especialmente no que diz respeito ao direcionamento da expansão para áreas que apresentem melhores condições de sustentabilidade. Os atributos do meio físico devem ser investigados quantitativamente, levando-se em consideração as formas de caracterização de solos e rochas já apresentadas. Como qualquer outro atributo em geociências, as propriedades geotécnicas de solos e rochas também possuem distribuição espacial. Esses atributos do meio físico, isoladamente ou em conjunto, definem unidades geotécnicas com distribuição geográfica delimitável e que são representadas de maneira adequada em mapas ou cartas geotécnicas. Em diversos locais do mundo o mapeamento geotécnico tem sido empregado como um eficiente instrumento técnico-científico para a avaliação do meio físico com finalidade de planejamento urbano (Da Silva & Rodrigues-Carvalho, 2006).

Zuquette & Gandolfi (2004) destacam que no Brasil duas correntes de trabalho têm exercido influências sobre os técnicos brasileiros do setor: a de origem francesa (*Cartographie Geotechnique*) e a de origem inglesa (*Engineering Geological Mapping*). As duas diferentes origens são responsáveis pelo uso, muitas vezes indiscriminado, dos termos carta e mapa, embora os autores também façam a distinção de que a expressão cartografia geotécnica refere-se à elaboração do produto cartográfico e não à obtenção de dados geotécnicos, sendo então uma etapa do mapeamento geotécnico.

A Associação Internacional para a Geologia de Engenharia e o Meio Ambiente (Iaeg, 1976) define o mapa geotécnico como um tipo de mapa geológico que classifica e representa os componentes do ambiente geológico, os quais são de grande significado para todas as atividades de engenharia, planejamento, construção, exploração e preservação do meio ambiente. Neste ponto é relevante destacar as principais diferenças entre os mapas geotécnicos e os mapas geológicos convencionais. Nos mapas geotécnicos as unidades são definidas com base em seu comportamento de engenharia, portanto diferentes unidades geológicas podem dar origem a uma única unidade geotécnica, desde que tenham propriedades e comportamentos homólogos. Por outro lado, processos como o intemperismo com frequência diferenciam numa mesma unidade geológica mais de uma unidade geotécnica, dado que as propriedades de engenharia são fortemente alteradas. Outro aspecto importante está relacionado com as coberturas de solos e sedimentos recentes, que em geral são representadas de forma indivisa nos mapas geológicos. Nos mapas geotécnicos procura-se representá-las como unidades individualizadas, recorrendo-se às informações geotécnicas propriamente ditas e também à pedologia e à geologia do quaternário.

A escolha da escala a adotar no mapeamento geotécnico merece atenção dos técnicos que vão executá-lo e está claramente relacionada aos objetivos do estudo (finalidade) e às dimensões da área a mapear. Outro aspecto relevante relacionado às escalas adotadas no mapeamento é a precisão que se deseja para determinado produto cartográfico, o que por sua vez tem a ver com a densidade e o volume de informações disponíveis sobre os componentes do meio físico de interesse para um determinado problema. Segundo a Iaeg (1976) as escalas dos mapas geotécnicos podem ser classificadas como pequenas (menores que 1:100.000), intermediárias (entre 1:100.000 e 1:10.000) e grandes (maiores que 1:10.000). Zuquette & Gandolfi (2004) classificam as escalas com base no tamanho da área a mapear conforme ilustra a Tabela 5.

Levar em consideração as potencialidades e fragilidades do meio físico é um requisito fundamental para o planejamento urbano. A seguir serão comentados casos frequentes de acidentes geológicos em meios urbanos, cujas áreas suscetíveis podem ser analisadas a partir dos mapas geotécnicos capazes de originar mapas de suscetibilidade ou de risco, neste último caso

ESCALA	CLASSIFICAÇÃO	ÁREA
ENTRE 1:100.000 e 1:50.000	Regional	Centenas de quilômetros quadrados
Entre 1:25.000 e 1:10.000	Intermediária	Poucas dezenas de quilômetros quadrados
Entre 1:5.000 e 1:2.500	Detalhe	Menor que uma dezena de quilômetros quadrados
Entre 1:1.000 e 1:500	Local	Inferior a um quilômetro quadrado

Tabela 5 — Classificação das escalas de mapeamento segundo a área do terreno a mapear. (Zuquette & Gandolfi, 2004.)

se as consequências ou os danos sociais e econômicos tiverem sido quantificados. Deve-se ressaltar ainda que muitas vezes esses acidentes geológicos têm origem no uso inadequado do terreno devido à ausência de informações sobre a dinâmica dos processos do meio físico nas ações governamentais voltadas para o planejamento urbano.

3.2. Inundações

Os eventos de inundação têm atingido de forma recorrente um grande número de cidades brasileiras. Antes de quaisquer outras considerações, deve-se mencionar que o extravasamento do corpo hídrico para além dos limites dos canais fluviais principais é um processo natural que ocorre quando a vazão é superior à capacidade de descarga do canal. Nos períodos de cheia a planície de inundação exerce o papel regulador hídrico ao absorver o volume excedente de água que ultrapassa o volume máximo de água e sedimentos que o rio pode transportar. Essas áreas inundáveis são caracterizadas por relevo plano, formado principalmente por aluviões, terraços e solos hidromórficos e que, em geral, apresenta comportamento geotécnico crítico: baixa resistência, alta deformabilidade, conferindo ao terreno uma baixa capacidade de suporte de cargas, além de permeabilidades baixas, dificultando sua capacidade de drenagem vertical. Portanto, parece evidente que não apenas as planícies, mas também os terraços mais baixos deveriam ser preservados no processo de urbanização. Entretanto, não é o que se observa na maioria das cidades brasileiras.

Os problemas das enchentes não devem ser vistos apenas como uma questão de ocupação das áreas vizinhas aos corpos fluviais principais. Deve-se dar atenção à bacia de drenagem, onde um grande conjunto de ações inadequadas contribui para tornar os efeitos das cheias ainda mais severos, como demonstrado na Tabela 6.

Com relação à aplicação das técnicas de mapeamento geotécnico para a previsão de áreas sujeitas à inundação pode-se citar o artigo de Farias *et al.* (2007), realizado na bacia hidrográfica do Rio São Bartolomeu, considerada a maior bacia hidrográfica dentro dos limites do Distriro Federal. O trabalho foi desenvolvido a partir de mapas básicos de declividade, pedologia, geomorfologia e geologia, além de mapas de fluxo, uso do solo e suscetibilidade à erosão. Partindo do mapa de suscetibilidade foram gerados mapas dos potenciais de assoreamento e inundação.

AÇÕES	EFEITOS
Retirada da mata ciliar	Erosão das margens, assoreamento e redução da capacidade de descarga
Mudança da geometria do canal (retificação)	Aumento da energia fluvial, erosão das margens, assoreamento a jusante e redução da capacidade de descarga
Altas taxas de impermeabilização na bacia de drenagem	Redução da área superficial dos terrenos destinados à infiltração e aumento do escoamento superficial para o canal fluvial, com o consequente aumento do volume hídrico O aumento do escoamento superficial também carreia para o canal fluvial resíduos sólidos nas cidades cujos sistemas de coleta são pouco eficientes
Barramentos artificiais formados por corpos de aterro	Torna a drenagem mais difícil e disponibiliza material particulado para assoreamento

Tabela 6 — Ações inadequadas e o agravamento dos problemas de inundações.

3.3. Instabilidade de Encostas

Os problemas de instabilidade de encostas afetam muitas cidades brasileiras e causam enorme preocupação entre os membros do poder público e na própria população, uma vez que, além dos prejuízos materiais, muitas vidas são perdidas nesses eventos. Em cidades como Rio de Janeiro, Petrópolis, Salvador e Recife, entre tantas outras, acidentes em encostas são especialmente frequentes nos períodos chuvosos de verão. Tais acidentes são classificados como movimentos massa sob a ação da força gravitacional. Uma das propostas de classificação mais conhecidas é a de Varnes (1978), que leva em consideração o mecanismo de deslocamento da massa, o material envolvido (solo ou rocha) e a velocidade do movimento (Tabela 7).

Existem várias categorias de métodos para a análise da estabilidade de taludes: analíticos, numéricos e modelos físicos. Neste capítulo, com o intuito de facilitar a compreensão física dos fatores intervenientes na estabilidade de uma massa de solo, são feitas considerações sobre o método do equilíbrio-limite.

O método do equilíbrio-limite considera que a massa de solo se comporta como um corpo rígido e em equilíbrio, mas na iminência de entrar em movimento. Conhecendo-se as forças que agem no solo, são calculadas as tensões de cisalhamento mobilizadas ou induzidas, e essas são comparadas com a resistência ao cisalhamento do solo. A relação entre a resistência ao cisalhamento (τ_{res}) e as tensões mobilizadas (τ_{mob}) é o que se chama de fator de segurança (FS) do talude ou da encosta. Na condição-limite do equilíbrio o fator de segurança assume valor unitário, e quanto maior o seu valor mais seguro está o talude.

Considere o talude infinito da Figura 6, definido como aquele cuja extensão é muitas ordens de grandeza maior do que a espessura de solo. Esse tipo de talude dá origem aos escorregamentos planares de solo, os quais são comuns em encostas de elevadas declividades, nas quais solos coluvionares pouco espessos se assentam sobre o substrato rochoso de permeabilidade muito reduzida impermeável. Esse tipo de escorregamento é muito comum na Serra do Mar e na cidade do Rio de Janeiro.

Na Figura 6, θ é a inclinação do talude, H é a profundidade do substrato rochoso, L é o comprimento da fatia de solo considerada e P e N são, respectivamente, as forças peso da fatia de solo e a reação normal. Faz-se aqui também a consideração de que a dimensão transversal ao plano do talude é unitária.

Para a estimativa da resistência ao cisalhamento do solo (numerador do fator de segurança) utiliza-se um critério de ruptura. Usualmente

Tipo de movimento	Principais características
Rastejo	Material: solo Velocidade: movimentos lentos e contínuos Superfície de ruptura: não definida Indícios: presença de árvores com troncos curvos e inclinados para jusante; deslocamentos de postes e cercas, também inclinados em direção ao pé do talude; trincas no pavimento dispostas ortogonalmente à direção da movimentação
Quedas e rolamentos	Material: mais comuns em rochas, mas podem ocorrer também em solos (solapamento) Velocidade: movimentos em queda livre e rolamentos de blocos rochosos ou tombamento de lasca de rochas rápidos Superfície de ruptura: não definida. Instabilização dos blocos ocorre por perda de sustentação ou por propagação de fraturas em maciços rochosos. Indícios: maciços rochosos fraturados e depósitos de tálus são os meios onde ocorrem este tipo de movimento, cuja previsão de início é extremamente difícil exatamente por não haver sinais claros de instabilização
Corridas	Material: solos (*mud flows*) ou rochas (*debris flows*) Velocidade: movimentos muito rápidos Superfície de ruptura: não definida. Há escoamento de fluido viscoso formado por água e solo, podendo conter blocos de rochas de dimensões muito variadas. Chuvas intensas nas cabeceiras de drenagem deflagram a movimentação ao longo de vales Indícios: não há
Escorregamentos	Material: solo ou rochas Velocidade: movimentos rápidos Superfície de ruptura: definida e ao longo da qual a massa de solo ou rocha se desloca como um corpo rígido. A geometria da superfície de ruptura é circular ou planar no caso dos solos, já nas rochas o controle de descontinuidades estruturais (fraturas e falhas) gera superfícies planares ou em cunha Indícios: trincas no chão que se desenvolvem próximo à crista do talude, presença de caudal de água elevado na base do talude, deformações em estruturas de arrimo

Tabela 7 — Principais tipos de movimentos de massa.

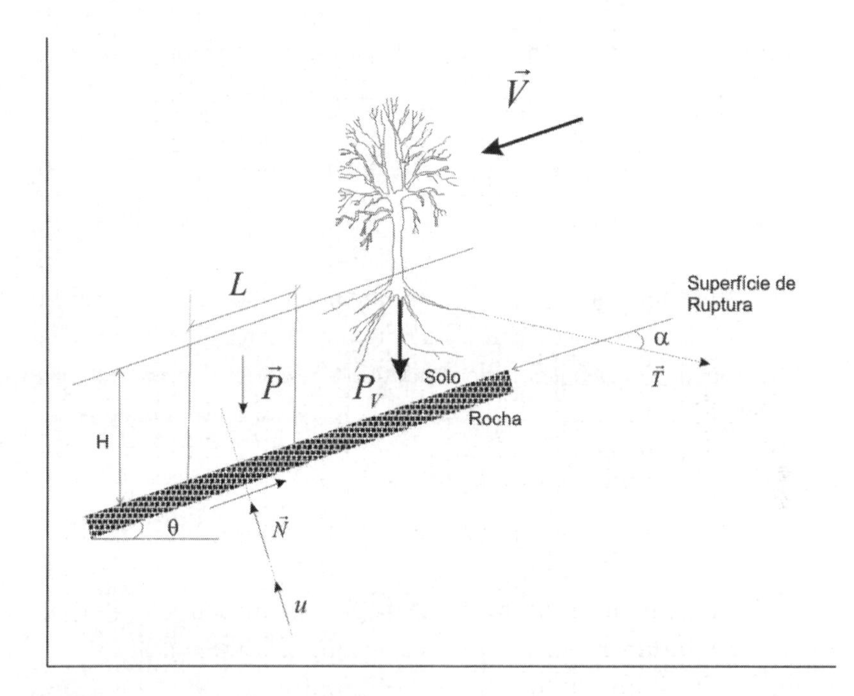

Figura 6 — Representação de um talude infinito.

utiliza-se o critério de ruptura de Mohr-Coulomb, definido pela seguinte equação:

$$\tau = c + (\sigma_n - u)tg\phi$$

Nessa equação τ é a resistência ao cisalhamento do solo, c a coesão efetiva do solo, σ_n a tensão normal na superfície de ruptura do solo, u a pressão de água e é o ângulo de atrito efetivo. Os parâmetros c' e ϕ são obtidos em ensaios de laboratório e conhecidos como parâmetros de resistência do solo. Os valores de coesão e ângulo de atrito são dependentes do tipo de solo. No caso de solos arenosos, o ângulo de atrito é dependente da distribuição granulométrica, da forma dos grãos e da mineralogia, além da compacidade dos mesmos.

Obtidos os parâmetros de resistência em ensaios de laboratório, falta agora determinar a tensão normal para o cálculo da resistência ao cisalhamento do solo. A tensão normal é dada pela razão entre força normal e a área da base da fatia de solo.

$$\sigma_n = \frac{N}{L \times 1} = \frac{P \times \cos\theta}{L \times 1} = \frac{\gamma \times (H \cos\theta \times L \times 1) \times \cos\theta}{L \times 1} = \gamma \times H \cos^2\theta$$

Deve-se notar que, na condição de equilíbrio, a força normal é igual à componente normal da superfície de ruptura da força peso. O peso, por sua vez, pode ser calculado pelo produto do peso específico do solo pelo volume da fatia considerada. Portanto, a resistência do solo pode ser calculada pela seguinte equação:

$$\tau_{res} = c + (\gamma \times H \times \cos^2 \theta - u) \times tg\phi$$

A tensão mobilizada (τ_{mob}) é dada pela componente tangencial à superfície de ruptura da força peso, como mostrado a seguir.

$$\tau_{mob} = \frac{P \times sen\theta}{L \times 1} = \frac{\gamma \times (H \cos\theta \times L \times 1) \times sen\theta}{L \times 1} = \gamma \times H \cos\theta \times sen\theta$$

$$FS = \frac{c + (\gamma \times (H \cos^2\theta - u) \times tg\phi)}{\gamma \times (H \cos\theta \times sen\theta)}$$

A equação acima mostra que a estabilidade dos taludes depende do tipo de solo (parâmetros de resistência e peso específico), da profundidade do topo rochoso, da geometria do talude (ângulo de inclinação) e das condições de água no interior do talude. A presença da pressão de água no numerador do fator de segurança, reduzindo a tensão normal, mostra que nesses casos a água é sempre um fator prejudicial à estabilidade. Além disso, a presença da água nos vazios do solo após eventos de chuva leva a um aumento de sua saturação, resultando no incremento do peso do solo e, como consequência, das tensões mobilizadas paralelas à superfície de ruptura (expressão no denominador do fator de segurança), além da redução da coesão aparente pela eliminação progressiva das tensões de sucção que tendem a manter as partículas do solo mais coesas quando este não está saturado.

Para conhecer a pressão de água no interior dos taludes é preciso instrumentá-los com piezômetros. A pressão de água em um dado momento pode então ser calculada pelo produto da altura da coluna de água no interior do piezômetro e do peso específico da água ($\gamma_{água}$ = 9,81 kN/m^3). Em análises regionais, em que um grande número de encostas está sob consideração e a possibilidade de instrumentá-las de forma integral se torna economicamente inviável, as correlações chuvas/escorregamentos têm sido perseguidas desde há muitas décadas. A princípio, buscou-se um valor crítico de precipitação pluviométrica que deflagrasse a instabilização dos taludes (Guidicini & Iwasa, 1977). Essa abordagem não apresentava sucesso em suas previsões porque não levava em consideração a possibilidade de haver, em determinadas áreas, grande variação da intensidade de precipitação ao longo do dia. Mais tarde, apareceram na literatura técnica artigos apresentando correlações entre chuva e precipitação pluviométrica que levassem em consideração a intensidade acumulada de chuva em determinado período de tempo (Onodera *et al.*, 1974). No Brasil, Tatizana *et al.* (1987) apresentaram um excelente artigo voltado para a previsão de escorregamentos em solo na Serra do Mar, município de Cubatão (SP). Nesse trabalho constatou-se que os escorregamentos dependem da saturação prévia do solo, dada pela chuva acumulada, e da ação de chuvas de curta duração, as quais funcionam como deflagradoras do processo de instabilização. Quanto mais seco o solo (menor saturação), maior a intensidade de chuva horária necessária para deflagrar os escorregamentos.

Outro ponto de interesse para a análise de problemas de instabilidade de encostas urbanas está relacionado ao papel da vegetação. No processo de urbanização a vegetação é retirada para dar lugar a moradias, vias de acesso e aos equipamentos urbanos. Para guiar essa discussão apresenta-se novamente a expressão para o fator de segurança em uma encosta vegetada (Styczen & Morgan, 1995) e considera-se o modelo de talude infinito já abordado (Figura 6).

$$FS = \frac{(c + c_R) + [(\gamma H + P_V) \times \cos^2\theta - u + T sen\alpha] \times tg\phi}{[(\gamma H + P_V) \times sen\theta + V] \cos\theta - T cos\alpha}$$

Nessa equação a coesão efetiva adicional dada pela trama do sistema radicular no solo é o peso da vegetação, T é a força de tração gerada pelas raízes na base da superfície de escorregamento e refere-se à força aplicada pelo vento paralelamente ao talude. Com essa equação é possível perceber que a vegetação tem efeitos mecânicos na estabilidade de taludes que são muito positivos, exceção feita ao peso da vegetação e ao efeito alavanca que é transferido ao solo por ação de ventos de elevada intensidade a partir das copas. Além dos efeitos mecânicos, a vegetação possui também efeitos hidrológicos que, assim como no caso dos efeitos mecânicos, podem ser positivos ou negativos para a estabilidade das encostas. Na Tabela 8 os efeitos mecânicos e hidrológicos da vegetação são classificados em positivos e negativos.

As informações apresentadas na Tabela 8 têm também a função de ressaltar a importância que o uso do solo exerce nas análises de estabilidade.

Quando se consideram os taludes em rocha, principalmente aqueles constituídos por rochas magmáticas e metamórficas em estado não alterado ou pouco intemperizado, as rupturas são controladas por descontinuidades, as quais são feições estruturais (fraturas e falhas) que representam planos de fraqueza no interior da massa. De fato, essas descontinuidades têm menor resistência do que a matiz da rocha e fazem com que os escorregamentos se desenvolvam sobre elas. Os principais tipos de escorregamentos em rochas são os planares, controlados por fratura única, ou em cunha, quando duas fraturas possibilitam a movimentação da massa de rocha ao longo da linha de interseção dessas fraturas. Na Figura 7 estão ilustrados esses dois tipos de escorregamentos.

Existem vários métodos de análise para os escorregamentos de taludes em rocha, podendo-se citar os métodos analíticos, os métodos numéricos (*e.g.* Método dos Elementos Finitos), os métodos gráficos (Projeções Estereogáficas) e os Modelos Físicos. Quando se analisa a estabilidade de uma lasca de rocha, tipo de situação comumente delineada pela presença

Efeito	Componente(s) da vegetação	Resultado	
		Positivo	Negativo
Hidrológicos	Folhas (interceptação da chuva)	Redução da água disponível para infiltração no solo Redução da energia das gotas e do seu potencial erosivo	Aumento do tamanho das gotas que gotejam das folhas para o solo
	Folhas e troncos (interação com o fluxo na superfície do terreno) Sistema Radicular	Interceptam o fluxo e reduzem sua velocidade e erosividade	Tufos podem concentrar e aumentar a velocidade do fluxo
	Sistema Radicular (agregação das partículas superficiais do solo)	Transferência da umidade do solo para a atmosfera, com redução da poropressão e aumento da sucção	Formação de trincas na superfície e aumento da infiltração
Mecânicos	Sistema Radicular (penetração até o substrato rochoso)	Restrição da movimentação das partículas do solo	
	Vegetação de grande porte (peso e vento)	Aumento da resistência ao cisalhamento do solo devido à rede de raízes Ancoragem do solo em um substrato estável	
		Aumenta a tensão normal da superfície de ruptura	A sobrecarga aumenta a componente na direção do movimento
	Folhas (cobertura do solo)	Proteção contra a erosão	O vento transmite forças para o solo (efeito alavanca)

Tabela 8 — Efeitos da vegetação na estabilidade de encostas. (Styczen & Morgan, 1995.)

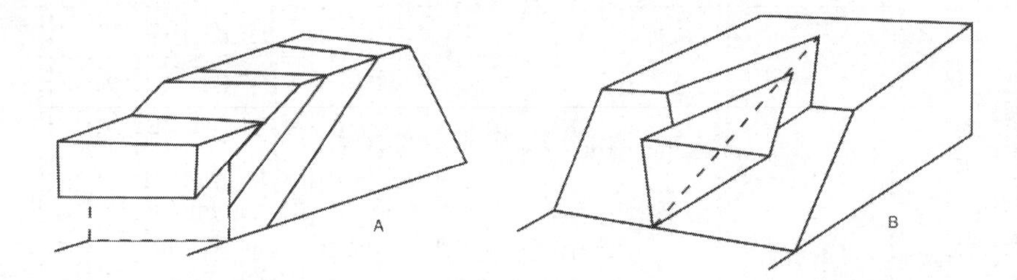

Figura 7 — Tipos de escorregamentos.

de fraturas de alívio que se distribuem aproximadamente paralelas à topografia, pode-se fazer a analogia com um problema de plano inclinado e se aplicar o método do equilíbrio-limite (Figura 8).

A expressão adiante se refere ao fator de segurança para uma lasca de rocha sobre fratura paralela à superfície de um talude com inclinação θ. A lasca possui comprimento (*l*), espessura (*e*) e largura unitária. A presença de água tanto a montante como na base da lasca induz pressões de magnitudes V e U, respectivamente. Para ilustrar o efeito de uma solução estrutural de engenharia, está representado na Figura 9 um tirante que faz um ângulo com a superfície do talude e aplica uma força T sobre a lasca. Neste caso também vamos utilizar o critério de ruptura de Mohr-Coulomb para a fratura.

$$FS = \frac{c + \left(\frac{P\cos\theta}{A_{bl}} + \frac{Tsen\Psi}{A_{bl}} - U \right) tg\phi}{\frac{Psen\theta}{A_{bl}} + V - \frac{T\cos\Psi}{A_{bl}}}$$

Aqui P é o peso da lasca, que pode ser calculado conhecendo-se o seu volume ($l \times e$) e o peso específico da rocha (γ_R) que compõe a lasca. Assim a expressão acima pode ser reescrita da seguinte forma.

$$FS = \frac{c + \left(\gamma_R \times \mathrm{e} + \frac{Tsen\Psi}{l} - U \right) tg\phi}{\gamma_R \times V - \frac{Tsen\Psi}{l}}$$

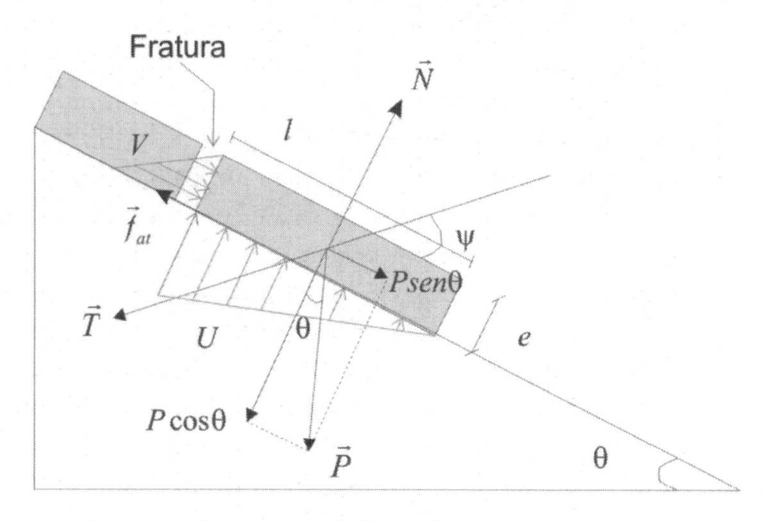

Figura 8 — Lascas em talude (a) e sua idealização (b).

A expressão do fator de segurança indica que a estabilidade da lasca depende do tipo de rocha (γ_R), dos parâmetros mecânicos da fratura (c e ϕ), da geometria da lasca (e e l) e das pressões de água a montante e na base da lasca de rocha (V e U). O efeito da água, como no caso dos solos, é prejudicial para a estabilidade porque reduz a resistência ao cisalhamento (numerador) e aumenta a componente de cisalhamento (denominador). Já o tirante tem efeito contrário ao da água e muito semelhante àquele exercido pelas raízes nas encostas constituídas por solos.

O movimento de massa do tipo queda e rolamento de blocos é aquele que envolve blocos rochosos, com volume e litologia variados, sob condições de alta velocidade. É o tipo de movimento de massa menos estudado e o de mais difícil previsão, tanto no que diz respeito ao início do processo como à trajetória e ao alcance dos blocos. Origina-se devido à compartimentação estrutural do maciço rochoso, dada pela presença de descontinuidades físicas, como falhas e fraturas. Em encostas íngremes, os blocos gerados pela compartimentação estrutural e desconectados do maciço estarão em condição de instabilidade, podendo se movimentar pela atuação da força gravitacional (Ribeiro *et al.*, 2008). O relevo influencia decisivamente, pois a movimentação de tais blocos ocorrerá, preferencialmente, através dos vales presentes (Carnevale, 1991).

Devido à urbanização desordenada em diversos locais, construções são erguidas nas vizinhanças dessas encostas. Assim sendo, tem-se risco para a população residente nessas áreas. Segundo Gonçalves (1998), esse tipo de movimento de massa alcançou 14% do total das ocorrências verificadas no município de Petrópolis (RJ) durante a década de 1990, enquanto nas décadas de 1960, 1970 e 1980 não ultrapassava os 3% do total das ocorrências de movimentos de massa registradas no município. Vargas *et al.* (2004) relatam também que no município do Rio de Janeiro esse tipo de movimento de massa tem-se tornado significativo nas estatísticas obtidas a partir do inventário local de acidentes, alcançando cerca de 8% do total das ocorrências registradas. Os autores associam as ocorrências com locais de funcionamento de antigas pedreiras que foram ocupadas para assentamentos urbanos após o final da atividade de mineração.

Para a análise das trajetórias e alcances de blocos rochosos em movimentos do tipo queda, os aspectos mais importantes são os que levam em consideração as características mecânicas dos blocos e da superfície de trajetória. Dos parâmetros envolvidos, talvez o coeficiente de restituição (e), que é a energia cinética dissipada em sucessivos impactos, seja o mais importante e difícil de se obter (Stevens, 1998).

Em uma superfície plana o coeficiente de restituição normal pode ser expresso por esta equação:

$$e = \frac{v_{n+1}}{v_n}$$

Em encostas a superfície inclinada dá origem a dois coeficientes de restituição: um normal à superfície no ponto de choque e outro tangencial (Figura 9), conforme expressões apresentadas por Carnevale (1991). O bloco de rocha só cessa seu movimento quando os coeficientes de restituição alcançam o valor zero, o que corresponde ao alcance do bloco.

$$e_{normal} = \frac{sen\,(\alpha + i)}{sen\alpha \times sen i}\sqrt{\frac{h_{n+1}}{h_n}}$$

$$e_{\tan gencial} = \frac{\cos\,(\alpha + i)}{sen\alpha \times sen i}\sqrt{\frac{h_{n+1}}{h_n}}$$

Esses parâmetros podem ser obtidos pelo lançamento *in situ* de blocos na encosta, como realizado por Gianni *et al.* (2004) para análise de áreas de risco em estrada nos Apeninos. No entanto, esse tipo de abordagem tem a restrição óbvia do perigo de lançamentos em locais habitados. Para superar essa restrição, Dias & Barroso (2006) adaptaram um método acústico de laboratório proposto por Berstein (1977) para a determinação do coeficiente de restituição.

Ribeiro (2008) apresentou estudo de caso para uma área no município de Petrópolis, onde desenvolveu método para abordar esse tipo de problema. Nesse trabalho foi gerado em ambiente SIG um mapa de suscetibilidade da área.

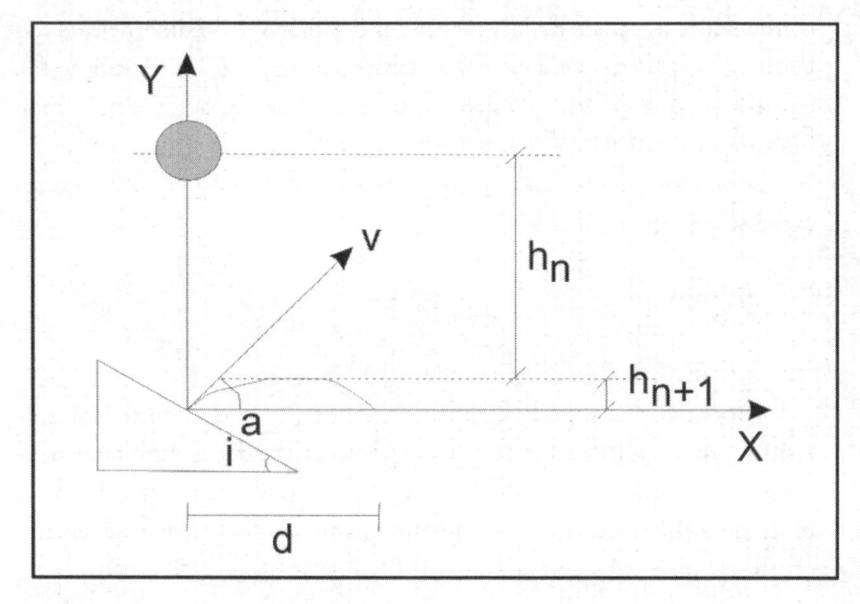

Figura 9 — Coeficiente de restituição.

3.4. Problemas de Subsidências

Os recalques do terreno podem ser entendidos como movimentos verticais do solo. Esses movimentos, também chamados de subsidências, quando têm magnitude elevada e, sobretudo, quando não se distribuem de forma uniforme (diferenciais), podem colocar em risco as construções cujas fundações são rasas e afetadas por tais movimentos. Os recalques podem ter origem em escavações subterrâneas, no adensamento de camadas de argilas moles, no rebaixamento do lençol freático e na dissolução de rochas carbonáticas, esta última comentada a seguir.

As subsidências em terrenos cársticos estão relacionadas à dissolução de rochas carbonáticas quando em contato com águas de pH relativamente baixo. Formam cavernas subterrâneas que podem colapsar a qualquer momento. A urbanização nessas áreas pode acelerar e intensificar esses fenômenos devido ao uso inadequado do solo, bem como a alteração da dinâmica da circulação das águas subterrâneas.

Caso brasileiro digno de nota é aquele que ocorreu no município de Cajamar, na região metropolitana de São Paulo, na década de 1980. Em 1986, após um longo período de secas, verificou-se um acelerado processo de subsidência que culminou com uma cratera de 10m de diâmetro e 10m de profundidade. Além disso, construções apresentando trincas, provavelmente devido ao mesmo processo, se espalhavam para distâncias da ordem de 400m afastadas da região de formação da cratera. Técnicos do Instituto de Pesquisas Tecnológicas do Estado de São Paulo (IPT) que estudaram o problema (Prandini *et al.*, 1987) concluíram tratar-se de um carst coberto. Conforme já comentado, essas feições têm origem na dissolução de rochas calcárias e na formação de cavidades em seu interior. A dissolução é controlada pela infiltração de águas ácidas da superfície, as quais contêm ácido carbônico dissolvido. Nesse caso a dissolução tem início no topo do calcário, próximo ao contato com o solo que o recobre, e sua velocidade será dependente do grau de fraturamento e do regime de circulação de águas. A formação e evolução das cavidades em profundidade podem fazer com que os solos que as recobrem (caso chamado de carst coberto) migrem para seu interior. Portanto, as cavidades em rocha tiveram, no caso de Cajamar, um papel predisponente para a evolução do processo nos solos de superfície, gerando cavidades neles e, como consequência, subsidência e colapso em superfície.

A região afetada foi subdividida em três zonas de risco, tomando-se como critério a ocorrência de calcário no substrato e a evidência de feições relacionadas à subsidência e ao colapso. A zona 1, sem riscos por não apresentar calcários no substrato. As outras duas zonas foram consideradas impróprias à urbanização por apresentar calcários com feições cársticas sob solos com espessuras de dezenas de metros. A zona 2 foi considerada de observação e permitiu-se a ocupação monitorada até que se evidenciasse a aceleração dos processos então instalados, enquanto a zona 3 foi considerada condenada, pois os processos de subsidência e colapso estavam em franca evolução.

3.5. Mitigação de Acidentes

Dos problemas tratados na seção anterior serão abordadas aqui as soluções mais comuns para a mitigação dos acidentes de estabilidade de encostas. A análise das equações apresentadas para os fatores de segurança permite a compreensão dos conjuntos de medidas possíveis. Vale ressaltar que cada tipo de intervenção atua sobre determinado parâmetro do fator de segurança. Outro aspecto importante é que a escolha de determinado método depende do tipo de problema a ser resolvido, viabilidade de execução e viabilidade financeira do projeto a ser desenvolvido. Portanto, cada caso deve ser cuidadosamente estudado antes de se adotar qualquer tipo de solução.

O retaludamento é o primeiro deles, e sua finalidade é reduzir o ângulo global do talude. Trata-se de um processo de terraplenagem através do qual se alteram, por cortes ou aterros, a geometria dos taludes originalmente existentes em determinado local. A redução do ângulo do talude tende a aumentar o fator de segurança por reduzir a componente tangencial do peso e aumentar sua componente normal. É um tipo de obra muito usado devido a suas simplicidade e eficácia. Está associado com obras de controle de drenagem superficial e para reduzir a infiltração de água e disciplinar o escoamento superficial, inibindo os processos erosivos.

As chamadas obras de contenção são aquelas em que estruturas são construídas na encosta com a finalidade de se evitar o deslocamento da massa de solo ou rocha e oferecer resistência contra a ruptura do talude. Essas estruturas reforçam o maciço, de modo que este possa resistir aos esforços de instabilização. Os muros de arrimo são aqueles em que a reação ao empuxo é dada pelo peso próprio e pelo atrito na sua base. Os muros de arrimo podem ser construídos com pedras empilhadas, argamassadas ou não, sendo que a resistência do próprio muro depende da união dessas pedras. Esse tipo de estrutura é usualmente empregado para contenção de taludes de alturas muito baixas, de até 2m. Providenciar drenagem para a redução do empuxo lateral é altamente recomendável, o que pode ser feito por barbacãs, drenos que permitem o escoamento da água que percola o solo atrás do muro (Figura 10).

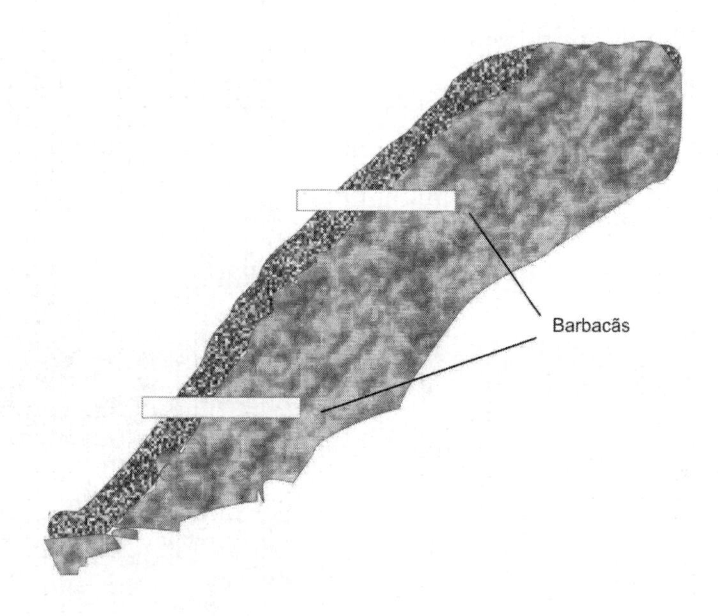

Figura 10 — Barbacãs.

Os gabiões (Figura 11) são caixas de arame galvanizado preenchidas com fragmentos de rocha, brita ou seixos, as quais são presas umas às outras para formar estruturas contínuas e variáveis. São empregados para proteção de margens de rios e lagos, proteção superficial de encostas e também como muros de contenção. Quando fazem o papel de muro de gravidade, devem-se utilizar mantas de geotêxtil como material de transição entre o gabião e a encosta.

Outra solução de engenharia são os muros de concreto armado, os quais em geral estão associados à execução de aterros, pois para sua estabilidade precisam contar, além do peso próprio, com o peso de uma porção de solo adjacente, que funciona como parte integrante da estrutura de arrimo.

Os tirantes e chumbadores (Figura 12) constituem-se em outra categoria de estruturas de estabilização. Os tirantes têm como objetivo ancorar blocos de rochas ou massas de solo pela aplicação de carga ou protensão a esses elementos que, por sua vez, transmitem os esforços para uma zona mais resistente do maciço através de fios, barras ou cordoalhas de aço.

Figura 11 — Gabião.

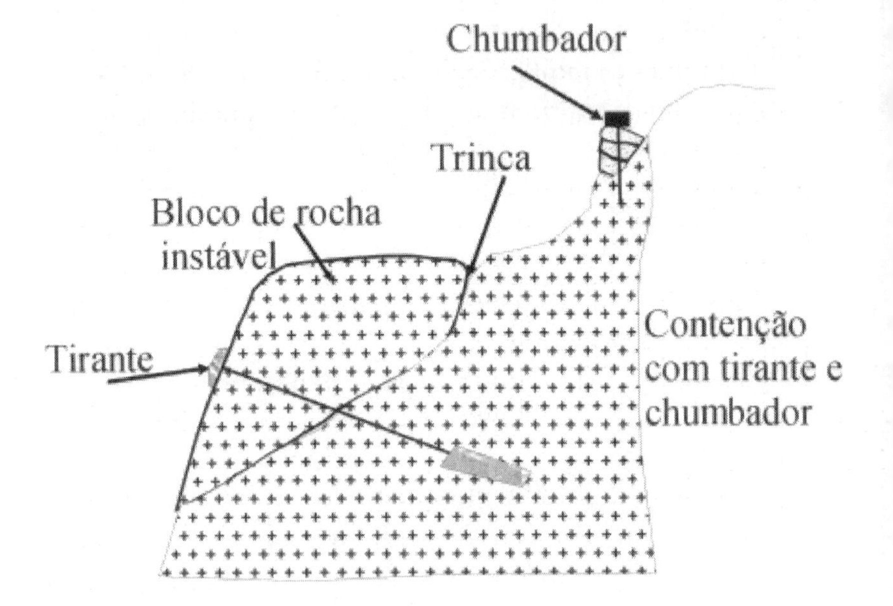

Figura 12 — Tirantes e chumbadores.

Os chumbadores são barras de aço fixadas com calda de cimento para a contenção de blocos isolados de rocha sem aplicação de protensão.

As cortinas atirantadas (Figura 13) são muros verticais de concreto armado que são ancorados no substrato resistente do maciço através de tirantes. Para a utilização de cortinas atirantadas é condição necessária à existência de horizontes resistentes para a ancoragem dos tirantes. A cortina é formada por painéis ancorados por um ou mais tirantes. No caso das encostas as cortinas são sempre construídas de cima para baixo. Esse tipo de contenção pode ser usado em qualquer situação geométrica, quaisquer materiais e condições hidrológicas.

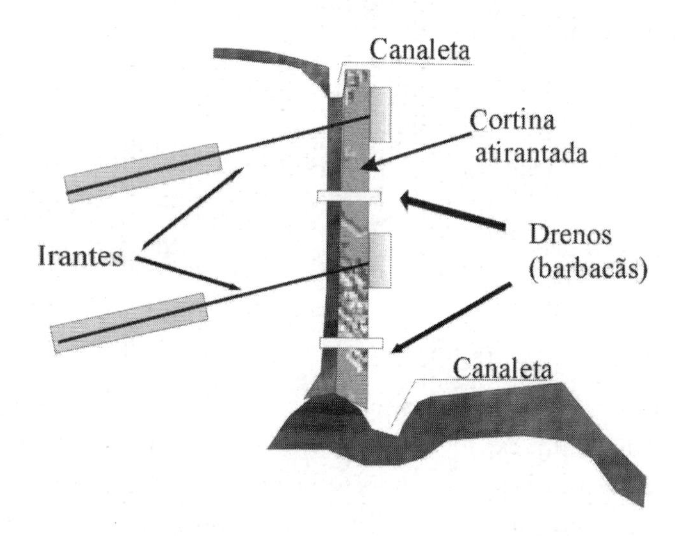

Figura 13 — Cortina atirantada.

No caso dos blocos de rochas, além da utilização de tirantes e chumbadores, também são comuns a construção de muros de impacto, erguidos na trajetória dos blocos de modo a interceptar sua trajetória e suportar os choques. Telas de aço (Figura 14) ancoradas no alto do talude também são de utilização frequente nos locais onde são esperadas movimentações de blocos de rocha.

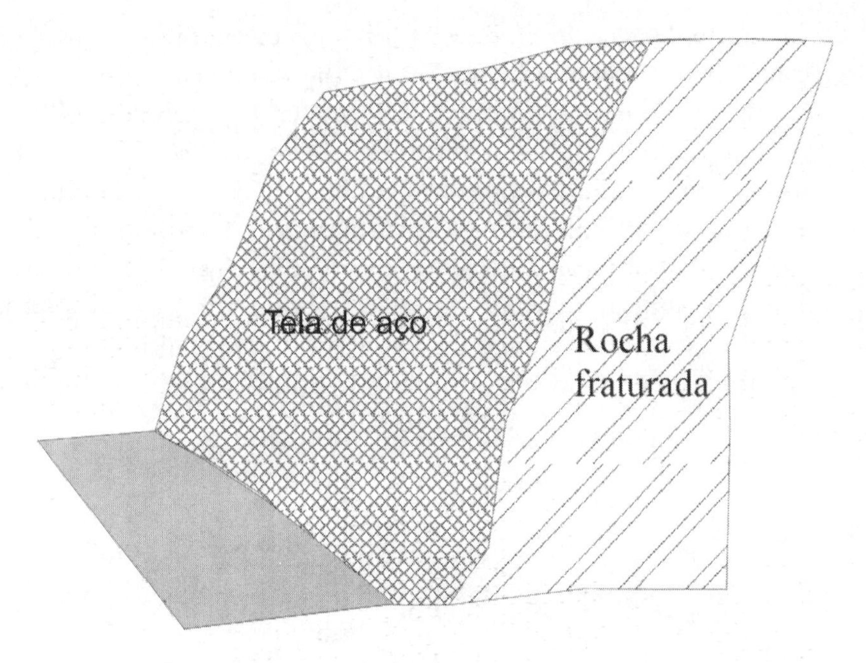

Figura 14 — Tela de aço.

As intervenções de drenagem são de grande importância para redução do volume de água que se infiltra no solo ou nas fraturas das rochas e como consequência para o controle da poropressão. A drenagem pode ser superficial, cuja finalidade é a captação e o ordenamento das águas na superfície do talude, evitando a infiltração e sendo também um expediente para o controle da erosão de solos. Os elementos de drenagem superficial são as canaletas de captação das águas do escoamento superficial, as escadas d'água ou tubulações para sua condução até locais adequados. Há também a drenagem profunda, realizada através de drenos, cuja finalidade é a retirada da água do interior do talude. Os drenos sub-horizontais profundos são constituídos por tubos de PVC rígidos instalados em furos realizados no talude. Nesse caso, a região perfurada do tubo de PVC deve ser revestida por tela de náilon ou geotêxtil para se evitar que partículas carreadas do solo colmatem o dreno.

Na seção anterior o papel da vegetação na estabilidade foi discutido com algum detalhe. Os aspectos positivos são a base para a utilização de espécies vegetais no combate à erosão superficial de taludes e para aumentar sua estabilidade. A essas técnicas tem-se dado o nome de bioengenharia. No caso da vegetação de pequeno porte, o peso pode ser considerado desprezível, e sua inserção na superfície do talude pode contribuir para o reforço do solo e evitar o desenvolvimento de superfícies rasas de ruptura.

4. Conclusões

Procurou-se apresentar ideias fundamentais sobre a forma como os geotécnicos descrevem e caracterizam as rochas. A quantificação no processo de caracterização tem a finalidade de fornecer indicativos sobre as propriedades fundamentais de engenharia. Neste processo, a participação da geologia é de grande importância, pois o conhecimento da gênese dos materiais geológicos é útil para reconhecer os principais fatores que controlam o comportamento de solos e rochas.

O conhecimento dos perfis de alteração auxilia na compreensão da distribuição espacial de solos e rochas, aspecto fundamental para a engenharia e que, em alguns casos, pode ser fonte de problemas sérios em obras.

Os exemplos aqui trabalhados, inundações, estabilidade de encostas e afundamentos cársticos foram escolhidos em função da importância da correta identificação desses processos para o planejamento urbano. Deve-se sempre considerar que a seleção de áreas adequadas para o desenvolvimento urbano são aquelas que minimizem riscos geológicos, naturais ou induzidos, e que, portanto, não onerem o poder público com a implantação de onerosas medidas de remediação. No entanto, muitos outros exemplos poderiam fazer parte deste capítulo: as escavações em meios urbanos (*e.g.* túneis viários) e sua relação com as fundações de construções pre-existentes, a produção de brita em meio ambiente urbano associada aos problemas de vibrações e lançamentos de partículas, os problemas de recalques que afetam construções preexistentes devido ao rebaixamento do lençol freático, a seleção de locais para a disposição de resíduos, a identificação de contaminações de solos e água subterrânea, entre tantos outros exemplos. Todos fazem parte do que poderíamos chamar de geotecnia urbana.

O mapeamento geotécnico é uma importante ferramenta para a espacialização dos atributos do meio físico relevantes a um problema particular e de interesse para o planejamento urbano. Compreender quais os parâmetros que realmente importam para a solução de um dado problema otimiza as atividades de obtenção de dados no campo e reduzem os custos relacionados a esta atividade.

Finalmente, pode-se dizer que a geotecnia urbana não é um campo novo; ao contrário, para as atividades de engenharia em meio urbano são indispensáveis os conhecimentos técnicos tradicionais dessa área do conhecimento.

5. Referências Bibliográficas

ABNT — Associação Brasileira de Normas Técnicas. (1984 a). NBR 7181: Solo — Análise Granulométrica. Rio de Janeiro, 13p.

__________. (1984b). NBR 6459: Solo — Determinação do limite de liquidez. Rio de Janeiro, 6p.

__________. (1984c). NBR 7180: Solo — Determinação do Limite de Plasticidade. Rio de Janeiro, 3p.

ANTUNES, F.S.; ROCHA, J.C.S. da; ANDRADE, M. H. N. (1994). A geological-geotechnical study of soil/rocks involved in mass movements in a forested area of Rio de Janeiro, Brazil. In: Congress of the International Association of Engineering Geology, 7, Lisboa, 1994. *Proceedings* ... Lisboa, IAEG/LENEC, p. 2.169-2.176.

BARROSO, E. V.; POLIVANOV, H.; MENEZES Fº, A. P.; NUNES, A. L.L.; Vargas Jr., E. A.; ANTUNES, F.S. (1993). Basic properties of weathered gneissic rocks in Rio de Janeiro, Brazil. *In*: Geotechnical Engineering of Hard Soils and Soft Rocks. *Proceedings*...Greece. ISSMFE, vol. 1, p. 29-35.

BERNSTEIN, A.D. (1977). Listening to the coefficient of restitution. *American Journal of Physics*, 45(1): 41-43.

CABRAL, S. e BARROSO, E.V. (1993). Congressos brasileiros e internacionais de geologia de engenharia: retrospectiva de temas, títulos e autores. In:

Congresso Brasileiro de Geologia de Engenharia, 7. *Anais*... ABGE, Poços de Caldas, vol. 1, p. 21-31.

CARNEVALE, G. (1991). Simulações Teóricas de Casos de Desmoronamento de Taludes Rochosos. *Solos e Rochas*, vol. 14, nº 1, p. 21-40.

DA SILVA, A.P. F e RODRIGUES-CARVALHO, J.A. (2006). Engineering geological mapping for the urban planning of Almada County, Portugal. *In*: Congress of the International Association of Engineering Geology, 10, Nottingham, 2006. *Proceedings*... Nottingham, Iaeg/GSL, CD-ROM, 11 p.

DAS, B.M. (2007). Fundamentos de Engenharia Geotécnica. 6 ed., Thompson, 559p.

DEARMAN, W.R. (1974). Weathering classification in the characterization of rock for engineering purposes in British practice. *Bull. Int. Assoc. Eng. Geol.*, 9: 33-42.

DIAS, G.P. e BARROSO, E.V. (2006). Determinação experimental do coeficiente de restituição normal de rochas: Aplicação na previsão do alcance de blocos em encostas. *Anuário do Instituto de Geociências* — UFRJ, vol. 29, nº 2, p. 149-167.

FARIAS, W.M.; CUTI, C.C.; RODRIGUES, T.S.N.; CONDE, G.G.; de SOUZA, N.M. (2007). Mapeamento da susceptibilidade à erosão, e dos potenciais de assoreamento e inundação na Sub-Bacia Ribeirão Tabocas do médio São Bartolomeu — Brasília-DF. *In*: Simpósio Brasileiro de Cartografia Geotécnica, 6, *Anais*... ABGE, Uberlândia, CD-Rom, 10p.

GIANI, G.P.; GIACOMINI, A.; MIGLIAZZA, M. e SEGALINI, A. (2004). Experimental and Theoretical Studies to Improve Rock Fall Analysis and Protection Work Design. 2*Rock Mechanics and Rock Engineering*, 37 (5): 369-389.

GONÇALVES, L.F.H. (1998). *Avaliação e diagnóstico da distribuição espacial e temporal dos movimentos de massa com a expansão da área urbana de Petrópolis — RJ*. Rio de Janeiro. 169p. Tese de Mestrado. Programa de Pós-Graduação em Geografia, Universidade Federal do Rio de Janeiro.

GUIDICINI, G. e IWASA, O.Y. (1977). Tentative correlation between rainfall and landslides in a humid tropical environment. *Bull. of Int. Assoc. Engineering Geology*, Krefeld, nº 16, p. 13-20.

GUIDICINI, G. *et al.* (1972). Um método de classificação geotécnica preliminar de maciços rochosos. *In*: Semana Paulista de Geologia Aplicada, 4. *Anais*... APGA, São Paulo, vol. 3, p. 285-331.

IAEG (1976). *Engineering geological maps: a guide to their preparation.* Paris, Unesco Press, 79p.

ISRM (1978). Suggested methods for the quantitative descontinuities in rock masses. *Int. J. Rock Mech. & Geomech. Abstr.* vol. 15, p. 319-368.

MINEROPAR (1998). *Guia de prevenção de acidentes geológicos urbanos.* Curitiba, 54p.

ONODERA, T.; YOSHINAKA, R.; KAZAMA, H. (1974). Slope failures caused by heavy rainfall in Japan. *In*: Congress of the International Association of Engineering Geology, 2, São Paulo, 1974. *Proceedings...* São Paulo, Iaeg vol. 2, p. 1-11.

PASTORE, E.L. (1995). Weathering profiles. *In*: Pan. Conf. Soil Mech. Found. Eng. 7, Guadalajara, 1995. *Proceedings...* Guadalajara, ISSMFE, vol. 1, p. 353-364.

PRANDINI, F.L.; NAKAZAWA, W.A., de ÁVILA, I.G.; OLIVEIRA, A.M.S., dos SANTOS, A.R. (1987). Cajamar: Carst e urbanização: zoneamento de risco. *In*: Congresso Brasileiro de Geologia de Engenharia, 5. *Anais...* ABGE, São Paulo, vol. 2; p. 461-470.

RIBEIRO, R.S., BARROSO, E.V. e BORGES, A.F. (2008). Análise paramétrica do alcance de blocos em uma encosta urbana ocupada no município de Petrópolis (RJ). *In*: Congresso Brasileiro de Geologia de Engenharia, 12. *Anais...* ABGE, Porto de Galinhas. CD-Rom; 12p.

SALOMÃO, F.X.T. e ANTUNES. F.S. (1998). Solos em pedologia. *In*: Oliveira, A. M. S e Brito, S. N. A. (orgs.). *Geologia de Engenharia.* São Paulo, ABGE, p. 87-99.

SOUSA PINTO, C. (2000). *Curso Básico de Mecânica dos Solos.* Oficina de Textos, São Paulo, p. 247.

STEVENS, W. D. (1998). *Rocfall: A Tool for Probabilistic Analysis, Design of Remedial Measures and Prediction of Rockfalls.* Graduate Department of Civil Engineering, University of Toronto/CA, Master Thesis of Applied Science, 193p.

STYCZEN, M. E. e MORGAN, R.P.C. (1995). Engineering properties of vegetation. *In*: Morgan, R.P.C e Rickson, R. J. (orgs.) *Slope stabilization and erosion control: a bioengineering approach.* Cambridge, E&FNSpon, p. 5-58.

TATIZANA, C.; OGURA, A.T.; CERRI, L.E.S.; ROCHA, M.C.M. (1987). Análise da correlação chuvas e escorregamentos na Serra do Mar, município de Cubatão. *In*: Congresso Brasileiro de Geologia de Engenharia, 5. *Anais*... ABGE, São Paulo. vol. 2; p. 225-236.

VARGAS Jr., E.A.; CASTRO, J.T.; AMARAL, C.P. e FIGUEIREDO, R.P. (2004). On Mechanisms for Failures of Some Rock Slopes in Rio de Janeiro, Brasil: Thermal Fatigue? *In*: Landslides: Evaluation and Stabilization. *Proceedings of 9th International Simposium on Landslides*, 2: 1.007-1.012.

VARNES, D.J. (1978). Slope Movement and Types and processes. *In*: Schuster, R.L. e Krizek, R.J. (orgs.), *Landslides: Analysis and Control. Transportation Research Board Special Report 176*. National Academy of Sciences, Washington DC, p. 11-33.

ZUQUETTE, L.V. e GANDOLFI, N. (2004). *Cartografia geotécnica*. Oficina de Textos, São Paulo, 190 p.

CAPÍTULO 6

LICENCIAMENTO AMBIENTAL URBANO

Orlando Ricardo Graeff

1. INTRODUÇÃO

A partir da promulgação da Constituição da República, em 1988, o licenciamento ambiental se tornou atividade essencial a condicionar o desenvolvimento no Brasil. Mas já se impunha, mesmo antes disso, como etapa vital dos projetos públicos e privados, desde 1981, quando a Lei nº 6.938/81, que instituiu as políticas públicas para o meio ambiente, dispôs a obrigação deste tipo de licença, a ser concedida pelos órgãos estaduais de meio ambiente, sendo algumas determinadas atividades definidas pelo Conselho Nacional de Meio Ambiente, licenciadas na esfera federal. A licença ambiental passou a ter *status* prioritário, desde então entendendo-se que nenhuma atividade ou projeto potencial ou efetivamente poluidor poderia funcionar, por força de qualquer outra autorização oficial, por mais privilegiada que fosse, sem que contasse com licença ambiental.

Surgiu então, como forma de suporte do licenciamento ambiental, uma série de técnicas de consultoria, destinadas a adequar os projetos e atividades potencialmente poluidoras aos parâmetros aceitáveis de influências sobre a natureza, assim como a realizar-lhes a devida avaliação de impactos ambientais. Era razoável que esses parâmetros, ou níveis de danos, fossem submetidos a ordenamento jurídico, o que certamente incrementaria sua objetividade. A subjetividade, inerente à interpretação de campos temáticos tão complexos, como aqueles relacionados ao meio físico e biótico, atrapalharia, de certo modo, a capacidade de análise dos estudos, por parte do poder público encarregado de efetuar o licenciamento ambiental.

Coube até hoje ao Conselho Nacional do Meio Ambiente (Conama), por força de lei, publicar resoluções que têm procurado normatizar os índices e parâmetros exarados na legislação ambiental. Contudo, tratando-se de matéria complexa, por vezes permeada pelo hermetismo acadêmico e, como seria de supor, pela falta de conhecimento suficiente, muitas dessas resoluções do Conama, e até mesmo artigos de leis, têm-se revelado insuficientes. Em alguns casos dramáticos subsistem equívocos técnicos e científicos, e o resultado acaba sendo o conflito, diuturnamente apreciado na mídia, a marcar os grandes projetos de desenvolvimento. Os conflitos assumem grande importância quando se trata do ambiente urbano. Como ambiente urbano terá que ser entendido também aquele em que se incorporam áreas limítrofes às cidades — periurbanas —, transformando-as de zonas rurais ou silvestres em zonas urbanas, submetidas então, a partir daí, à legislação de uso do solo dos municípios.

Consultoria e análise ambiental constituem, em regra, atividades transdisciplinares, ou seja, que entrecruzam diversos campos do conhecimento técnico-científico. Isso conduz, invariavelmente, à multidisciplinaridade, o que significa supor a necessidade do concurso da participação de vários profissionais distintos, num mesmo relatório, assim como de imprescindível coordenação, realizando a integração de dados e conclusões. Mas, ao que tudo indica, ainda permanecerá, por algum tempo, uma fronteira paradigmática nesse sentido; nada mais difícil do que se tirar da relatividade e trazer para a objetividade matérias tão complexas.

Em sua tese de doutorado, intitulada *Sistema Holístico de Avaliação de Impactos Ambientais de Projetos Industriais*, Pedro Paulo Lima-e-Silva (2003) referiu que "Avaliar (impactos ambientais) de forma simplista ainda é bem melhor do que não avaliar". Ao se debruçar sobre o tema axial de sua tese, qual seja, avaliação de impactos ambientais (AIA), prosseguiu:

> Uma metodologia de AIAs de projetos é um exercício de previsão do razoavelmente possível, que redunde em ações economicamente

viáveis para minimizar os riscos à qualidade de vida em geral e particularmente à humana. A expectativa para uma avaliação de impactos existentes é uma mensuração fidedigna dos danos causados, visando, se possível, ações corretivas, se viável, restauradoras, e punitivas, segundo a lei.

Ligando, como cabe, qualidade de vida e qualidade ambiental, visto serem fundamentalmente a mesma coisa, Lima-e-Silva (2003) apontou certeiramente no alvo ao indicar que, afinal, é o ser humano a razão maior de um meio ambiente saudável e, por certo, será ele seu termômetro mais sensível. Com isso, a subjetividade cercará para sempre qualquer tentativa de se criarem modelos palpáveis de qualidade ambiental, dependendo obrigatoriamente da relativização ou ponderação das análises que, inevitavelmente, terão que ser holísticas e dependerão da capacidade dos técnicos de costurar a interdependência entre temas distintos.

A partir disso, cairão por terra quaisquer tentativas de segmentar a matéria ambiental, dissociando seus campos temáticos ou formulando tabelas e chaves engessadas que venham definir o que afinal constituiria um suposto nível objetivo de qualidade ambiental. Meio ambiente é domínio da ciência e, por conseguinte, será através do conhecimento técnico e científico que se poderão encontrar pontos de equilíbrio para cada atividade, para cada projeto, sem a pretensão ignóbil de criar níveis artificiais, apenas para atender ao burocratismo de Estado.

Ainda que se torne difícil resumir considerações filosóficas de tamanha importância, fica a certeza, desde já, da imperiosidade de se encontrar via aceitável para o desempenho das atividades de consultoria e análise ambiental, sem que se queira transformar o tema em algo insondável. Neste sentido, surge um campo de conhecimento que, por universal que seja, produz enorme capacidade de síntese na interpretação da natureza: a geomorfologia.

Guerra e Marçal (2006) publicaram obra sintética que constituiu marco nessa área: *Geomorfologia Ambiental*. Poderá parecer redundante ou supérfluo, a partir daí, estender adiante a discussão sobre a importância da geomorfologia nas avaliações e análises ambientais.

2. *Geomorfologia e Sistemas Geográficos*

Grande parte dos relatórios técnicos em meio ambiente produzidos nos últimos anos tem tratado campos temáticos de forma dissociada, ou seja, exibindo informações sobre segmentos disciplinares específicos, sem a suficiente integração entre si. A partir daí, buscando excelência profissional para suas equipes, as empresas de consultoria recorrem aos técnicos e cientistas, detentores de notável conhecimento setorial em suas áreas especializadas de atuação, consolidando diagnósticos, estudos de impacto ambiental e outros tantos documentos fundamentais para o suporte ao desenvolvimento e ao licenciamento ambiental. Contudo, essas equipes técnicas multidisciplinares não atingem seu objetivo primordial, qual seja, o de elaborar as desejadas análises e reflexões e, por conseguinte, produzir conclusões as mais claras possíveis sobre os impactos ambientais dos projetos. Alguns desses documentos terminam constituindo extensos bancos de dados segmentares, verdadeiros compêndios informativos, destituídos, porém, de conclusões expressivas e da capacidade de síntese dos problemas e soluções.

A insuficiência de coordenação interdisciplinar pode estar ligada à raiz do problema. Mas também poderá concluir-se prescindirem de sistema geográfico que expresse universo ambiental a ser diagnosticado e compreendido. Afinal de contas, de que servirão extensas listas de animais e vegetais, ou mesmo herméticos relatórios sobre mineralogia e história geológica, se não se souber de que universo geográfico estarão tratando? Vai daí que a escolha de um sistema geográfico — geossistema — significativo será fundamental para que se mantenha a possibilidade de integração dos temas, assim como de subsequente compreensão e análise, por parte dos técnicos de órgãos oficiais de licenciamento.

Muitos sistemas geográficos já foram utilizados, alguns deles se baseando em universos bastante lógicos, como vem sendo o caso das bacias hidrográficas que permeiam grande parte da própria legislação. Outros acabam fundamentados em divisões político-administrativas, tais como municípios, distritos e bairros, ou contemplam unidades de conservação: áreas de proteção ambiental, parques nacionais, reservas etc. Porém, destituídos de visão sistêmica, ou seja, de estudo e conclusões sobre processos naturais, esses geossistemas terminam por se revelar teóricos e desvinculados da realidade funcional da natureza. Servem ao homem, como massa de informação, mas não conduzem aos caminhos essenciais da gestão ambiental, que é a engenharia de lidar com causas e efeitos das intervenções antrópicas.

Neste sentido, surge a geomorfologia como ciência integradora de processos para abrir caminho na organização e coordenação da interdisciplinaridade dos diagnósticos e avaliações ambientais. Afinal, a geomorfologia é o estudo das formas de relevo, levando-se em conta a sua natureza, origem, desenvolvimento de processos e a composição dos materiais envolvidos (Guerra, 1994; Guerra e Marçal, 2006). Estudar as formas do relevo impõe conhecimento prévio do arcabouço geológico original, levando à compreensão de como a natureza compôs a Terra, desde seus primórdios. Pressupõe, igualmente, o entendimento da operância do clima sobre os materiais originais, assim como sua recíproca, ou seja, como as formas do relevo condicionam a climatologia. Ligada ao clima e à geologia, surge ainda a hidrologia a responder sobre o transporte de solos e partículas, influenciando ou determinando o modelado do relevo.

Se o foco da abordagem se voltar do campo físico para o campo biótico, serão observadas a flora e a fauna, além da vegetação ou fitofisionomia, diretamente ligadas às formas do relevo e aos fatores citados. No caso da geografia botânica, deverá ser dado destaque à climatologia, que define as curvas de temperatura e umidade, que, a se considerar o sinergismo de processos, condiciona o papel da vegetação na evolução das formas do relevo. Os animais, por sua vez, acompanham a distribuição das vegetações e, por conseguinte, das formas do relevo. Dramaticamente, a fauna chega a operar algumas modificações nessas formas, como no caso dos conhecidos murundus ou monchões — "cordilheiras" de cupins — que marcam a paisagem, na zona de tensão entre vegetações de semiárido, florestas estacionais e pantanais (Oliveira-Filho e Furley, 1990). Essas "cordilheiras" cobrem áreas extensas, desde o pantanal mato-grossense, até o norte de Minas Gerais e chapada Diamantina, na Bahia, praticamente inviabilizando a agricultura mecanizada, o que não deixa de ser impactante para a economia de algumas dessas regiões.

Culminando essa abordagem no homem não por ser menos importante, mas, ao contrário, por ser a razão final da própria conservação ambiental e do desenvolvimento, não encontraremos dificuldade em vinculá-lo à geomorfologia. Desde a expansão urbana, até a mineração, agricultura e engenharia rodoviária, o ser humano se vale das formas do relevo ou, por vezes, é obrigado a modificá-las, com vistas a continuar sua existência sobre a face do planeta. Não será por menos que Oliveira *et al.* (2005) produziram capítulo da maior importância em quaternário do Brasil, intitulado Tecnógeno: Registros da Ação Geológica do Homem, e, no preâmbulo de sua abordagem, transcreveram Euclides da Cunha (1902): "Esquecemo-nos, todavia, de um agente geológico notável — o Homem." Não se poderá questionar, enfim, o papel integrador representado pela geomorfologia na compreensão e gestão ambiental, razão de ser das consultorias e dos relatórios técnicos que permeiam o licenciamento.

O modelado geomorfológico integrado e complexo, congregando os segmentos relacionados, ao ser aplicado na identificação de sistemas geográficos de estudo, poderá ser entendido como unidade de paisagem. Guerra e Marçal (2006) parecem ter esgotado a conceituação e definição das unidades de paisagem no capítulo de seu livro geomorfologia ambiental denominado Geomorfologia e Unidade de Paisagem, mostrando em riqueza sintética acadêmica o panorama histórico sobre a evolução do tema. De toda a profícua discussão ali contida, depreende-se conceito essencial para a compreensão da paisagem como sistema geográfico: paisagem independe de limites e subdivisões políticas — artificiais, portanto — e pressupõe efeito sistêmico e integrado entre os mais diversos fatores e processos naturais.

Os autores ainda apresentam, em sua obra, uma substancial análise das metodologias propostas para avaliação de impactos ambientais, com base nos geossistemas fundamentados na paisagem. Mostram o estado da arte sobre os geossistemas alicerçados nas unidades de paisagem, centrando importância nos postulados de Tricart (1976) e Bolós (1981) que definem, respectivamente, a ordem de grandeza dessas unidades e a classificação de seus estádios de evolução, com base no fluxo energético, de forma sistêmica e integrada. De toda forma, no presente texto, cuidou-se apenas de ressaltar o caráter holístico, ou seja, integrador, da geomorfologia nas atividades de diagnóstico e análise ambiental voltadas para o licenciamento ambiental.

3. *Escalas de Tempo, Geomorfologia do Quaternário e Tecnógeno*

Parece bastante patente, nos dias de hoje, em face das amplas discussões sobre mudanças climáticas e alterações globais, a importância da avaliação ambiental que leve em conta a mutabilidade constante das condições naturais do planeta. Sob este enfoque, não se poderá aceitar metodologia que despreze a possibilidade de o ser humano e seu desenvolvimento continuarem a existir na Terra, perseverando por tempo indefinido. O naturalista francês Auguste de Saint-Hilaire (1833), ao visitar o Rio de Janeiro, no início do século XIX, surpreendeu-se com as baixadas litorâneas fluminenses e exclamou, sem ainda ter as noções hoje disponíveis sobre as transgressões marinhas do quaternário: "É de crer que, em uma época pouco distante, esse terreno fosse coberto pelas águas do mar e que estas se estendessem até ao pé das montanhas." Sabe-se hoje que, pelo tempo das últimas grandes transgressões pleistocênicas, quando o nível dos mares variou em centenas de metros (Sant'Anna Neto & Nery, 2005), transformando profundamente a paisagem das atuais planícies costeiras, onde caminhou Saint-Hilaire, o homem já determinara notáveis modificações na natureza brasileira, sofrendo também severas influências das variações climáticas. Por esse entendimento, homem e meio já vêm interagindo, de forma muito importante, no curso do desenho das atuais paisagens brasileiras, desde há muitos milhares de anos (Lima, 2006).

Desse modo, estudar e avaliar projetos de desenvolvimento, especialmente aqueles relacionados ao ambiente urbano, deverá ser exercício de consideração da temporalidade e de interpretação das ações pretéritas e recentes do homem. Exercício grandemente producente, também, será a avaliação das determinações recíprocas das alterações do meio sobre a capacidade de sobrevivência humana, sobre suas migrações e sobre o êxito de suas adaptações. A partir daí, terão de ser associados os efeitos de novos projetos e medidas aos cenários de períodos geológicos, especialmente ao quaternário recente, em que se observa a ação histórica do homem — Tecnógeno (Oliveira, *et al.*, 2005) — lançando bases para adequação contínua das atividades propostas, em função das constantes mudanças ambientais.

Desse ponto de vista, focado na predominância da espécie humana sobre a Terra, considerar intervalos de tempo geológico que antecedam sua própria existência não parece lógico. Estimula-se, daí, a sondagem de períodos inseridos no quaternário — algo próximo dos dois últimos milhões de anos — no que diz respeito ao modelado geomorfológico e fitogeográfico disponível. Maior atenção acabará sendo dada ao período recente, incrementando as estratégias de percepção do holoceno, segundo defendido por Ter-Stepanian (1988, *in* Oliveira *et al.*, 2005), que refere os "últimos 10.000 anos como se iniciando com a completa configuração quaternária da paisagem e início do tecnógeno, que terminará, no futuro, com sua completa configuração quinária, produzida pelo homem".

Em seu livro intitulado *Colapso — Como as Sociedades Escolhem o Fracasso ou o Sucesso* (2005), Jared Diamond descreve, baseando-se em sólida bibliografia e, como não poderia deixar de ser, em acurada reflexão, o trágico declínio do povo que habitou a Ilha de Páscoa, no Oceano Pacífico, ao longo do período que poderia ser caracterizado como holoceno tardio ou, o que talvez seja ainda mais preciso, do tecnógeno recente. Mostra em detalhes, em sua obra, como diversos pesquisadores, utilizando-se de técnicas eminentemente associadas à geomorfologia, chegaram às conclusões sobre as severas alterações ambientais ali ocorridas, desde cerca de 1.100 anos antes do presente. Análises estratigráficas, palinologia e datações radiocarbônicas fundamentaram conclusões surpreendentes sobre como aquela ilha isolada, distante cerca de 3.700km da costa do Chile, perdeu suas florestas e grande parte de sua fauna, na esteira da ocupação humana que, afora seus magníficos e misteriosos Moais — imensas estátuas monolíticas —, nada deixou para o presente.

Segundo Diamond (2005), a sociedade humana que habitou Páscoa, provavelmente originária da Polinésia, donde teria chegado por volta de 900 d.C., cresceu em tamanho, continuamente, durante séculos. Tal ritmo de desenvolvimento levou ao desaparecimento das florestas outrora existentes, através do consumo descontrolado de seus recursos, especialmente as palmeiras hoje conhecidas como palma chilena (*Jubae chilensis* (Molina) Baill, — família *Arecaceae*), além de outras árvores. Essa drástica extinção foi acompanhada de intensa erosão de solos, dessecação da água potável e colapso da disponibilidade de alimentos. Esse processo, por consequência, resultou no declínio irreversível da população humana da ilha que, mais tarde, já agonizante, frente à pobreza ambiental, terminou dizimada pelos colonizadores europeus.

O autor realizou, em sua análise perspicaz, excelente trabalho de investigação que mostrou em que se devem alicerçar as avaliações de impactos ambientais dos projetos de desenvolvimento humano. O grau de isenção dos raciocínios ali expressos, assim como seu embasamento em dados originados da geomorfologia e da ecologia, devidamente inseridos num preciso universo geográfico — geossistema — e na temporalidade das datações, pode servir de modelo às mais diversas avaliações técnicas a serem aplicadas no ordenamento do desenvolvimento. Mostrou também como as técnicas fundamentadas na geomorfologia, se corretamente acompanhadas da reflexão, podem modelar e prever as consequências de nossas obras e políticas públicas.

Afinal, boa parte das pessoas com 40, 50 anos e até mesmo menos pode recorrer às suas memórias pessoais e verificar quanto mudaram seus bairros, cidades e regiões, na esteira do desenvolvimento que se acelera cada vez mais. Como se observará mais adiante, as demandas urbanas de moradias crescem, em ritmo estonteante, ao sabor do progresso, que determina desejáveis ganhos de renda e qualidade de vida para a população. Esses fenômenos expansionistas, observados isoladamente, parecem absolutamente normais, mas podem representar desafios técnicos para o futuro, quando enfocados sob a perspectiva tecnogênica. Desse modo, poder-se-á mostrar, com alguma objetividade, a quantidade considerável de aportes de sedimentos produzidos pelas novas malhas urbanas, fenômeno que se evidenciará mesmo durante o período de uma vida. Mas, numa escala de tempo geológico, escala essa que o urbanismo costuma desconsiderar, poderão ocorrer novas transgressões marinhas, induzidas ou não pelo homem, atingindo regiões habitadas, como se imagina que ainda estejam, mesmo no futuro mais remoto. Ou seja, trabalha-se e planeja-se hoje, sob perspectivas claramente perpetuadoras da civilização, planejando-se as cidades para durar eras. Mas esquece-se do caráter mutável da natureza, desvinculando-a dos destinos do homem. Tudo isso será sempre objeto de necessária reflexão, que deverá permear os estudos de impacto ambiental relacionados ao crescimento urbano, confrontando-os com cenários de longa duração, que considerem taxas contínuas de erosão modeladora do relevo, variações de nível dos mares e outros tantos processos modeladores da paisagem.

Assim, tendo em tela a geomorfologia como ferramenta sintetizadora, nos diagnósticos e análises ambientais, sob enfoques geossistêmicos paisagísticos e dentro de universos temporais tecnogênicos, os técnicos conseguirão produzir relatórios efetivamente úteis para apoiar decisões estratégicas públicas e privadas que garantam sustentabilidade máxima ao desenvolvimento. Terão de ser abandonados, o quanto antes, os manuais e cartilhas intensamente difundidos em órgãos públicos, que pretenderam substituir o pensamento humano, a reflexão realizada por cientistas e técnicos, em favor de *check-lists* artificiais e destituídos de conteúdo. Licenciamento ambiental deve ser acompanhado de análise técnica, debruçada sobre trabalho realizado por tecnólogos formados em universidades, contando com seu conhecimento e sua capacidade de gerar tecnologias e conclusões, a partir de fundamentos científicos, jamais de formulários gerados nos escritórios da tecnocracia política.

4. Impasses Técnicos na Aplicabilidade da Legislação e Normatização Ambiental

Os maiores impasses na aplicação da legislação ambiental, como seria de imaginar, ocorrem nas áreas urbanas, nos grandes centros e nas periferias, onde se concentram os processos de expansão das cidades. À medida que se aproximam as áreas mais centrais dos aglomerados urbanos, tornam-se mais críticas as condições de aplicabilidade das leis ambientais, confrontadas que se veem com os desafios da ocupação dos espaços, enfrentamento de problemas de transportes, saneamento e infraestrutura em geral. O Brasil concentra hoje a esmagadora maioria de sua população em áreas urbanas do Sudeste e do Sul (IBGE, 2008), relação que parece longe de ser revertida. Vem daí a imperiosa necessidade de se encontrarem caminhos para harmonizar demandas de crescimento urbano à legislação ambiental, imprescindivelmente à luz do conhecimento científico.

A maior colaboração que poderá ser dada neste capítulo será apontar caminhos que permitam a adequação, coerência e aplicabilidade técnica da legislação ambiental, no âmbito das análises processuais pelos organismos públicos competentes. Desse modo, antes de se pretender levantar polêmicas ou agravar os impasses, desejou-se apontar caminhos técnicos, fundamentados no bom-senso e na viabilidade prática. Pelo menos dois aspectos ambientais importantes são abordados a seguir: as faixas marginais de corpos hídricos, no caso dos rios urbanos, surgindo ainda uma ligeira discussão sobre a definição do que realmente são corpos hídricos; e os topos de montanhas quando inseridos nos domínios dos mares de morros do Sudeste (Ab' Sáber, 2003). São apenas dois, entre inúmeros outros casos, que não poderão jamais ser discutidos à margem do necessário embasamento científico geomorfológico.

4.1. Faixas Marginais de Rios Urbanos

O crescimento urbano, no início do século XXI, pode ser metaforicamente comparado a uma gigantesca bola de ferro que, contando com magnífico inercial, vem rolando em grande velocidade, sem que se consiga pará-la, não sem esforços desproporcionados. Essa insistente força de rolagem corresponde ao notável *deficit* de habitações que, nos países em desenvolvimento, como é o caso do Brasil, vem-se tornando crítico, à medida que a renda da população vai sendo paulatinamente incrementada. Incensada pelos ganhos salariais, a população deixa os aglomerados de ocupação informal do solo e procura imóveis urbanos para viver com dignidade. Se forem impedidos de ascender e pleitear sua inserção nas áreas urbanas organizadas, os habitantes acabam por inchar ainda mais as periferias, imersas no caos, agravando problemas de saúde, saneamento básico e, por conseguinte, degradando ainda mais o meio ambiente. A partir daí, entende-se o inercial da bola de ferro do *deficit* habitacional, que continuará rodando, difícil de ser freada, enquanto a sociedade não conseguir dosar adequadamente as relações entre ambiente, progresso econômico e as conquistas sociais dele necessariamente resultantes.

Não se poderia conceber que, nos domínios de paisagens relacionados à mata atlântica, abragendo do Sul ao Nordeste e aos mares de morros do Sudeste (Ab' Sáber, 2003), como é o caso de boa parte das grandes e médias cidades do Rio de Janeiro, Minas Gerais e São Paulo, as áreas urbanas crescessem sem a necessidade de se atravessarem áreas de preservação permanente (APPs) de diversos tipos, assim definidas na legislação pertinente. Noutros casos, mais dramáticos, como se verá também adiante, o traçado viário primitivo das cidades, frequentemente muito antigo, desconsiderava, parcialmente ou por completo, o zoneamento dessas APPs, surgidas muito tardiamente, praticamente no despertar do século XXI. Para a melhor compreensão do presente tema, torna-se obrigatória a definição legal dessas áreas de preservação permanente (APPs), o que se oferece a seguir.

Mas, para efeitos dessa definição, haverá que dizer um pouco sobre o que realmente são corpos hídricos, no sentido de atenção à legislação. Tem-se confundido, muito frequentemente, no âmbito das análises oficiais e, por vezes, mesmo em trabalhos de perícia técnica, algumas feições topográficas relacionadas à erosão — paleovoçorocas — e ao escoamento pluvial com os verdadeiros corpos d'água. Cabe, antes de tudo, ressaltar a diferença básica entre diversos tipos de canais, de ordem insignificante, e aqueles efetivamente responsáveis pela formação de bacias de captação. Os primeiros, constituindo canais de ordem zero, podem ser resultantes do avanço da rede de drenagem natural das encostas, no sentido das cumeadas — erosão remontante (Guerra, 1994). Mas podem também representar velhas ravinas erosivas, desativadas há centenas ou até milhares de anos, antes do advento da civilização, posteriormente expostas pelo desflorestamento e pela urbanização (Guerra e Botelho, 1998). Ainda que os postulados da engenharia e da conservação dos solos definam a necessidade imperiosa de se implementarem obras de arte com o fito de ordenar os fluxos torrenciais, surgidos nessas linhas de vazão, durante as precipitações chuvosas, não se poderia levar a sério o zoneamento de áreas de preservação permanente (APPs) nas faixas marginais desses canais de ordem zero.

Serão fundamentalmente duas as feições geomorfológicas associadas à definição legal de corpos hídricos em movimento, especialmente na Região Sudeste e demais domínios úmidos brasileiros: as áreas côncavas — *hollows* — formadoras de rios, nas quais o lençol freático costuma aflorar, na forma de pequenas baixadas inundadas ou pantanosas (Moura & Silva, 1998), e os talvegues de rios encaixados, onde duas encostas se opõem, fazendo frente entre si, à forma de vales bem definidos. Neste segundo caso, as nascentes poderão alterar sazonalmente seu ponto de afloramento, ao longo do curso do rio, em função da variação dos índices pluviométricos. Esse tipo de canal requer o zoneamento das nascentes na parte mais elevada de seu perfil, ponto máximo possível do alívio do lençol freático. Alguns outros tipos de nascentes poderão ocorrer de acordo com a natureza do relevo, dos solos e das feições geomorfológicas. Os técnicos terão sempre que ter bastante cuidado para não errar em seus diagnósticos, motivados por impressões momentâneas com respeito aos fluxos hídricos observados após chuvas ou devido a derivações artificiais que, por certo, originam águas correntes não funcionais nos processos naturais. Nesse caso, os canais de drenagem superficial não poderão ser confundidos com os verdadeiros rios, cuja função sistêmica deve ser preservada, à luz da legislação.

O Código Florestal (Lei Federal nº 4.771/65), promulgado em 1965, dispôs a primeira definição das áreas protegidas, estabelecendo o zoneamento, inicialmente, do que se chamou de florestas de preservação permanente, o que se deu através de seu Artigo 2º., em que se lia que "Consideram-se de preservação permanente, pelo só efeito desta Lei, as florestas e demais formas de vegetação natural, situadas (...) ao longo dos rios ou de qualquer curso d'água desde o seu nível mais alto em faixa marginal (...)". Diversas faixas foram determinadas, em função da largura dos rios, sendo as mais conhecidas, nas regiões urbanas do Sudeste, as de 30m, no caso de rios com até 10m de largura, e de 50m, quando a largura do rio está situada entre 10m e 50m. Muitos anos depois, em 2001, o Código Florestal foi alterado pela Medida Provisória nº 2.166-67, na qual se transformaram as antigas "florestas de preservação permanente" em "áreas de preservação permanente", como se observa no Artigo 1º., § 2º., II, da MP, no qual se definiram as APPs: "II — área de preservação permanente: área protegida nos termos dos Artigos. 2º e 3º desta Lei, coberta ou não por vegetação nativa, com a função ambiental de preservar os recursos hídricos, a paisagem, a estabilidade geológica, a biodiversidade, o fluxo gênico de fauna e flora, proteger o solo e assegurar o bem-estar das populações humanas." O texto legal pretendeu estabelecer não somente para as margens de corpos hídricos, mas também para os topos de montanhas (ver adiante), chapadas e outras classes de APPs, o importante conceito de funcionalidade.

Contudo, na mesma Medida Provisória de 2001, que se incorporou à redação do Código Florestal, fez-se constar a utilidade pública da ocupação das APPs, através da Alínea IV dos mesmos artigo e parágrafo, referindo-se como "utilidade pública: (...) (b) as obras essenciais de infraestrutura destinadas aos serviços públicos de transporte, saneamento e energia." Com isso, a implantação de vias públicas, mesmo que atravessando APPs, por possuir caráter de utilidade pública, ou seja, de serviço ao bem comum, deverá ser objeto de análise por parte do órgão licenciador, com vistas ao seu licenciamento prioritário. Vias públicas constituem o cerne do crescimento das cidades, assim como importante apoio ao reordenamento urbano. Daí seu caráter reconhecido em lei de utilidade pública, sendo que a autorização para sua implantação ocorrerá no âmbito dos processos de Licença Ambiental (estadual) e de Licença de Obras (municipal).

Torna-se obrigatório o concurso da participação de técnicos habilitados, na tarefa de efetuar as análises da viabilidade técnica e ambiental dessas vias, pontes e obras de arte. Isso ocorrerá sempre no âmbito de processos de licenciamento ambiental, mesmo se tratando de iniciativa direta de governos. Sob o enfoque geomorfológico, espera-se que esses profissionais, relacionados à geomorfologia, avaliem os condicionantes naturais das obras, relevando a temporalidade dos cenários e sua abrangência espacial, inserindo-a em geossistemas predefinidos que também deverão ser considerados pelos analistas dos órgãos ambientais. Processos hidrológicos, relacionados à vazão e à capacidade de transporte de sedimentos do rio e de sua bacia de captação, principalmente, definirão os cenários de impactos ambientais, traduzidos pelas suas consequências na unidade de paisagem escolhida. Lembra-se, aqui, o caráter evolutivo das paisagens circunjacentes aos rios, o que inclui a paisagem urbana no diagnóstico da unidade (Guerra, 1994; Guerra e Marçal, 2006).

A partir do ponto de vista técnico, sob o olhar eminentemente geomorfológico, a ocupação ou realização de atividades nas proximidades dos rios, ou mesmo em suas margens, seja por que motivo for, deveria ser precedida de estudos que revelassem as potencialidades ou riscos para o homem e o meio ambiente. Por eficaz e necessária que se torne a legislação, como ferramenta de ordenação e controle, ela se tem revelado insuficiente para enfrentar os desafios do crescimento urbano. Interpretar o comportamento histórico dos cursos d'água na paisagem, prevendo cenários de impacto futuro dessas atividades, deverá constituir tarefa para geomorfólogos, no sentido amplo, assim como engenheiros de diversas áreas, que possuam formação em hidrologia e geomorfologia. A definição dos tipos de rios, de seus leitos e vales (Guerra, 1994; Riccomini *et al.*, 2000), seu enquadramento na paisagem, de forma evolutiva, assim como de seus regimes de fluxo, em função da climatologia regional, é missão fundamental para que se definam as faixas marginais de proteção e o afastamento necessário. Ainda que a legislação não possa prescindir de objetividade, não se podem voltar as costas para a infinidade de conflitos originados pela sua aplicabilidade, mostrando que se deverão ainda envidar grandes esforços, no sentido de aperfeiçoá-la e, ao fazê-lo, fortalecer o concurso do exercício profissional de técnicos habilitados.

Dos textos legais, depreende-se que a implantação de vias públicas que atravessem APPs, possuindo caráter de utilidade pública, deverá ser objeto de análise por parte do órgão licenciador, sem prejuízo de concomitante avaliação, por parte do poder público municipal. A projeção das obras relacionadas aos corpos hídricos deve considerar os processos hidrológicos relacionados à vazão e capacidade de transporte de sedimentos do rio e de sua bacia de captação, principalmente. Observando-se a falta de alternativa locacional viável, não restará outro caminho a não ser a concessão da licença e abertura da via atravessando a APP, desde que apresentadas as medidas mitigadoras e compensatórias pelo empreendedor e emitida a autorização pelo órgão estadual. Dentre as medidas mitigadoras, deverão ser sempre procuradas as que levem em consideração os processos hidrológicos e deposicionais, tendo-se em conta que a remoção de sedimentos da alta bacia sempre resultará na deposição de parte deles, em função das correntes e das frações granulométricas, em diversos segmentos do curso médio. Depósitos de sedimentos, em trechos de menor velocidade dos rios, poderão elevar, em médio prazo, o nível de fundo e ocasionar subida de lençol freático adjacente, além das temidas cheias que passarão a afligir as populações do trecho de entorno. Assim, não poderá haver intervenção urbanística que desconsidere a evolução da unidade de paisagem, como um todo, na área de entorno do rio, assim como sua necessidade inevitável de manutenção, através de dragagens ou limpeza.

O Centro Histórico de Petrópolis, assim como de outras cidades históricas do país, tais como Tiradentes e Ouro Preto, em Minas Gerais, Pirenópolis e cidade de Goiás, no Estado de Goiás, entre tantos outros, constitui unidade de paisagem bem definida. Esses sítios de relevante interesse cultural são geossistemas paisagísticos, de acordo com Sotchava (1977 *in* Guerra e Marçal, 2006) que precisam ser conservados estáveis, em equilíbrio de suas características antrópicas, nos conceitos de Bolós (1981 *in* Guerra e Marçal, 2006). Seu próprio tombamento, realizado pelo Iphan, com base nos preceitos universalmente aceitos da conservação dos patrimônios históricos e artísticos, demonstra o direcionamento acertado das políticas públicas, no sentido de reconhecer a consagração de uma tipologia de paisagem específica — a paisagem antrópica (Bolós, 1981 *in* Guerra e Marçal, 2006). Não se poderá, por conseguinte, por fundamentalistas que sejam as correntes de pensamento ambientalista, aceitar uma aplicabilidade estrita da legislação ambiental, como se encontra hoje, em plenos domínios urbanísticos e arquitetônicos que se tornaram marcos turísticos nacionais.

Existem casos de impasses ocorridos, dentro de processos de licenciamento ambiental, em sítios históricos ou bairros densamente povoados, há mais de 100 anos, a partir do famoso Plano Köeller, na cidade de Petrópolis, Estado do Rio de Janeiro. O major Júlio Köeller foi o responsável pela urbanização da área central da cidade, em meados do século XIX (Gonçalves e Guerra, 2000). Seu famoso plano urbanístico, celebrado por muitos como um exemplo a ser seguido, ainda nos dias atuais, fez implantarem-se ruas e avenidas, ao longo dos rios que cortam o atual Centro Histórico, sendo os lotes projetados na margem montante dessas vias, que acabaram servindo como limitadores de eventuais ocupações marginais (Gonçalves e Guerra, 2000; Goivinho, 2008). Desse modo,

Köeller propunha que os rios fossem incorporados ao cenário urbano, evitando seu esquecimento e impondo sua presença na unidade de paisagem urbana. Ninguém protege recursos ambientais dos quais sequer tenha conhecimento da existência e, pela proposta do urbanista, a serviço da Coroa imperial, os rios formadores da Bacia do Piabanha estariam à frente das casas, nunca aos fundos.

As intenções de Köeller chegaram a ser esquecidas, durante parte do século XX, tendo sido lançada, nesses rios, farta quantidade de esgotos *in natura*, lixo e resíduos industriais. O ressurgimento da filosofia do Plano Köeller, em tempos recentes, acabou mostrando que seu criador estava certo, tendo sido iniciados ambiciosos planos de saneamento e até mesmo parques fluviais, em Petrópolis e outras cidades, muitos deles alicerçados nas ideias de Köeller (Graeff *et al.*, 2006; Valverde, 2007). Porém, alguns técnicos e analistas chegaram a criar impasses, alguns deles perdurando e chegando aos tribunais, tendo ocorrido o entendimento equivocado de que esses terrenos e unidades habitacionais ou comerciais, situados nas margens opostas das vias marginais aos rios, manteriam seu *status* de áreas de preservação permanente, mesmo tendo entre si e os rios importantes troncos viários urbanos. Desconsiderando o caráter funcional das APPs de faixa marginal de corpos hídricos, reconhecido no próprio texto legal, esses técnicos obstaram obras e edificações, em terrenos com mais de uma centena de anos de história, imersos no tecido urbano secular.

Em outros casos, analistas de órgãos ambientais passaram a encarar como de caráter protegido, igualmente em meio urbano, as margens de canais de drenagem pluvial ou mesmo corpos hídricos inseridos no coração das malhas urbanas, margeados por ruas e avenidas, tal qual estivessem mergulhados na floresta primitiva. Num caso dramático, vivenciado pelo autor e constando dos anais de processo de licenciamento ambiental, analistas de órgão da administração pública pretenderam impor a demarcação de área de preservação permanente, a partir da margem de um rio, atravessando as instalações de um velho posto de gasolina e o movimentado eixo de uma rodovia federal, além de calçadas e outras antigas construções, na margem oposta daquela estrada. Trata-se, inegavelmente, de contrassensos técnicos e científicos e nenhuma utilidade possuem, na conservação ambiental. Afinal, desse ponto de vista artificial, a maioria das cidades brasileiras teria que ser embargada ou desocupada, com a justificativa de estar sob regime de ocupação irregular do solo. Defende-se, em foro jurídico, que os textos legais deveriam ser alterados pelo legislador, com objetivo de sanar esses impasses, em determinados casos, apenas devido a pontuações maldispostas ou redação pouco clara, como se não houvesse, acima até da própria lei, os princípios do bom-senso e do direito adquirido. Ainda que não se possa considerar o direito adquirido de poluir (Tarin, 2001) e que se possa alegar que a urbanização das cidades tenha sido mal planejada, desconsiderando aspectos hidrológicos e geomorfológicos que hoje não recomendariam sua ocupação, não será através de impasses dessa natureza que se reverterá o equívoco do passado.

As cidades contam hoje com legislação própria, que incentiva a ocupação planejada, a elaboração dos Planos Diretores e a conservação ambiental. Porém, tudo o que se poderá fazer, com respeito às concentrações urbanas mais antigas e consolidadas, será remodelá-las, saneá-las e dotá-las de soluções modernas para seus problemas. Porém, sem que com isso jamais se venha a violar o direito à propriedade e à localidade — ligação cultural do homem com o ambiente urbano em que nasceu, cresceu e envelheceu. A geomorfologia urbana deve ser permeada pela compreensão dos processos antrópicos e calcada nas soluções de alta engenharia. Os impasses e os conflitos são nocivos à noção da necessidade de conservação ambiental. Se as cidades padecem com enchentes, tais como São Paulo e mesmo Petrópolis, isso se deve também à própria evolução periurbana, na qual aumentam as áreas impermeabilizadas e, com isso, os fluxos hídricos que acorrem aos médios cursos dos rios. Assoreados, eles elevam seus níveis de fundo e extravasam com maior frequência, causando prejuízos materiais e humanos.

De modo semelhante, nas demais cidades, haverá que ser entendido o meio urbano como ele realmente é — um encontro entre as necessidades de habitação, com atividades humanas, e de conservação ambiental, esta segunda, também a serviço do homem e não somente de objetivos difusos e distanciados da sobrevivência da sociedade. Perdura até hoje, na legislação ambiental, caráter polêmico, quanto à distinção entre meio urbano e silvestre ou rural. É preciso entender que as primeiras leis ambientais, remontando à década de 1960, tinham como substrato uma sociedade eminentemente rural, muito diferente daquela que hoje caracteriza o país e o mundo. Já existem suficientes justificativas para que os legisladores assumam a discussão e produzam novos diplomas legais, que venham a conduzir a matéria a bom termo, viabilizando tanto conservação ambiental, quanto desenvolvimento.

Os casos aqui relacionados, provavelmente poucos, dentre tantos que afligem o meio técnico de consultorias, servem para mostrar que o assunto é sobremaneira complexo, demandando reflexão mais aprofundada e apoio obrigatório do conhecimento técnico e científico. Porém, não deve servir tal complexidade como justificativa para relativizar a necessidade da conservação das áreas de preservação permanente ou faixas marginais de proteção, como se prefira chamar. Os impasses têm que ser enfrentados com segurança e determinação, desde que contando com a voz soberana

Figura 1 — Muitas cidades contam com vias marginais aos cursos d'água, na sua maioria implantadas antes da atual legislação ambiental. Na imagem, o Rio Piabanha, totalmente inserido na paisagem urbana de Petrópolis (RJ). Os terrenos situados a montante dessas ruas e avenidas não mais representam áreas de preservação permanente, o que se deve à ausência de sua funcionalidade ecológica. (Foto: Orlando Graeff.)

Figura 2 — Aspecto de uma canalização mista de águas pluviais e de extravasamento de uma piscina natural, atravessando área urbanizada, entre duas vias de trânsito muito antigas, em Petrópolis (RJ). Este canal chegou ser considerado, erroneamente, corpo hídrico natural, no âmbito de processo de licenciamento ambiental, criando-se impasse sobre a necessidade de demarcação de faixa marginal de proteção e APP.
(Foto: Orlando Graeff.)

Figura 3 — A paisagem urbana é frequentemente cortada por antigos canais, observáveis nas encostas, como na fotografia, tirada em Petrópolis (RJ). Essas paleovoçorocas, desativadas no curso de quaternário recente, representam canais de ordem zero e não correspondem a corpos hídricos passíveis de serem contemplados com faixas marginais de proteção. (Foto: Orlando Graeff.)

da ciência. Assim, mais do que as *legal opinions* expressas nos pareceres jurídicos, advindos do entendimento de advogados e juristas em geral, a matéria tem que buscar visão nas *technical opinions,* firmadas por profissionais multidisciplinares, coordenando-se em torno da geomorfologia, que é a linha sintética a costurar as mais diversas vertentes acadêmicas ligadas ao assunto. Certamente, será este o mesmo fechamento para o subitem a seguir, que trata dos chamados topos de morro.

4.2. Áreas de Preservação Permanente de Topos de Morro

Profissionais de engenharia, consultores em meio ambiente e empreendedores, ligados aos processos de licenciamento ambiental e ao desenvolvimento têm encontrado imensas dificuldades com relação à aplicabilidade das normas legais que pretenderam definir o zoneamento das áreas de topos de morro. Especialmente nas Regiões Sudeste e Sul, além de partes do Nordeste, onde se concentra a maioria da população e das indústrias do país, a dificuldade ganha contornos críticos. A Resolução nº 04, de 18 de setembro de 1985, do Conselho Nacional de Meio Ambiente (Conama), buscava definir as áreas de preservação permanente em topos de morro, dispostas na legislação anteriormente abordada. Existiam obstáculos praticamente intransponíveis na interpretação da referida Resolução, o que praticamente impedia a demarcação dessas APPs, com evidente prejuízo para o meio ambiente. Em 20 de março de 2002, o Conama publicou uma nova Resolução, a de nº 303-02, mostrando o inequívoco reconhecimento do aspecto deficiente da Resolução nº 04.

As dificuldades técnicas, porém, continuaram a existir, fazendo-se notar a evidente desconsideração das noções mais atuais de geomorfologia (Moura e Silva, 1998; Ab' Sáber, 2003; Guerra e Cunha, 2007) e da natureza diversa dos relevos relacionados ao Cinturão Orogenético do Atlântico Sul (Ross, 2006) e aos domínios dos mares de morros do Sudeste (Ab' Sáber, 2003). O desencontro entre a determinação conservacionista do Conama e a aplicabilidade técnico-científica de ambas as resoluções, como seria de esperar, veio aumentar os indesejáveis níveis de conflito, na esteira das sérias dificuldades de análise ambiental, no âmbito dos processos de licenciamento. Tratando-se de matéria extremamente dependente dos conhecimentos da geomorfologia, fundamentando-se nas noções interpretativas de cartografia e agrimensura, áreas de conhecimento extremamente específicas, a definição de conceitos topográficos se revelou falha, necessitando de forma imprescindível da opinião técnica de profissionais capacitados para tal. A partir disso, no presente trabalho, pretendeu-se atualizar, de forma bastante resumida, essa discussão, com vistas a apoiar a continuação da demarcação e proteção das APPs de topo de morro, especialmente na Região Sudeste, assim como nos relevos que, de alguma forma, apresentem morros ou montanhas com formas mamelonares ou hemisféricas (Ab' Sáber, 2003).

Os obstáculos encontrados na interpretação e aplicação da Resolução Conama nº 303-02 deverão ser encaradas como extremamente preocupantes na Região Sudeste e partes das Regiões Sul e Nordeste do país, onde imperam as formas de relevo referidas — mamelões. Os severos processos de degradação ambiental, ligados principalmente ao desenvolvimento, no que tange a seus problemas habitacionais, confrontam-se, nessas regiões, com modelados complexos de relevo. A inobservância da legislação existente, até devido ao hermetismo e dificuldade de interpretação das normas, associada à determinação da população em ocupar todo e qualquer espaço disponível para sua habitação, resultou em processos de ocupação de encostas que se mostraram catastróficos nos últimos anos. Premida pela aflitiva falta de espaço para o desenvolvimento urbano, a população se lançou numa escalada desordenada de ocupação de morros e margens de rios que vem culminando nos terríveis acidentes geotécnicos ocorridos nos últimos anos. A conta tem sido alta, não apenas em perdas de vidas humanas e de bens materiais, mas também na qualidade de vida de todos.

As feições geomorfológicas relacionadas às serras do Mar, Mantiqueira, Geral e demais formações do Cinturão Orogenético do Atlântico Sul são de dificílima interpretação, mesmo para os estudiosos. Isso não deverá, contudo, servir para que se adote um posicionamento omisso com relação a questões como a que ora se analisa, muito menos para o "fechamento de questão" por parte dos analistas dos órgãos públicos, através de manuais executivos distribuídos internamente que apenas servem ao cerceamento do exercício da profissão dos técnicos legalmente habilitados. A discussão deverá ser técnica e científica, abrindo caminho para a viabilização da proteção das APPs de topo de morro.

4.2.1. O Texto Legal Comentado

Conforme já se verificara antes, no presente texto, praticamente toda a cadeia legal que trata da ocupação e uso do solo frente à preservação e conservação dos recursos ambientais tem alicerces na Lei Federal nº 4.771-65, o Código Florestal brasileiro, especialmente a partir do disposto em seu Artigo 2º, alterado pela Medida Provisória nº 2.166-67, sendo o caso específico aquele definido na Alínea (d), que estabelece como área de preservação permanente: "topo de morros, montes, montanhas e serras". Nos casos de processos de licenciamento ambiental de projetos de desenvolvimento urbano, especialmente nos casos de novos empreendimentos, que visem ao parcelamento e ocupação de terras, existem claras diferenças entre os domínios rurais e urbanos.

As referidas resoluções do Conama, no caso específico dos topos de morros e serras, pretenderam definir, através de normas supostamente simples, alguns conceitos que não pertencem à esfera política e administrativa, mas sim aos domínios científicos acadêmicos, tais como: morros, montanhas, bases de morros e depressões. Produziu-se, através da Resolução, um tipo de glossário que, como não poderia deixar de ser, apenas serviu para semear a confusão, nos meios técnicos, e o conflito, no âmbito dos processos formais de licenciamento. O mais emblemático equívoco foi aquele em que se abordou conceito importante nas discussões acadêmicas, mas de significado bastante vago, para a questão em tela: base de morro ou montanha.

A partir do conceito expresso nas resoluções, base de morro ou montanha constituiria o "plano horizontal definido por planície ou superfície de lençol d'água adjacente ou, nos relevos ondulados, pela cota da depressão mais baixa ao seu redor". Percebe-se, desde aí, a dissociação das definições legais do verdadeiro sentido geomorfológico das feições do relevo de grande parte do país. Nos relevos marcados pelos chapadões do Brasil central (Ab' Sáber, 2003), assim como naqueles outros, bastante similares em forma, existentes sobre o Planalto Meridional, onde cânions profundos dissecam extensos planaltos basálticos da Bacia do Paraná, as áreas de preservação permanente não sugerem grande dificuldade de zoneamento. São então demarcadas pela quebra ou borda dos platôs ou frentes de cuestas, assim como em suas escarpas, conseguindo-se claro delineamento em planta baixa ou no campo. No caso dos mares de morros ou complexos mamelonares que dominam a paisagem, ao longo da costa atlântica (Guerra e Guerra, 1997; Ab' Sáber, 2003; Ross, 2006), a simplificação tentada pelo Conama não logra sucesso e apenas gera dúvidas contraproducentes, como será adiante abordado.

Em seu Artigo 3º a Resolução nº 303-02, buscando dar contorno concreto e objetivo aos conceitos de topo de morro, define como área de preservação permanente aquela situada: "no topo de morros e montanhas, em áreas delimitadas a partir da curva de nível correspondente a dois terços da altura mínima da elevação em relação à base (...) nas linhas de cumeada, em área delimitada a partir da curva de nível correspondente a dois terços da altura, em relação à base, do pico mais baixo da cumeada, fixando-se a curva de nível para cada segmento da linha de cumeada equivalente a mil metros" (...) sendo que "na ocorrência de dois ou mais morros ou montanhas cujos cumes estejam separados entre si por distâncias inferiores a 500m, a área de preservação permanente abrangerá o conjunto de morros ou montanhas, delimitada a partir da curva de nível correspondente a dois terços da altura em relação à base do morro ou montanha de menor altura do conjunto (...)". Segue-se a esta disposição, no texto da Resolução, um tipo de manual, no qual se tenta, sem a menor chance de sucesso prático, guiar os técnicos na tarefa infrutífera de realizar o zoneamento dessas áreas protegidas. O resultado tem sido, até os dias atuais, a mais absoluta frustração da sociedade em ter conservado os topos de morros ou montanhas.

Com o intuito de procurar vias metodológicas tecnicamente viáveis e cientificamente cabíveis, realizou-se, a seguir, uma ligeira discussão, com vistas ao necessário enriquecimento do debate, ou até mesmo no enunciado de soluções para a aplicação da Resolução Conama nº 303-02, no tocante aos topos de morros, serras ou elevações.

4.2.2. Algumas Definições Técnicas

O Novo Dicionário Geológico-Geomorfológico, de autoria do Prof. Antônio José Teixeira Guerra e de seu pai (*in memoriam*) Antônio Teixeira Guerra (2008), define montanha como "grande elevação natural do terreno com altitude superior a 300m e constituída por um agrupamento de morros", acrescentando que, "no caso brasileiro, o que se observa é a existência de grandes escarpamentos abruptos, como os da Serra do Mar ou da Mantiqueira, com um topo de relevo mais ou menos ondulado. A vertente oposta quase que não existe, pois o planalto desce suavemente". Trata-se do reconhecimento da feição mais evidente da paisagem do Sudeste — as superfícies de aplainamento (Guerra, 1994), constituídas pelos mares de morros (Ab' Sáber, 2003) e escarpas de falhas que caracterizam o relevo geral da região. A complexidade desse modelado geral de relevo ganha força em regiões como o Vale do Rio Paraíba do Sul (Moura e Silva, 1998), onde formações marcadamente mamelonares, localmente conhecidas como meia-laranja, dividem espaço com talvegues mortos, capturados pela intensa evolução quaternária do relevo (Guerra, 1994).

A mesma obra, compilada por Guerra & Guerra (2008), enriquece o conhecimento acadêmico, ao explicar outros termos aparentemente simples, tais como: monte, que se trata de "elevação que surge na paisagem como forma isolada"; morro, que é um "monte pouco elevado, cuja altitude é aproximadamente de 100 a 200m" e, por fim, as cadeias e montanhas, que correspondem ao "conjunto ou sucessão de montanhas que se ligam entre si e podem apresentar a mesma composição geológica. As cadeias de montanhas formam um conjunto alongado que define geralmente o alinhamento montanhoso". O eminente geomorfólogo e seu filho acrescentaram ainda que os maciços representam "áreas montanhosas", asseverando que "o termo deve ficar reservado para as grandes massas de rochas eruptivas ou metamórficas que abranjam áreas relativamente extensas", informando algo que permeia praticamente todas as cartas geográficas: "O conceito de serra é impreciso e não há possibilidade de empregá-lo com exatidão."

Apesar de ainda apresentarem algum grau de subjetividade, essas definições se mostraram um pouco mais técnicas e remetem à necessidade do conhecimento científico para sua interpretação, muito mais do que à tentativa de aplicação fria de tabelas e cartilhas. Ainda que, em matéria legal, não se possam admitir as interpretações propositadamente subjetivas dos textos e letras, repousa neste caso, sem qualquer sombra de dúvida, um imenso hiato técnico a decretar a inaplicabilidade da Resolução Conama nº 303-02. Porém, não restarão dúvidas, o cerne da questão da aplicabilidade desse dispositivo normativo reside na conceituação da chamada "linha de base", da qual, segundo seu texto, partiria a demarcação dos topos de morro ou montanha.

A Resolução Conama trata matérias de extrema complexidade, tais como a geomorfologia e a cartografia, com uma simplicidade que não existe. Traçar parâmetros formais e de geometria previsível para zonear formações geológicas e modelados de relevo, originados a partir de processos extremamente complexos, constitui contrassenso científico. A gênese e as dinâmicas de formação e evolução do relevo da Região Sudeste do Brasil vêm sendo brindadas com brilhantes teses acadêmicas, restando ainda infinitas áreas do conhecimento a serem desvendadas. Não se pode simplesmente conferir tratamento vulgar ao ordenamento do uso do solo nestas regiões montanhosas, passando-se a borracha num conhecimento científico e técnico tão notável como o que já se alcançou no país, nos últimos anos, sem o risco de se retroceder na capacidade de evoluir como país sério.

4.2.3. Buscando a Aplicação da Resolução

Quando alude aos topos de morro, que deverão ser protegidos, "em áreas a partir da curva de nível correspondente a dois terços da altura, em relação à base", a Resolução Conama nº 303-02 se baseia na premissa de que a base se constitui em: "plano horizontal definido por planície ou superfície de lençol d'água adjacente ou, nos relevos ondulados, pela cota da depressão mais baixa ao seu redor". No texto da antiga Resolução Conama nº 04 constava que "depressão é a forma de relevo que se apresenta em posição altimétrica mais baixa do que as porções contíguas". Retirado isso do texto, o que ocorreu na Resolução nº 303-02, a demarcação se tornou ainda mais difícil, como se verá a seguir.

Cabe inicialmente definir que na cartografia e nas representações planialtimétricas de relevo uma depressão representa feição topográfica na qual o conjunto de curvas de nível mostra forma fechada e quase concêntrica, em que as cotas diminuem em direção e sentido do centro. Ilustrações adiante esclarecem um pouco mais sobre as depressões e elevações na cartografia e planialtimetria. Na geomorfologia, o termo depressão serve também para definir regiões em situação de rebaixamento, seja ele operado por tectônica de placas — subsidência (Tassinari, 2000) — pela evolução de peneplanos ou pediplanos (Guerra, 1994; Ross, 2006), ou mesmo localmente, pela ação pretérita de climas áridos e ventosos, por ação de deflação eólica (Guerra, 1994; Sígolo, 2000; Giannini *et al.*, 2005; Ab' Sáber, 2006).

Os relevos ondulados, mamelonares, com montanhas hemisféricas — meias-laranjas — são caracterizáveis em grande parte da Região Sudeste, assim como da Região Sul e até mesmo consideráveis unidades da paisagem nordestina (Ab' Sáber, 2003). Na borda continental do planalto da Serra Geral, a oeste do Rio Grande do Sul, Santa Catarina e Paraná, a jusante dos extensos derramamentos basálticos, também surgem relevos anfractuosos, cortados por profundos vales fluviais, em que se observam elevações arredondadas, de natureza residual, vinculadas a relevos tabulares. O Centro-Oeste exibe paisagens semelhantes, no interior rebaixado dos grandes pediplanos de Mato Grosso e de Goiás. Porém, apenas naquele primeiro conjunto, do Sudeste, essas paisagens se concentram em áreas populosas, predominando, nos demais, áreas rurais, silvestres ou menos urbanizadas. A se considerarem os processos originadores das atuais formas de relevo ondulado, assim como dos conjuntos de escarpas e reversos serranos, característicos das superfícies de aplainamento (Guerra, 1994), haverá que constatar que as depressões, como entidades genuinamente representáveis na cartografia, se tornam de difícil, senão impossível, caracterização.

Deve-se lembrar dos conceitos expressos por Guerra & Guerra (2008), ao abordarem as definições dos conjuntos serranos, que são formados por grandes afloramentos cristalinos, cortados por vales profundamente dissecados, orientados por falhas ou pela evolução das redes hidrográficas. Alguns analistas têm-se referido, em conversas e debates técnicos, à linha de base das elevações como se encontrando em trechos próximos aos rios ou baixadas. Por simples e objetivos que possam parecer tais métodos de demarcação e, por conseguinte, atraente rumo para se fechar uma questão técnica, eles jamais poderão corresponder à realidade técnica. Nascentes e cabeceiras constituem pontos de alívio de lençóis d'água subterrâneos, aquíferos estes que se estendem por sob praticamente todas as terras existentes. Os rios, por seu turno, representam a concentração dos fluxos provenientes das terras a montante. Dessa forma, o termo referido pelo Conama — "planície ou superfície de lençol d'água adjacente" — não consegue ser precisamente definido em qualquer suposto trecho dos rios, uma vez que sempre teremos mais e mais pontos, cada vez mais abaixo, até se chegar ao mar, onde se encontra a "superfície de lençol d'água". Sobre esse conceito de linha de base, como determinante de processos de erosão remontante, na modelagem de relevos, deverá ser consultado Guerra (1994).

Para prejuízo da conservação da natureza, através da proteção aos topos de morro, o que se encontra na legislação e nas disposições normativas do Conama é a quase total inaplicabilidade prática, e isso se deve à frágil ou inviável definição do termo *base*, cunhada na Resolução Conama nº 303-02 — "base de morro ou montanha: plano horizontal definido por planície ou superfície de lençol d'água adjacente ou, nos relevos ondulados, pela cota da depressão mais baixa ao seu redor". Pela interpretação dos textos legais, a delimitação ou zoneamento de topos de morros ou conjuntos de montanhas, em regiões tais como as serras fluminenses, onde se encontram encravadas cidades de grande importância, algumas com mais de 250.000 habitantes, resultaria na transformação de boa parte do território em áreas de preservação permanente. Mas, evidentemente, não é objetivo do presente estudo, de forma alguma, colocar obstáculos técnicos para inviabilizar a proteção das áreas de preservação permanente; muito pelo contrário, o objetivo é apontar alternativas técnicas para sua demarcação. A seguir, sugere-se interpretação cientificamente fundamentada, para buscar aplicabilidade prática na conservação de topos de morros e montanhas, nessas paisagens montanhosas.

No entender do autor, a "cota da depressão mais baixa ao redor de uma elevação" será caracterizada pelo ponto em que se rompe a regularidade do traçado côncavo, circular e concêntrico das curvas de nível que representam graficamente um morro (ver figuras adiante). Quer-se dizer com isso que o morro, propriamente dito, quando considerado unidade de elevação, terá sua base considerada, para efeitos de aplicação da Resolução do Conama, como sendo o ponto em que passa a dividir com outras unidades de elevação essas referidas curvas de representação gráfica planialtimétrica. Apoiando-se nas acepções aceitas pelas resoluções, serão considerados morros aquelas elevações superiores aos 50m acima dessa referida linha de base. Mas essa alternativa permitirá também que se delimitem, de forma espontânea e baseada no bom-senso, o que se tornará extremamente interessante, topos de morros em elevações inferiores a 50m, quando isso não conflitar com a espacialidade dos projetos propostos. Sob este aspecto, caberá lembrar que os topos de morros ou montanhas, assim como suas linhas de cumeada, representam importante papel no reabastecimento de aquíferos e na estabilidade das encostas, devendo ser contemplados, sempre que possível, com sua proteção, no âmbito dos projetos urbanísticos e arquitetônicos.

Porém deverá ser ressaltado que, para as características geomorfológicas dominantes nessas paisagens de que se trata aqui, torna-se praticamente inaplicável o conceito de linha de base proposto na Resolução, para os conjuntos ou cadeias de morros. Tal fato advém, cabe lembrar, das profundas deficiências na caracterização das referidas planícies e depressões, conforme já comentado. Também não se podem identificar lençóis d'água como superfícies planas e regulares em qualquer parte da paisagem natural da região serrana, haja vista serem os aquíferos, de fato, mantos de rochas e solos porosos, difundidos por sob quase todas as superfícies de terrenos, sejam eles ondulados, escarpados ou planos. Isso inviabiliza também a aplicabilidade da alínea que trata de conjuntos ou cadeias de morros, com base na superfície do lençol d'água adjacente. Essa alternativa de utilização das "superfícies dos lençóis d'água adjacentes" também esbarra irremediavelmente na caracterização duvidosa das nascentes, como já foi demonstrado, ocorrendo variações sazonais e mesmo anuais de localização, devido às flutuações climáticas. Nesse aspecto, terá que prevalecer o bom-senso, no âmbito dos processos de licenciamento ambiental dos projetos de desenvolvimento, sendo incentivado que, através de gestão ambiental responsável, as cadeias montanhosas, nas quais se torne interessante sua conservação, por seus atributos cênicos, florísticos ou vegetacionais, sejam transformadas em unidades de conservação públicas ou privadas (RPPNs).

Figura 4 — A Serra da Maria Comprida, em Petrópolis (RJ), representa uma típica superfície de aplainamento, inclinada no sentido do Vale do Paraíba, interligando complexas linhas de cumeada que inviabilizam a definição de topos de morro. (Foto: Orlando Graeff.)

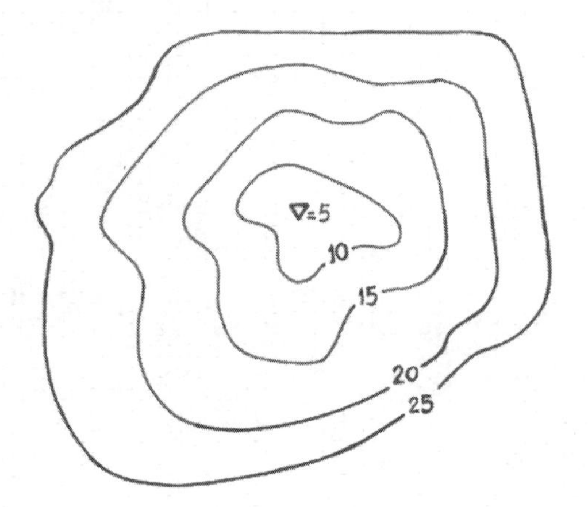

Figura 5 — Representação cartográfica de uma depressão típica, na qual as curvas de nível crescem de valor, do centro para a periferia. (Autor: Orlando Graeff.)

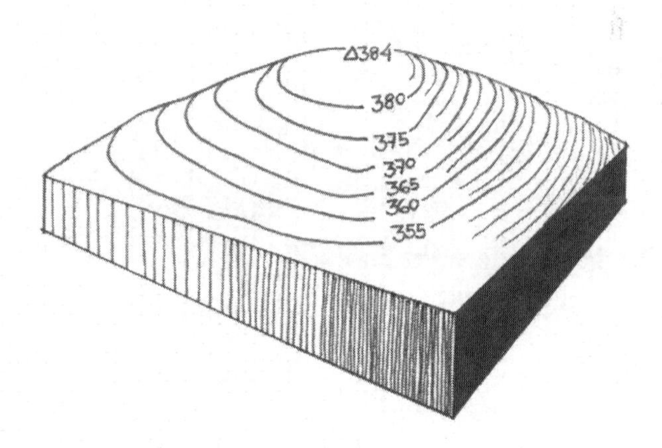

Figura 6 — Elevação ou montanha, vista em planialtimetria. A elevação apresenta cotas crescentes, da periferia para o centro. (Autor: Orlando Graeff.)

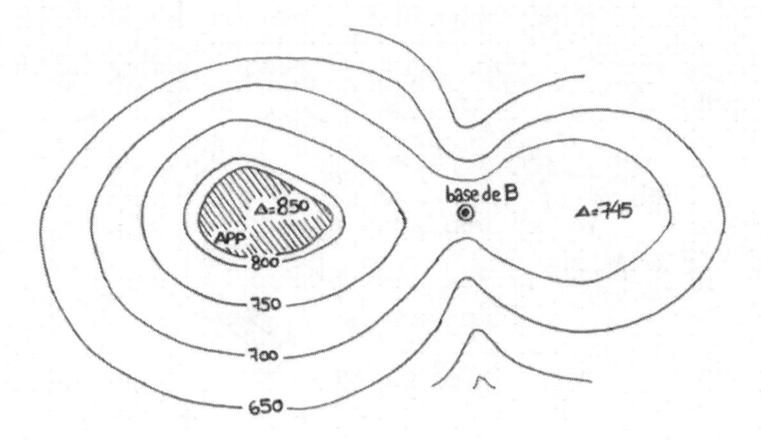

Figura 7 — Representação cartográfica e em corte da alternativa recomendável para demarcação de áreas de preservação permanente de topos de morros ou montanhas. O nível de base estaria situado na junção topográfica da linha de cumeada, levando à demarcação do terço superior da elevação contíngua — Pico 1 — que contaria com altitude superior à base em pelo menos 50m. (Autor: Orlando Graeff.)

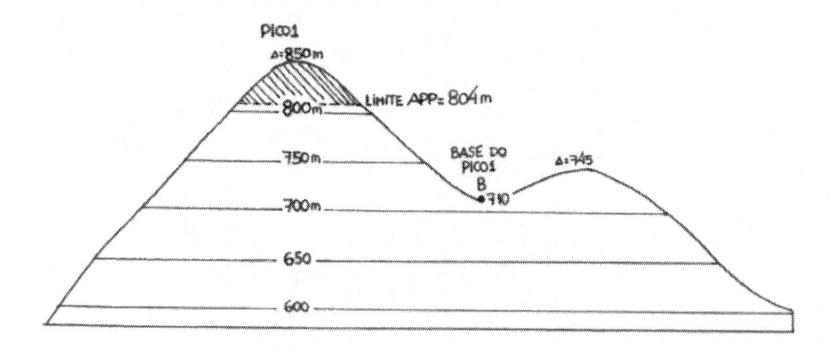

Figura 7.1 — Diagrama de bloco de uma situação teórica de demarcação de áreas de preservação permanente de topos de morro (MB), a partir da alternativa apresentada acima e com inclusão espontânea de outros topos de elevações menores. Nota-se que se torna viável a proteção das cumeadas das elevações, sem ocasionar riscos de coincidência com as zonas urbanizadas. (Autor: Orlando Graeff.)

5. Conclusões

As atividades de licenciamento ambiental dos projetos de desenvolvimento, impostas pela legislação, assim como a consultoria técnica que deve precedê-la, sendo obrigatoriamente realizada por profissionais tecnicamente habilitados, precisa ser revestida de conteúdo científico. Nesse sentido, a geografia física, associada à geografia humana e aos estudos biológicos, se fundem de forma holística sob o enfoque geomorfológico, no seu sentido mais amplo. A necessidade imperiosa de se identificarem sistemas geográficos de abrangência, fundamentados na ecologia das paisagens, precisa estar apoiada, obrigatoriamente, no conhecimento da biota, em tempos geológicos, culminando com o enquadramento do geossistema escolhido na evolução paisagística do quaternário recente. Esse período é considerado pelas correntes mais avançadas da geografia um novo período da história global — tecnógeno (Oliveira *et al.*, 2005). Somente dessa forma poderão ser avaliados os cenários passados, presentes e futuros de impactância ambiental das atividades econômicas propostas para o desenvolvimento da região.

Têm sido identificados conflitos e impasses contraproducentes para a qualidade ambiental, no âmbito dos processos de licenciamento ambiental. Tais conflitos se originam, principalmente, no caráter deficiente dos textos legais que, gerados sem o devido embasamento científico, abrem espaço para debates infindáveis, que entravam o desenvolvimento ou, por vezes, produzem resultados antagônicos ao da conservação da natureza. Talvez se deva esse descompasso ao indesejável afastamento entre o legislador e a comunidade acadêmica, assim como à pulverização do conhecimento científico, no que a geomorfologia, por certo, representará terreno de promissora organização intelectual. Esse fenômeno de deficiência de gestão ganha corpo no processo de desenvolvimento urbano, no qual as relações entre homem e natureza se tornam críticas, resultando em falhas de planejamento e, por conseguinte, imensos riscos, tanto para o homem quanto para o ambiente.

Nesse sentido, cabe lembrar a expressão tão continuamente utilizada, desde a Rio-92 (Conferência das Nações Unidas para Desenvolvimento e Meio Ambiente) — desenvolvimento sustentável. A despeito das crescentes polêmicas sobre a efetiva possibilidade de ser ele um dia atingido, frente aos modelos econômicos vigentes, deverá ser lembrado seu significado: "forma de desenvolvimento econômico que não tem como paradigma o crescimento, mas a melhoria da qualidade de vida; que não caminha em direção ao esgotamento dos recursos naturais nem gera substâncias tóxicas ao ambiente em quantidades acima da capacidade de suporte do sistema natural; que reconhece o direito de existência das outras espécies; que reconhece os direitos das gerações futuras em usufruir do planeta tal qual o conhecemos; que busca fazer as atividades humanas funcionarem em harmonia com o sistema natural, de forma que este tenha preservadas suas funções de manutenção da vida por um tempo indeterminado". (Lima-e-Silva *et al.*, 2002).

Assim, a distribuição espacial de limitações ou potencializações ao desenvolvimento urbano deverá ser estudada por técnicos multidisciplinares, produzindo diagnósticos os mais completos possíveis, acompanhados de bancos de dados georreferenciados, numa fase preliminar, antecessora da elaboração de projetos de urbanismo, arquitetura e planejamento urbano. O zoneamento ambiental, baseado nos mapas de vulnerabilidade, associados ao diagnóstico, apoiará técnica e cientificamente as estratégias de ocupação e uso do solo, assim como a gestão de seus impactos ambientais. Essas estratégias de espacialização vão ao encontro do proposto por Guerra e Marçal (2006), com relação à adoção dos geossistemas fundamentados nas unidades de paisagem como universos de avaliação de AIA. As equipes técnicas multidisciplinares envolvidas com diagnóstico e também com estudos e relatórios de impacto ambiental terão sempre o compromisso de se posicionar quanto aos desafios que vierem a enfrentar, na missão de dar suporte ao desenvolvimento urbano. Vai daí que tais consultorias técnicas deverão ser acompanhadas de recomendações para um desenvolvimento limpo. Através do banco de dados, das conceituações e ponderações apresentadas pelas equipes técnicas, os projetistas e gestores poderão seguir rumos adequados e obter resultados finais favoráveis ao meio ambiente e, consequentemente, à qualidade e valorização de seus produtos.

Os impasses detectados na aplicabilidade ou na interpretação dos dispositivos legais terão que ser enfrentados à luz do conhecimento científico, abandonando-se discussões infrutíferas sobre interpretações dos seus textos, o que caracterizará, muito mais, debate linguístico do que solução para os problemas ambientais. Assim, não obstante a constante observância e vigilância do cumprimento da lei, por parte dos Ministérios Públicos e do Poder Judiciário, das autoridades constituídas em si, serão os técnicos habilitados, em consórcios multidisciplinares, aqueles que lançarão luz sobre os temas transdisciplinares, originados no debate da gestão ambiental. Sob esse enfoque, foram lançadas nesse capítulo algumas visões críticas, ainda que propositivas, com respeito aos temas que tem vivenciado o autor no âmbito do desempenho de sua vida profissional, principalmente na discussão das áreas de preservação permanente dispostas na legislação ambiental, fundamentais nos diagnósticos e avaliações de impacto ambiental.

No plano governamental, que não deverá significar de forma obrigatória um polo oposto às propostas do desenvolvimento e às opiniões dos consultores técnicos, os analistas dos órgãos de licenciamento terão que se munir, igualmente, de bom-senso científico, na tarefa de examinar propostas e avaliações de impacto ambiental. Para isso, contarão com sólidos bancos de dados, devidamente espacializados e acompanhados de recomendações ou propostas de manejo. Francis Bacon (século XVI *in* Durant, 1942) referia que "os homens de habilidades práticas condenam os estudos; os simples admiram-nos e os sensatos os utilizam". Esse é o ponto conceitual de maior significância da gestão ambiental, que só poderá produzir resultados satisfatórios se realizada da forma como a sociedade espera. Afinal, em relação aos desafios enfrentados, ao despertar do século XXI, quando se discutem globalmente os cenários futuros de sobrevivência da espécie humana, diante das mudanças climáticas e das perspectivas de colapso dos recursos naturais (Diamond, 2005), observa-se a necessidade de se criarem países sábios e não apenas países ricos ou pobres. Portanto, não se deveria fechar a primeira década do novo século sem que se inaugurasse uma nova tendência nas avaliações ambientais — a reflexão.

A habilidade de pensar e refletir conduziu a civilização até seu admirável estádio atual. Pensando, o homem não adivinha simplesmente o futuro, ele o prevê e evita a maioria de seus insucessos, em níveis gerencial, político e ambiental. Afinal, esses insucessos acabam por determinar o atraso e a pobreza, o que sempre termina com o colapso dos recursos naturais da natureza em si. Será essencial, diante dos grandes desafios do planeta, que cientistas, técnicos e analistas ambientais, assim como urbanistas e projetistas, trabalhem conscientes de suas responsabilidades, na mudança que o mundo demanda para atravessar período tão difícil.

O professor de filosofia e escritor-filósofo Will Durant (1942) professava uma verdade, em seu definitivo compêndio *História da filosofia*, que envolve os primeiros anos deste século, como uma profecia: "nosso perigo moderno são os dados indutivos que chovem sobre nós de todos os lados como lavas do Vesúvio; asfixiamo-nos com fatos incoordenados; nosso espírito aturde-se com o surgir e multiplicar-se das ciências especializadas sem que surja uma filosofia unificadora. Somos todos meros fragmentos daquilo que um homem poderia ser". Desse ponto de vista, a geomorfologia e os estudos holísticos da ecologia das paisagens poderão representar a síntese do que Durant referia como filosofia unificadora, uma vez que se apoiam em sólidas ferramentas de interpretação geográfica, congregando visões multidisciplinares, das áreas física, humana e biológica.

6. Referências Bibliográficas

AB' SÁBER, Aziz (2003). *Os Domínios de Natureza no Brasil.* Ateliê Editorial.

________. (2006). *Brasil: Paisagens de Exceção.* Ateliê Editorial.

DIAMOND, Jared (2005). *Colapso — Como as Sociedades Escolhem o Fracasso ou o Sucesso.* Record.

DURANT, Will (1942). *História da Filosofia.* Cia. Editora Nacional.

IBGE — INSTITUTO BRASILEIRO DE GEOGRAFIA E ESTATÍSTICA (2008) website institucional — www.ibge.gov.br.

GIANNINI, Paulo C.F. *et al.* (2005). Dunas e Paleodunas Eólicas Costeiras e Interiores, *in*: *Quaternário do Brasil* (orgs.). Célia R. de G. Souza, Nenitiro Suguio, A.M. dos Santos Oliveira e Paulo Eduardo de Oliveira. Hollos Editora.

GOIVINHO, Agnaldo (2008). Referência pessoal, no âmbito da elaboração do Projeto do Parque Fluvial do Rio Piabanha, Petrópolis, RJ.

GONÇALVES, Luiz F. Hansen e GUERRA, Antônio J. Teixeira (2000). Movimentos de Massa na Cidade de Petrópolis. *In*: *Impactos Ambientais Urbanos no Brasil.* (org). Antônio J. T. Guerra e Sandra B. da Cunha. Editora Bertrand Brasil.

GRAEFF, Orlando R. Campos Filho, LUIZ P. de e SIQUEIRA, Guilherme (2006). *Anteprojeto do Parque Fluvial do Rio Piabanha.* Novamosanta, Petrópolis, RJ.

GUERRA, Antônio Teixeira (1994). *Coletânea de Textos Geográficos.* (org). Antônio J. Teixeira Guerra. Editora Bertrand Brasil.

GUERRA, Antônio T. e GUERRA, Antônio J. Teixeira (1997). *Dicionário Geológico-Geomorfológico.* Editora Bertrand Brasil.

GUERRA, Antônio J. Teixeira e BOTELHO, Rosângela G. M. (1998). Erosão dos Solos. *In*: *Geomorfologia do Brasil.* Antônio J. T. Guerra e Sandra Baptista da Cunha (org.). Editora Bertrand Brasil.

GUERRA, A.J.T. E MARÇAL, M.S. (2006). *Geomorfologia Ambiental.* Editora Bertrand Brasil.

GUERRA, A.J. Teixeira e CUNHA, Sandra Baptista da (2007). *Geomorfologia, uma Atualização de Bases e Conceitos.* (IBGE). Bertrand Brasil.

MOURA, Josilda R. da Silva e DA SILVA, Telma Mendes (1998). Complexo de Rampas de Colúvio. *In*: *Geomorfologia do Brasil.* Antônio J. T. Guerra e Sandra Baptista da Cunha (orgs.). Bertrand Brasil.

LIMA, Tânia A. (2006). O Povoamento Inicial do Continente Americano: Migrações, Contextos, Datações. *In*: *Nossa Origem.* Hilton P. Silva e Claudia Rodrigues-Carvalho (orgs.). Vieira e Lent.

LIMA-E-SILVA, P.P. de (2003). *Sistema Holístico de Avaliação de Impactos Ambientais de Projetos Industriais.* Tese de Doutorado — UFRJ, Lagesolos.

LIMA-E-SILVA, Pedro P. *et al.* (2002). *Dicionário Brasileiro de Ciências Ambientais.* Thex Editora.

OLIVEIRA-FILHO, Ary T. E FURLEY, Peter A. (1990). Monchão, Cocuruto, Murundu. *In*: *Ciência Hoje,* vol. 11, nº 61.

OLIVEIRA, Antônio M. dos Santos *et al.* (2005). Tecnógeno: Registros da Ação Geológica do Homem. *In*: *Quaternário do Brasil.* Célia R. de G. Souza, Nenitiro Suguio, A. M. dos Santos Oliveira e Paulo Eduardo de Oliveira (orgs.). Hollos Editora.

RICCOMINI, Claudio e GIANNINI, Paulo e MANCINI, Fernando (2000). Rios e Processos Aluviais. *In*: *Decifrando a Terra.* Wilson Teixeira;

M. Cristina M. de Toledo; Thomas R. Fairchild e Fabio Taioli (orgs.). Companhia Editora Nacional.

ROSS, Jurandyr L. Sanches (2006). *Ecogeografia do Brasil*. Oficina de Textos.

SAINT-HILAIRE, Auguste de (1833). *Viagem Pelo Distrito dos Diamantes e Litoral do Brasil — 2004*. Editora Itatiaia.

SANT'ANNA NETO, João L. e NERY, Jonas T. (2005). Variabilidade e Mudanças Climáticas no Brasil e seus Impactos Regionais. *In*: *Quaternário do Brasil*. Célia R. de G. Souza, Nenitiro Suguio, A.M. dos Santos Oliveira e Paulo Eduardo de Oliveira (orgs.). Hollos Editora.

SIGOLO, Joel Barbujiani (2000). Processos Eólicos — A Ação dos Ventos. *In*: *Decifrando a Terra*. Wilson Teixeira e M. Cristina M. de Toledo. Thomas R. Fairchild e Fabio Taioli (orgs.). Companhia Editora Nacional.

TARIN, Denise M. de (2001). *Referência pessoal, Promotoria de Justiça*. Ministério Público do Estado do RJ.

TASSINARI, Colombo C.G. (2000). Tectônica Global. *In*: *Decifrando a Terra*. Wilson Teixeira M. e Cristina M. de Toledo e Thomas R. Fairchild e Fabio Taioli (orgs.). Companhia Editora Nacional.

VALVERDE, YARA (2007). *Referência Pessoal no Programa de Parque Fluviais do RJ*. Fundação Instituto Estadual de Florestas do RJ.

CAPÍTULO 7

ANTROPOGEOMORFOLOGIA URBANA

Raphael David dos Santos Filho

1. INTRODUÇÃO

Duas condições são indispensáveis à sobrevivência humana (Maslow, 1943): o Homem precisa de alimento e necessita de um abrigo que o proteja da ação dos agentes naturais externos (chuva, vento e outros). A primeira condição é estudada pelas ciências agrárias: a agronomia pesquisa a técnica e a tecnologia dos processos de produção e manejo agrícolas para a produção de alimentos e conservação ambiental do meio rural para melhorar a atividade agrícola. O esforço científico em agronomia objetiva evitar os problemas de safra, abastecimento ou a degradação ambiental — ravinamento, voçorocamento, destruição de florestas (Carneiro, 2005) e outros episódios — em áreas de cultivo e pastoreio.

A edificação, o abrigo, a segunda categoria essencial, também é analisada pela ciência, que, através de várias áreas do conhecimento — engenharia, urbanismo e arquitetura e outras —, busca a eficiência na aplicação e desempenho de materiais, processos e formas na construção no ambiente natural, que altera em função dos processos urbanização (Figura 1), de construção da cidade e do edifício. Portanto, é possível considerar o homem um agente geomorfológico (Rodrigues, 1999).

Figura 1 — Trabalho de campo, Quitandinha, Petrópolis (RJ), março/2001.

2. *Urbanização, Geomorfologia e Antropogeomorfologia*

O aumento exponencial da população urbana verificado nos últimos séculos tornou imperativa a análise dos processos, materiais e formas produzidos nas interfaces entre a natureza e os espaços construídos urbanos, porque estes provocam alterações importantes na paisagem natural, como definida em Guerra e Marçal (2006).

Goudie e Viles (1997) e Camargo (2005) ressaltam que toda urbanização gera drásticas mudanças na geomorfologia, clima, hidrologia, ecologia e biosfera por um longo tempo, e o crescimento desordenado das cidades demonstra através dos desastres havidos — escorregamentos nos morros e inundações nas baixadas — e pelo acúmulo de problemas ambientais urbanos — elevados índices de poluição do ar, sonora e hídrica; destruição e degradação do ambiente urbano e dos recursos naturais; problemas de gerenciamento de áreas de risco e de descargas de esgotos *in natura*; precárias condições de limpeza pública de coleta e destinação final do lixo; enchentes e drenagem urbana precária; problemas quanto às formas de ocupação do solo, ao provimento de áreas verdes e de lazer, à favelização e assentamentos em áreas inundáveis, de risco e carentes em saneamento e perda de produtividade econômica.

Santos Filho (2007) destaca que a paisagem urbana está cada vez mais deteriorada e comprometida pela improvisação e falta de parâmetros técnicos para sua ocupação: a paisagem urbana tem uma dinâmica que deve ser compreendida para que os ambientes urbanos sejam adequadamente monitorados porque, paradoxalmente, a mesma ação do intemperismo, que contribui para a evolução do relevo — a água da chuva e os ventos etc. —, influi de modo crítico nas áreas construídas, gerando movimentos de massa, a saturação do solo e outras situações, por vezes catastróficas.

A paisagem (Guerra e Marçal, 2006) desenhada pela interação entre o edifício e o ambiente, essa relação dinâmica entre o homem e a natureza, tem-se alterado em função do entendimento que o primeiro tem de seu papel perante a segunda:

> A revolução científica, no século XVII, institui uma feição mecanicista à natureza, despojando-a completamente de qualquer vestígio de sacralidade, seja de concepção teológica, filosófica ou ideológica. (...) O cientificismo cartesiano atesta o valor da natureza como bem de utilitarismo. Separa sociedade de espaço, corpo de mente, razão da emoção e homem da natureza. Consolida-se no paradigma dominante a antropocentrização do mundo. (Almeida et al., 1999.)

Essa atitude se alterou e se aprofundou em função da concentração histórica das funções e das atividades humanas na cidade. O antigo desenho da aldeia neolítica se transformou ao longo dos séculos na cidade moderna, a forma contemporânea de concentração do urbano, como destaca Milton Santos (1996): "A cidade é o concreto, o conjunto de redes, enfim, a materialidade visível do urbano enquanto este é o abstrato, o que dá sentido e a natureza à cidade."

O aprofundamento da interação entre a ação antrópica e o meio natural no espaço urbano criou situações singulares e evidências específicas que devem ser analisadas em particular, como temáticas urbanas: encostas e solos, bacias hidrográficas, geomorfologia e geotécnica, planejamento e antropogeomorfologia urbanos.

A significativa escala do fenômeno urbano provocou novas relações no ambiente da cidade e mesmo fora desse espaço, como ilustrado pela questão ainda insolúvel dos grandes e heterogêneos depósitos de lixo nas periferias das cidades brasileiras, que guardam material alheio ao ambiente natural e que podem produzir reações físicas e químicas alheias à história natural do planeta.

O ambiente urbano se torna complexo também pelo fato de que é construído a partir do *habitat* humano, produto do pensamento, esse como definido em Puls (2006). Em última análise, o espaço urbano é concebido e desenhado através de um método abstrato e exógeno à natureza, embora sua materialização implique nova configuração do ambiente.

A antropogeomorfologia urbana focaliza os estudos ambientais urbanos pela importância da cidade como ambiente de concentração humana e, como *lugar* de alterações geomorfológicas (Rodrigues, 1999; Peloggia, 2005) que podem transcender, aliás, a própria cidade, como a contaminação de áreas urbanas, perda de solo, aumento no volume de sedimentos transportados pelos corpos hídricos e outros episódios geomorfológico-geológicos.

3. Antropogeomorfologia: Conceitos e Definições

Antropogeomorfologia é o estudo do ambiente que resulta da presença e da intervenção antrópica (Rodrigues, 2005) no meio natural; é o estudo (Nir, 1983; Goudie, 1994; e outros), no tempo e no espaço, das mudanças no ambiente físico provocadas por ações antrópicas, considerando em sua análise três elementos morfológicos básicos: formas, materiais e processos da superfície terrestre (Hart, 1986).

A antropogeomorfologia assume relevância no século XX (Souza, 2007) pela magnitude de escala do fenômeno urbano e em função de episódios urbanos havidos nas grandes cidades — inundações, deslizamentos de encostas, movimentos de massa e outros — resultantes das alterações dos processos, materiais e formas da natureza, pela construção, adensamento populacional e ampliação da área urbana.

A antropogeomorfologia (Goudie, 1993 e 2004; Goudie e Viles, 1997) subdivide-se em duas áreas principais de investigação:

a. Pesquisa dos impactos da atividade humana sobre a Terra, em especial, nos solos, processo conhecido como metapedogênese, que trata da modificação das propriedades físicas e químicas dos solos devida à ação do homem; e,
b. Estudos dos impactos da atividade humana sobre a superfície da Terra, sobre as formas do relevo, sobre a alteração e transformações do relevo pela ação do homem (Goudie e Viles, 1997), que altera o relevo e as variáveis ambientais em função da concepção do edifício e da cidade.

A reflexão antropogeomorfológica aproxima o fenômeno de construção da cidade aos estudos da geomorfologia clássica e inaugura um campo de investigação sobre a interface entre o ambiente construído e o natural, em uma antropogeomorfologia urbana.

A superfície da Terra é composta de formas (Figura 2), submetidas a um processo evolutivo natural (De Almeida e Carneiro, 1998) e nas quais o impacto humano deve ser considerado, porque o povoamento e a urbanização alterando essas formas podem vir a causar desequilíbrios, como a desestabilização de encostas e a subsidência do solo.

Para o estudo das determinações e variáveis produzidas por cenários e paisagens criados pela interface entre o homem e a natureza, o ambiente urbano pode ser interpretado como um sistema, como o "conjunto de componentes físicos, um conjunto ou coleção de coisas, unidas ou relacionadas de tal maneira que formam e atuam como uma entidade, um todo." (Becht, 1974). No interior desse sistema atua a interferência antrópica como ação geomorfológica, modificando propriedades e localização dos materiais superficiais, interferindo na dinâmica geomorfológica e materia-

Figura 2 — Serra do Mar, município de Petrópolis (RJ). (Fonte: Lagesolos, 2006.)

lizando uma morfologia singular (Rodrigues, 2005). Por outro lado, o prédio estabelece-se em um ambiente natural, com características físicas singulares e a edificação altera, com sua implantação, essas mesmas condições naturais, incluída a própria conformação do relevo, que vai sendo permanentemente e de forma natural esculpido (Ross, 1988), sob leis e sistemas de evolução (Bertrand, 1972) próprios.

A interferência antrópica pode acelerar esse processo natural de evolução (Woo *et al.*, 1997), seu ritmo e acentuar suas consequências. Bertrand (1972) destaca como exemplo da interação entre ação antrópica e condições ambientais que "a destruição de uma floresta pode contribuir para o rebaixamento do lençol freático ou desencadear erosões susceptíveis de transformar radicalmente as condições ecológicas" (Bertrand, 1972). Consequentemente, os estudos em antropogeomorfologia urbana visam contribuir para o estudo da cidade no que se refere aos problemas geológico-geomorfológicos em áreas urbanas como os ilustrados por Faria (2000): "Não faltam exemplos de casas, pontes e estradas destruídas por causa desse fenômeno — aumento brusco do fluxo dos pequenos rios —, a impermeabilização dos solos pelas edificações e o lixo jogado nos canais tornam os fluxos ainda mais arrasadores."

4. *Aplicações da Antropogeomorfologia Urbana: Estudo do Povoamento em Áreas de Risco*

Com o crescimento das cidades, áreas de reserva, fronteiras urbanas e áreas de risco foram ocupadas por população de baixa renda (Figura 3). Essa população, sem recursos e com uma reduzida participação junto ao mercado formal da habitação, não dispõe dos recursos técnicos e financei-

Figura 3 — Vista da Rua Nova (Rua 24 de Maio, Petrópolis (RJ). (Foto A.J.T. Guerra.)

ros para a construção nessas áreas. Com o tempo e no curto prazo são criadas condições críticas para essas comunidades que ficam à mercê dos agentes naturais e, com frequência, são vítimas desses elementos.

Os riscos geomorfológicos se incluem em uma concepção de risco natural, pois os processos naturais fazem parte da dinâmica natural da Terra e ocorrem independentes da presença do homem (Reckziegel *et al.*, 2005). Como a ação humana pode acelerar, intensificar e induzir a ocorrência de muitos deles (enchentes, escorregamentos, erosão etc.), especialmente devido às alterações ambientais provocadas pela ocupação, a expressão processos naturais, inclui, também, os processos induzidos pelas atividades do homem (Cerri, 1999). Segundo Nonato (2006), considera-se risco geológico o risco relacionado à forma de ocupação do homem sobre o terreno, seja em encostas ou em baixadas, e as situações que indicam risco são, entre outras, a presença de cortes verticais e subverticais, executados em rocha ou solo, com alturas variadas; o lançamento de água servida sobre os taludes, com incremento do processo erosivo da encosta; retirada da vegetação nativa e sua substituição (se ocorre) por espécies inadequadas; acúmulo de lixo e entulho ao longo das encostas e locais de circulação de águas superficiais; construções erguidas sem acompanhamento técnico, em locais inadequados (por exemplo, à beira das encostas). Esse tipo de ocupação e sua tipologia de traçado urbano, em geral, criam instabilidades ao lugar (Santos Filho, 2007).

A ocupação de áreas de risco se sobrepõe às demais situações urbanas, porque se constituem em um limite à construção que deve ter uma configuração altamente técnica e é um importante campo de investigação para o geomorfólogo, que deve avaliar os desdobramentos em termos ambientais desse tipo de morfologia urbana.

A ocupação desses *out-backs* urbanos sensíveis ambientalmente é um fenômeno urbano importante pelo fato de que, na atualidade, o Poder Público está empenhado em buscar alternativas à remoção dessas populações. Mas, na impossibilidade de removê-las, o Poder Público deve oferecer condições que permitam sua segurança com garantias às condições ambientais (Conde e Magalhães, 2004; Guerra e Santos Filho, 2008).

A remoção de comunidades estabelecidas em áreas sensíveis ambientalmente, observado o artigo 183, § 2º da Constituição Federal do Brasil ("... Os imóveis públicos não serão adquiridos por usucapião"), poderá ser impedida ou parcialmente autorizada porque essas comunidades têm seus direitos à ocupação assegurados, em princípio, pelo Estatuto da Cidade (Lei nº 10.257, de 10 de julho de 2001, e que regulamentou os artigos 182 e 183 da Constituição Federal de 1988), o que implica que sejam identificadas outras opções para a situação-limite vivenciada por essas comunidades.

Estudos empreendidos pelo Lagesolos (2003, 2005 e 2006) em áreas críticas de risco, no município de Petrópolis, relacionam seis variáveis que podem substanciar as análises nessa subárea da antropogeomorfologia (Santos Filho, 2007): morfologia do povoamento; construções junto aos rios (questões de drenagem urbana e esgotamento sanitário); urbanização (vias e ruas); construção em encostas; lixo; solos e processos erosivos; e cobertura vegetal.

As questões pertinentes às sete variáveis citadas — *morfologia do povoamento, drenagem urbana e esgotamento sanitário, urbanização, construção em encostas, lixo, solos e processos erosivos e cobertura vegetal* — foram analisadas nos trabalhos do Lagesolos (2003, 2005 e 2006) e de Guerra e Santos Filho (2008), entre outros. Entretanto, deve ser enfatizado que das variáveis apontadas cinco derivam diretamente da ação antrópica — *povoamento, drenagem e esgotamento sanitário, urbanização, construção em encostas e lixo.* As outras duas — *solos e processos erosivos e cobertura vegetal* — estão diretamente associadas aos processo naturais e, portanto, aos processos evolutivos naturais.

A questão central a ser enfatizada é o cenário desenhado pelo ambiente natural e a ocupação antrópica, um ambiente singular que apresenta um desempenho diferente dos parâmetros e variáveis naturais, porque esses são alterados quanto a formas, materiais e processos da superfície terrestre em função da urbanização e do tipo de morfologia do povoamento.

Em função da forma e do tipo da implantação efetivada, podem-se criar o risco e a instabilidade, como é o caso da construção em encostas, que sempre altera, de forma dramática, o frágil equilíbrio entre as forças que atuam na natureza, pela remoção do manto superficial de vegetação, pela nova configuração e distribuição de volumes, desenhando-se novas topografias etc. (Santos Filho, 2007).

5. *Urbanização e Morfologia do Povoamento*

A urbanização no Brasil intensificou-se a partir da segunda metade do século XX. Na década de 1960, a população urbana tornou-se superior à rural (Brito, 2006).

Guerra e Marçal (2006) confirmam que a urbanização tem um papel fundamental nos danos ambientais ocorridos nas cidades: o crescimento populacional causa pressão sobre o meio físico urbano e produz a poluição do ar, do solo e das águas, deslizamentos, enchentes e outros problemas. Ainda, o crescimento urbano tem produzido aglomerados populacionais que, em grandes extensões urbanas, apresentam feição desordenada com impactos negativos ao ambiente e à qualidade de vida (Vieira e Kurkdjian, 1993), ocupando até áreas vedadas a esse fim — *áreas de risco, planícies aluviais e outras* — com edificações precárias e sem os recursos técnicos necessários à estabilidade da própria edificação e do seu entorno.

A ocupação de áreas urbanas de risco é comum nas cidades brasileiras e com frequência apresenta um quadro dramático da interação entre a ocupação antrópica e o ambiente, porque ocupação urbana em geral não considera as condições do meio físico, o que causa consequências prejudiciais ao meio e à qualidade de vida urbana (Vieira e Kurkdjian, 1993).

Guerra e Santos Filho (2008) enfatizam que na impossibilidade de se remover esse tipo de ocupação (Figura 4), devem-se prever todos os processos e materiais técnicos que possam contribuir para o retardo das alterações das configurações geomorfológicas derivadas da ocupação: implantação de contenção, utilização de geotêxteis, calhas de drenagem, revegetação e reflorestamento, consolidação de fundações e muros de arrimo.

O Código de Postura Municipal, instrumento que orienta as ações públicas quanto à manutenção da cidade e melhoria do ambiente urbano

(Câmara Municipal de Petropólis, 2005), tem contribuído de forma decisiva fixando taxas de permeabilidade, restringindo a taxa de ocupação e publicando outros dispositivos legais à construção em áreas urbanas.

A taxa de permeabilidade ilustra como a inserção de referenciais geomorfológicos no projeto e na construção urbana pode contribuir para a conservação do ambiente urbano: a legislação municipal no Brasil geralmente fixa diversas normas para as atividades de uso, parcelamento e ocupação do solo, uma série de limites à construção, tais como área mínima dos lotes, testada mínima dos lotes, gabarito (número de pavimentos) máximo, taxa de ocupação, índice de aproveitamento, afastamento frontal, área mínima da unidade e taxa de permeabilidade (Prefeitura Municipal de Petropólis, 2002, e outros municípios).

Figura 4 — Degradação de encosta pela ação dos fatores controladores, especialmente o *runoff*. (Fonte: Souza e Santos Filho, 2001.)

Esse índice urbanístico, quando previsto em legislação municipal, estabelece um limite à área pavimentada no lote, ou seja, é um percentual expresso pela relação entre a área do lote sem pavimentação impermeável e sem construção no subsolo, e a área total do lote ou terreno (Prefeitura Municipal de Petropólis, 1998). E, na medida em que se assegura uma área livre para a percolação das águas de chuva dentro do lote, se está assegurando a não transferência para a via pública de parte proporcional do volume de águas proveniente das precipitações, quantitativo que, após a percolação, não se transferirá ao coletor, reduzindo-se desse modo, o volume de águas e o dimensionamento da rede de coleta de águas pluviais. Essa alteração contribui para a conservação da rede pública de drenagem urbana e oferece melhor condição à manutenção da malha viária urbana, além de permitir a redução no dimensionamento dos coletores e canalizações desse tipo de rede.

No caso dos materiais utilizados na construção, outra alternativa associada aos processos naturais é o uso de materiais de revestimento com índice maior de porosidade em pavimento de áreas externas. Esses materiais podem contribuir para maior infiltração de água da chuva, permitindo, desse modo, um menor escoamento superficial, como comentado por Guerra (1988), ao abordar a relação entre porosidade e densidade aparente do solo.

O uso de cerâmicas vitrificadas (pisos hidráulicos), comum no revestimento de pisos externos das residências, ou mesmo a aplicação de placas de pedra (granito etc.) em pavimentações, por exemplo, não é recomendado sob o aspecto do escoamento superficial porque a superfície do material terá, nesse caso, um desempenho próximo ao verificado em crostas com relação ao solo em condições naturais (Guerra, 1988) e que, como provam os estudos, contribuem para acelerar o escoamento superficial, o *runoff* (Cunha, 1988).

Santos Filho (2004) adverte que a localização do edifício influencia as linhas de distribuição das águas pluviais, originando uma nova microtopografia após a construção do prédio. Isso produz consequências importantes (*runoff*, geração de ravinas, voçorocas, transporte de sedimentos superficiais etc.) e mesmo questões críticas e prejudiciais ao meio ambiente, com contaminação do lençol freático ou do solo, nesse caso, através do uso de técnicas de controle de movimento de massa que utilizam materiais que podem ser agressivos ao meio, como gradeamento metálico de encostas e capeamento em concreto de taludes.

Guerra e Santos Filho (2008) destacam alguns episódios históricos que confirmam a importância da tecnologia para a ocupação urbana: no caso da cidade do Rio de Janeiro, a drenagem dos pântanos que circundavam a Baía de Guanabara permitiu a ocupação das várzeas e a expansão urbana (Abreu, 1997; Barros, 2002), dos morros para os baixios, a região que hoje corresponde aos bairros de Botafogo e Flamengo, por exemplo. Em Petrópolis, a opção urbanística adotada pelo major Köeller (Gonçalves e Guerra, 2001; Santos Filho, 2007), para o desenho da Vila Imperial, cujos prazos (lotes) não confrontam na divisa de fundos com os rios (como também se verifica nos subúrbios cariocas — Méier e outros), mas nas testadas, com as avenidas que ladeavam os cursos d'água, foi uma alternativa e uma contribuição interessante para o desenho urbanístico no Brasil.

Assim como no passado recente, também hoje é necessária a ampliação da reflexão sobre o projeto e a construção, de modo a superar e ampliar o tradicional discurso monotemático sobre o valor da obra em si, de sua utilidade ou seu valor locacional (Harvey, 1980), através de um diálogo com o ambiente e a natureza (Santos, 2002): afinal, agora existem indícios de que somos responsáveis pelas condições ambientais da geografia da Terra (Guerra e Santos Filho, 2008).

6. Conclusões

Santos Filho (2004) destaca a necessidade de um maior número de trabalhos técnicos que aprofundem a questão dos processos erosivos em sistemas edifício-terreno. À guisa de contribuição preliminar, algumas conclusões e temas para a reflexão podem ser sugeridos: no caso do estudo dos processos erosivos em áreas construídas deve ser destacado que as encostas são alteradas, através da implantação de projetos, pela ação antrópica e, portanto, essas encostas não apresentam mais a morfologia típica da escultura geomorfológica de áreas não urbanizadas.

As alterações no padrão de desempenho quanto à erosão resultantes das modificações inseridas no terreno (no espaço construído) pelo planejamento confrontam-se com o processo geomorfológico de escala histórica e geológica e estabelecem um cenário (ainda) pouco estudado, de desempenho do sistema e, em última análise, desenha um novo campo de estudo na geomorfologia e na arquitetura, a antropogeomorfologia.

A ação das águas das chuvas estabelece uma dinâmica própria, uma microtopografia que é alterada dramaticamente pela ação do homem que, buscando através das obras e projetos condicionar, conduzir e impedir transtornos ambientais (degradação do patrimônio construído, enchentes, transbordamento de rios e canais, erosão etc.), paradoxalmente produz também prejuízo ambiental à cidade e ao meio. Isso porque a escultura geomorfológica dos relevos típica, o relevo que resulta da passagem das águas das chuvas sobre o solo, está vinculada ao modo como se realiza a transferência de energia entre os sistemas e o movimento dos sedimentos, que deve ser avaliada antes da construção do edifício.

Como ambos — sistemas e movimento de sedimentos — são alterados pela ação do homem, há um incremento na troca de energia entre os sistemas, um aumento no tipo e na qualidade/quantidade (pelo progressivo processo de impermeabilização do solo) dos sedimentos que são transferidos e transportados pela água. Ora, à medida que esse processo natural é alterado, inevitavelmente vão surgir desequilíbrios ambientais que podem vir a tornar-se catastróficos. Paradoxalmente, em geral, no projeto da construção da cidade se coloca uma subordinação das condições ambientais às prioridades humanas (*c. f.* Domingues, 1979), o que se constitui no primeiro obstáculo e no primeiro ponto de conflito à integração entre edifício e ambiente.

Por outro lado, a disseminação do International Style (arquitetura), no século XX, sob a concepção "de que a tecnologia de sistemas prediais oferecia meios para o controle total das condições ambientais de qualquer edifício" (Gonçalves e Duarte, 2006), produziu um aumento no consumo energético urbano, que se tornou o foco da reflexão sobre o conforto ambiental e o edifício (Corbella e Yannas, 2003; Gonçalves e Duarte, 2006), segundo ponto importante de atrito e tensão e vínculo entre a eficiência e o desempenho energético no sistema edifício-meio ambiente natural.

Fato indiscutível é que o edifício e o terreno são uma totalidade que pode ser construída através da ação antrópica por meio do projeto. Minimizar esse fato estabelece problemas para o terreno e para a edificação que podem até ameaçar a estabilidade da construção e a possibilidade de ocupação da área urbana (Santos Filho, 2004).

Se o processo de ocupação antrópica altera a configuração geomorfológica — com a inserção de novos volumes (casas e caminhos), ele também altera a drenagem e redesenha as bacias hidrográficas além de outras modificações paisagísticas notáveis, cujo resultado só poderá ser o dano ambiental e o risco ao patrimônio. Essa conjuntura agrava-se nas áreas de ocupação de baixa renda, em primeiro lugar, pela óbvia falta crônica de recursos para investimentos técnicos que assegurem a estabilidade das encostas. E, em segundo lugar, agrava-se também porque a ocupação dessas áreas é marginal, porque são terras fora do *stock* permitido pela legislação e pela política municipal de desenvolvimento urbano, por se tratar, em geral, de invasões e ocupações irregulares. Os cortes de taludes, sem a proteção adequada característica nessas áreas, são um bom exemplo desse tipo de ocupação. Daí a ocorrência de deslizamentos, quando dos meses de chuvas mais intensas, no verão, com a perda de vidas humanas, bem como prejuízos materiais (Guerra e Santos Filho, 2008).

Guerra e Santos Filho (2008) destacam que as alternativas à instabilidade geológico-geomorfológico devem ser identificadas no nível da edificação, no nível urbano e ainda, através de uma terceira opção específica para o povoamento de áreas de risco: na impossibilidade de se remover a ocupação, deve-se equipar a edificação com os dispositivos que contribuem para o retardo das alterações das configurações geomorfológicas, estabelecidas pela ocupação: implantação de muros de arrimo, calhas de drenagem, revegetação e reflorestamento, consolidação de fundações e muros de arrimo.

Em nível urbano, é necessário investir na urbanização — recomposição de vias, instalação de redes de águas pluviais e de esgoto, e outros —, cientes de que, assim como os fenômenos naturais, os episódios urbanos

— movimentos de massa e outros — estão também encadeados e não ocorrem de forma isolada, mas trazem consequências a uma escala urbana que afeta toda a cidade.

Finalmente, devem ser incluídos no projeto do edifício e da cidade parâmetros geológico-geomorfológicos, à semelhança de preocupação usual quanto à qualidade do solo para a sustentação da estrutura (resistência do solo). Sem esse conhecimento prévio, há grande probabilidade da ocorrência de movimentos de massa catastróficos, como os que têm acontecido com frequência nas cidades brasileiras nas últimas décadas.

7. Referências Bibliográficas

ABREU, M. de A. *Evolução urbana do Rio de Janeiro.* 3. ed. Rio de Janeiro. Iplanrio, 1997.

ALMEIDA, Josimar R.; MORAES, Frederico E.; SOUZA, José M. MALHEIROS, Telma M. *Planejamento Ambiental: Caminho para participação popular e gestão ambiental para o nosso futuro comum, uma necessidade, um desafio.* 2. ed.. Rio de Janeiro. Thex Ed., 1999.

BARROS, P.C. Onde nasceu a cidade do Rio de Janeiro? (um pouco da história do Morro do Castelo). *Geo-paisagem,* v. 1, n. 2, jul./dez. 2002. Disponível em: http://www.feth.ggf.br/. Acesso em: 31 dez. 2006.

BECHT, G. Systems theory, the key to holism and reductionism. *Bioscience,* v. 24, n. 10, p. 579-596, 1974.

BERTRAND, G. Paisagem e Geografia Física Global. Esboço Metodológico. Tradução: Olga Cruz. Trabalho publicado, originalmente, na *Revue Geógraphique des Pyrénées et du Sud-Ouest*, Toulouse, v. 39 n. 3, p. 249-272, 1968, sob título: Paysage et geographie physique globale. Esquisse méthodologique. Publicado no Brasil no *Caderno de Ciências da Terra.* São Paulo. Instituto de Geografia da Universidade de São Paulo, n. 13, 1972.

BRITO, Fausto. O deslocamento da população brasileira para as metrópoles. Dossiê Migração. *Estudos Avançados,* v. 20, n. 57, São Paulo. SciELO, maio/agosto 2006, 13p. Disponível em: http://www.scielo.br. Acesso em: 19 fev. 2009.

CÂMARA MUNICIPAL DE PETROPOLIS. *Código de Posturas do Município de Petrópolis.* Lei nº 6.240, de 21 de janeiro de 2005.

CAMARGO, L.H.R. de. *A ruptura do meio ambiente: conhecendo as mudanças ambientais do planeta através de uma nova concepção da ciência: a geografia da complexidade.* Rio de Janeiro. Bertrand Brasil, 2005.

CARNEIRO, S. L. *Estudo prospectivo da implantação da reserva legal em propriedades rurais familiares representativas de sistemas de produção de grãos na região de Londrina — Estado do Paraná.* 2005, 215 p. Dissertação (Mestrado em Administração). Londrina. Universidade Estadual de Londrina e Universidade Estadual de Maringá, 2005.

CERRI, L. E. da S. Riscos geológicos urbanos. *In*: CHASSOT, A. e CAMPOS, H. (orgs.). *Ciências da terra e meio ambiente: diálogo para (inter)ações no planeta.* São Leopoldo. Ed. Unisinos, p. 49-73, 1999.

CONDE, Luiz Paulo; MAGALHÃES, Sérgio. *Favela-Bairro: uma outra história da cidade do Rio de Janeiro.* 1. ed. Rio de Janeiro. ViverCidades, p. XXIV-XXXII, 51-63, 77, 78-80, 2004.

CORBELLA, O.; YANNAS, S. *Em busca de uma arquitetura sustentável para os trópicos: conforto ambiental.* Rio de Janeiro. Revan, p. 17, 2003.

CUNHA, Sandra Baptista. Geomorfologia Fluvial. *In*: *Geomorfologia: uma atualização de bases e conceitos.* GUERRA, A. T. Cunha, S. B. (orgs.). Rio de Janeiro, Bertrand Brasil, 3. ed. p. 211-252, 1988.

DE ALMEIDA, F.F. M e CARNEIRO, C.D.R. Origem e evolução da Serra do Mar. *Revista Brasileira de Geociências.* São Paulo. Sociedade Brasileira de Geologia — SBGeo, 28(2), p. 135-150, junho de 1998.

DOMINGUES, F.A.A. *Topografia e Astronomia de Posição para Engenheiros e Arquitetos.* São Paulo. McGraw Hill do Brasil, p. 61-70, 1979.

FARIA, Antônio Paulo. Córregos de Alto Risco. *In*: Primeira Linha. Rio de Janeiro, revista *Ciência Hoje*, v. 28, n. 165, p. 70-73, outubro de 2000.

GONÇALVES, J.C.S.; DUARTE, D.H.S. Uma integração entre o ambiente, projeto e tecnologia em experiências de pesquisa, prática e ensino. *Ambiente Construído.* Porto Alegre. Associação Nacional de Tecnologia do Ambiente Construído (Antac), v. 6, n. 4, p 51-81, out./dez. 2006.

GONÇALVES, L.F.H.; GUERRA, A.J.T.; Movimento de Massa na Cidade de Petrópolis (Rio de Janeiro). *In:* Guerra, A.J.T.; CUNHA, S.B. *Impactos ambientais urbanos no Brasil.* Rio de Janeiro. Bertrand Brasil, 2001.

GOUDIE, A.S. Human influence in geomorphology. *Geomorphology* 7, p. 37-59, 1993.

________. *The Human Impact on the Natural Environment.* 4. ed. Cambridge (Massachusetts). The MIT Press, 1994.

________. Anthropogeomorphology. In: Goudie, A.S. *Encyclopedia of Geomorphology*. Londres e Nova York. Routledge, p. 25-28, 2004.

GOUDIE, A.; VILES, H. *The Earth Transformed: an introduction to human impacts on the environment.* Oxford: Blackwell Publishers Ltd., p. 165, 1997.

GUERRA, Antônio José Teixeira. Processos Erosivos nas Encostas. *In*: *Geomorfologia: uma atualização de bases e conceitos.* GUERRA, A. T. Cunha, S. B. (orgs.). Rio de Janeiro. Bertrand Brasil, 3. ed., p. 149-210, 1988.

GUERRA, A.J.T.; MARÇAL. M. dos S. *Geomorfologia ambiental.* Rio de Janeiro. Bertrand Brasil, 2006.

GUERRA, A.J.T.; SANTOS FILHO, R. D. Geografia da Arquitetura. *In*: III Congresso Fluminense de História e Geografia, 2008, Rio de Janeiro. História e Geografia Fluminense. *Anais...* Rio de Janeiro. Instituto Histórico e Geográfico do Rio de Janeiro; CREA-RJ, v. 1, p. 133-138, 2008.

HART, M.G. *Geomorphology, pure and applied.* Londres: George Allen e Unwin, 1986.

HART. Robert D. *Conceptos básicos sobre agroecossistemas.* Turialba, Costa Rica. CATIE, 1985.

HARVEY, D. O valor de uso, o valor de troca, o conceito de renda e as teorias do uso do solo urbano — Uma conclusão. *In*: *Justiça Social e Cidade.* São Paulo. Hucitec, p. 162-179, 1980.

LAGESOLOS. Laboratório de Geomorfologia Ambiental e Degradação dos Solos. *Mapa de risco e deslizamentos em áreas de encosta na Cidade de Petrópolis. Projeto de Cooperação Técnica.* Rio de Janeiro. Convênio Ministério Público do Estado do Rio de Janeiro e Lagesolos/UFRJ, junho/2003.

________. *6º Relatório individual das atividades relativas ao Convênio como Ministério Público Estadual/Concer — Serra da Estrela — Vila União.* Rio de Janeiro. Lagesolos, 2005, Projeto Mapa de Risco de deslizamentos em áreas de encosta na cidade de Petrópolis, janeiro/2006.

________. Disponível em: http://lagesolos.igeo.ufrj.br/. Acessado em: 13 nov. 2006.

MASLOW, A.H. A Theory of Human Motivation. *Psychological Review.* Washington, DC, n. 50, p. 370-396, 1943.

NIR, D. *Man, a geomorphological agent: an introduction to anthropic geomorphology*. Jerusalém. Ketem Pub. House. 1983.

NONATO, C.A. Avaliação de áreas de risco geológico em Belo Horizonte — MG. Estudo de caso: a Vila Pedreira Prado Lopes. *In*: *Geologia Urbana — Gestão Municipal*. Belo Horizonte. Sindicato dos Geólogos no Estado de Minas Gerais (Singeo-MG), p. 191-198, 2006.

PELOGGIA, Alex Ubiratan Goossens. A cidade, as vertentes, e as várzeas: a transformação do relevo pela ação do homem no município de São Paulo. *Revista do Departamento de Geografia* (USP), v. 16, p. 24-31, 2005.

PREFEITURA MUNICIPAL DE PETRÓPOLIS, alínea "f", Artigo 31, Título IV (Da Ocupação do Solo), Capítulo II, Lei nº 5.393, de 28 de maio de 1998.

PREFEITURA MUNICIPAL DE PETRÓPOLIS, Decreto nº 396, de 12 de junho de 2002.

PULS, Maurício Mattos. *Arquitetura e filosofia*. São Paulo. Annablume, 2006. 598p.

RECKIEGEL, B.W.; ROBAINA, L.E. de S.; OLIVEIRA, E.L. de A. Mapeamento de áreas de risco geomorfológico nas bacias hidrográficas dos Arroios Cancela e Sanga do Hospital, Santa Maria — *RS. GEOGRAFIA — Revista do Departamento de Geociências*. Londrina. UEL, v. 14, n. 1, jan./jun. 2005. Disponível em: http://www.geo.uel.br/revista.

RISER, J. *Érosion et paysages naturels*. Paris. Flammarion, 1995.

RODRIGUES, Cleide. On Anthropogeomorphology. *In*: Regional Conference on Geomorphology, Rio de Janeiro. *Anais*. Rio de Janeiro. IAG/UGB, 1999.

__________. Morfologia original e morfologia antropogênica na definição de unidades espaciais de planejamento urbano: exemplo na metrópole paulista. *Revista do Departamento de Geografia* (USP), v. 17, p. 101-111, 2005.

ROSS, J.L.S. Geomorfologia Ambiental. *In*: GUERRA, A. T.; Cunha, S. B. (orgs.). *Geomorfologia do Brasil*. 3. ed. Rio de Janeiro. Bertrand Brasil, p.351-388, 1998.

SANTOS, B.S. *Um discurso sobre as ciências*. Porto. Edições Afrontamento, 7ª ed., 1985.

SANTOS, Milton. *A Natureza do Espaço*. Técnica e Tempo. Razão e Emoção. São Paulo. Hucitec, p. 241, 1996.

__________. *A natureza do espaço: técnica e tempo, razão e emoção.* São Paulo. Edusp, 2002.

SANTOS FILHO, R.D. *Aplicação de conceitos geomorfológicos em arquitetura, aplicações do estudo do processo erosivo na construção.* São Paulo. Arquitextos, Vitruvius, Texto Especial nº 213, jan. 2004. Disponível em: http://www.vitruvius.com.br/arquitextos/.

__________. *Antropogeomorfologia do povoamento em Petrópolis (RJ): análise ambiental urbana.* 2003, 271 p. Tese (Doutorado em Geografia). Rio de Janeiro. UFRJ / PPGG — Universidade Federal do Rio de Janeiro, Instituto de Geografia, Programa de Pós-Graduação em Geografia, 2007.

SOUZA, Carla J.O. O conhecimento e aprendizagem de geomorfologia no ensino superior. Uma pesquisa em andamento: seu foco, suas indagações e seu desenho metodológico. *I Simpósio de Pesquisa em Ensino e História de Ciências da Terra/III Simpósio Nacional "O Ensino de Geologia no Brasil."* Campinas: Unicamp, v. sn, p. 78, 2007.

SOUZA, Aristóteles T.; SANTOS FILHO, Raphael David dos. *Avaliação geomorfológica e planialtimétrica de área urbana em Nova Iguaçu,* RJ. [Avaliação geomorfológica — distribuição de massas e pedologia — e cadastral de área urbana em Nova Iguaçu, RJ, pesquisa]. SIGMA/UFRJ nº 7390, Rio de Janeiro. FAU-UFRJ, maio/2001 (inédito).

VIEIRA, Ieda Maria. KURKDJIAN, Maria de Lourdes Neves de Oliveira. Integração de dados de expansão urbana e dados geotécnicos como subsídios ao estabelecimento de critérios de ocupação em áreas urbanas. *In:* VII Simpósio Brasileiro de Sensoriamento Remoto, 1993, Curitiba. *Anais...* Curitiba: SBSR, v. 1, p. 163-171, 1993.

WOO, Ming-ko; FANG, G.; diCENZO, P. D. *The role of vegetation in the retardation of rill erosion.* Elsevier, Catena 29, p. 145-159, 1997.

ÍNDICE REMISSIVO

Abastecimento 75, 227
abastecimento de água 64
abastecimento público 88
abertura de fendas 54
abertura de ruas 21
ABNT 156
Abrigo 227
ação antrópica 120, 121, 124, 135, 150, 230, 241
ação antropogênica 24
ação da água 26
ação da água da chuva 240
ação das águas das chuvas 53
ação de ventos 170
ação do homem 65, 120, 122, 231, 240
ação dos humanos 123
ação erosiva da chuva 46
Ação Geológica do Homem 194
Ação geomorfológica 231
ação geomorfológica humana 121, 123
ação humana 29, 121, 123, 124, 125, 132, 136, 234
ação humana geomorfológica 121
aceleração da erosão 135
aceleração dos processos 177
acidentes geológicos 162
acidentes geomorfológicos 136
acidentes em encostas 164
ácido 46
ácido carbônico 177
ácidos orgânicos 47
ações geomorfológicas 124
aço 147
ações pretéritas 195
acompanhamento técnico 234
acúmulo de lixo 234
adição 53
administração pública 205
advogados 209
aeração 48, 66
aeração do solo 58
afloramento 201
afloramentos cristalinos 215
afogamento 75, 136
afundamento cárstico 183
afundamentos 135
agente geológico 123
agente geológico notável 194
agente geomorfológico 227
agentes naturais externos 227
agentes sociais atuantes 119
aglomerados populacionais 236
aglomerados urbanos 198
agregados 33
agrimensura 210
agricultura 48, 193, 194
agronomia 227

agrônomos 138
água 26, 31, 33, 34, 38, 51, 55, 56, 57, 63, 71, 84, 87, 88, 99, 153, 168, 236, 240
água contaminada 82
água da chuva 31, 82, 102, 104, 105, 107, 229
água de escoamento 93, 97, 99
água de exfiltração 22,
água natural 73
água na superfície 157
água potável 96
águas captadas 35
águas correntes 201
águas cinzas 104
águas de escoamento 93
águas dos canais 78
águas fluviais 76
águas marrons 104
águas pluviais 35, 36, 73, 127, 238
águas retidas 97, 98
águas servidas 73, 104, 234
águas subterrâneas 44, 60, 97, 136, 139, 184
águas superficias 60, 62, 64, 88
AIA 190
alargamento de ruas 75
Alagamentos 118, 129, 135, 136
alcalinidade 62
alcance de bloco 175
alcances de bloco rochoso 174
Alemanha 82, 93, 105, 107, 109
alerta de enchentes 105
algas 90
alimentação 62
alimento 227
alívio de lençóis d'água 216
alívio do lençol freático 201
alóctones 50
alta permeabilidade 31
altas colinas 126
altas declividades 99
altas latitudes 49
alteração de rochas 45
alteração intempérica 151
alterações ambientais 196, 234
alterações do meio 195
alterações físicas 43, 44
alterações geomorfológicas 230
alterações globais 195
alterações na porosidade 48
Alto Tietê 91
alumínio 61
aluviões 33, 163
Amazônia 45
amazônia equatorial 52
ambientais 138
ambiental 22
ambientalmente correto 105
ambiente 122, 133, 200, 221, 229, 236, 239, 240
ambiente artificial 117, 131, 141
ambiente construído 117, 231
ambiente da cidade 230
ambiente de encosta 37
ambiente geológico 27
ambiente natural 227, 241
ambiente oxidante 51
ambiente SIG 175
ambiente tropical 137
ambiente urbano 62, 73, 117, 160, 190, 195, 229, 230
ambientes 16, 138, 236
ambientes alterados 118
ambientes de encostas 56
ambientes naturais 84
ambientes rurais 55
ambientes serranos 49
ambientes urbanos 93, 131, 134
amostra do solo 60
amostragem 91
amostras 148

ampliação da área urbana 231
ANA 88, 89, 90, 106, 109
análise ambiental 190, 195, 198, 209
análise de estabilidade 170
análises regionais 169
análises estratigráficas 196
ancoragem dos tirantes 181
ângulo de atrito 167
ângulo de atrito efetivo 167
ângulo de inclinação 168
ângulo global do talude 178
animais 71, 192
antigas pedreiras 174
antropogeomorfologia 230, 231, 240
antropogeomorfologia urbana 230, 231, 232
Antropogeomorphology 124
Antropossolos 66
aparato tecnológico 58
aparatos urbanos 56
aplicabilidade das leis 198
aplicabilidade técnica 199
APPs 200, 202, 203, 205, 209, 211
apreciação no campo 152
apropriação da natureza 118
apropriação urbana 126
aquíferos 57, 72, 216, 217
aquíferos arenosos 139
ar 236
arborização 102
arborização urbana 99, 102
arcabouço geológico 193
ardósia 50
área central da cidade 204
área de carste 135
área de cumeadas 99
Área de Preservação Permanente 99, 200, 211, 212, 216
área de proteção ambiental 201
área gramada 103
área inundada 85
área pavimentada 238
área protegida 201, 212
área tropical 49
área urbana 29, 54, 55, 58, 59, 79, 82, 95, 99, 127, 135
áreas ambientalmente frágeis 119
áreas cársticas 150
áreas côncavas 201
áreas construídas 229, 239
áreas críticas de risco 31
áreas de instabilidade 138
áreas de mineração 136
áreas de preservação 207
áreas de proteção ambiental 192
áreas de risco 31, 135, 175, 236
áreas erodidas 123
áreas impermeabilizadas 206
áreas impermeáveis 96
áreas limítrofes 190
áreas metropolitanas 120
áreas montanhosas 213
áreas não urbanizadas 239
áreas periurbanas 56
áreas planas 76
áreas protegidas 201
áreas rurais 29, 39, 43, 58, 215
áreas urbanas 15, 18, 21, 30, 31, 32, 33, 34, 48, 56, 62, 63, 71, 73, 78, 81, 83, 87, 102, 104, 108, 118, 131
áreas urbanas organizadas 199
áreas vedadas à ocupação 236
áreas verdes 98, 99, 101, 119, 229
Arecaceae 197
Areia 51, 153, 156, 158
areia grossa lavada 103
arenito 50
argila 31, 156, 157, 158
argilas moles 150
argilominerais 157
argiloso 50

arquitetos 29, 138, 141
arquitetura 105, 222, 240
arrimo 179
arroios 96
arsênio 92
árvores 197
aspectos ambientais 199
aspectos geológicos 149
assentamento em áreas inundáveis 229
assentamento precário 119
assoalho topográfico 124, 126
Associação Internacional para a Geologia de Engenharia 161
Assoreamento 44, 96, 98, 99, 132, 135, 164
assoreamento da bacia hidrográfica 130
atentados urbanísticos 98
aterramento 121
aterro 19, 43, 63, 118, 132, 135, 136, 149, 160
aterros controlados 60, 62
aterros instáveis 119
aterros sanitários 160
atividade agrícola 34, 127
atividade biológica 122
atividade de construção 127
atividade microbiana 59
atividade produtiva 122
atividades antrópicas 76
atividades construtivas 135
atividades de geotecnia 149
atividades de uso 237
atividades do homem 234
atividades geotécnicas 149, 160
atividades humanas 61, 133, 136, 205, 222
atividades humanas na cidade 229
atividades industriais 62, 63
Atlântico Leste 90
Atlântico Nordeste Oriental 90
atributos cênicos 218
atrito das águas 76
Atterberg 157
atuação humana 20
Áustria 82
Autóctones 50
autoridades municipais 29
avaliação de impactos ambientais 194, 223
avaliação de risco 107
avaliação do meio físico 161
avaliações ambientais 193, 223
avenidas 239
bacia 80, 87, 97, 99, 203
bacia de captação 200, 203
bacia de drenagem 87, 163
Bacia do Paraná 212
Bacia do Piabanha 205
Bacia do Rio Pará 92
bacia hidrográfica 73, 82, 87
bacia urbana 97
bacias de amortecimento 95
bacias de captação 202
bacias de detenção 97
bacias de detenção permanentes 97
bacias de detenção secas 97
bacias de drenagem urbanas 93
bacias de infiltração 97
bacias de retenção 97
bacias hidrográficas 13, 75, 79, 89, 192, 230, 241
bacias hidrográficas urbanas 73, 107
Bagé 84
Bahia 193
Baía de Guanabara 239
Baía de Sepetiba 65
bairros 192, 197, 239
bairros densamente povoados 204
bairros loteados 126
baixa capacidade de suporte de cargas 163
baixa declividade 38, 77

baixa fertilidade 50
baixa precipitação 52
baixa renda 86
baixa resistência 163
Baixada Fluminense 106
Baixada Santista 91
baixadas 216, 228, 234
baixadas inundadas 201
baixios 239
baixo curso de um rio 77
baixo curso dos rios 82
bancos de dados 192
bancos de deposição 61
Bangkok 139
Bangladesh 82
Barbaças 178
Barra da Tijuca 130
Barragem 65
barragem de efluentes 64
barras de aço 181
barreiras hidráulicas 160
basalto 50
base do morro 211, 212, 216
Belo Horizonte 56, 89, 92, 118, 135
benefícios ambientais 108
benefícios hidrológicos 109
bens materiais 210
biodiversidade 102, 202
bioengenharia 183
bioindicadoras 102
biosfera 71, 228
biótico 190
bioturbação 48
bloco de rochas 23, 152, 179, 181
blocos rochosos 47, 174
Blumenau 84
bocas de lobo 79, 85
borda dos platôs 212
Botafogo 239
Bramaputra 83
Brasil 36, 44, 45, 54, 58, 75, 76, 83, 84, 87, 88, 94, 95, 105, 106, 109, 118, 119, 120, 121, 124, 135, 169, 189, 194, 198, 199, 237
Brita 179
bueiros 79
burocratismo de Estado 191
caatinga 46
cabeceiras 216
cabeceiras de drenagem 36
cabeceiras de pontes 23
cabos subterrâneos 21
cadeia legal 211
cadeias 213
cadeias de morro 217
cadeias montanhosas 218
cádmio 60, 65
caixas de arame galvanizado 179
Cajamar 176
Calçada 78, 102
Calcário 176
cálcio 61
calhas de drenagem 236
calhas fluviais 14
Califórnia 29, 30
camada inferior 53
camada orgânica 71
camadas 63
camadas de solo 58
cambissolos 49
Campinas 89
Canadá 109
Canais 138, 200
canais de ordem zero 200
canais fluviais 13, 16, 56, 163
canal 33, 240
canal de drenagem 33
canalização 72, 75, 76, 93, 95
canteiros centrais 102
caos urbano 84
capacidade de drenagem 163

capacidade de transporte de sedimento 202, 203
capacidade de troca catiônica 46
capeamento em concreto de taludes 239
captação 182
captação de água 49, 75, 182
captação de água de chuva 99
características antrópicas 204
características dos solos 48, 50
características físicas 63
características hidrológicas 58
características mecânicas dos blocos 175
características originais dos solos 43
características químicas dos solos 44
características topográficas 119
Caraguatatuba 135
caráter holístico 194
carbono orgânico 62, 65
carga de sedimento 127
cargas de esgoto 88, 90
cargas poluidoras 91
carst 176
cartas geográficas 213
cartas topográficas 17
cartografia 214, 215
cartografia urbana geomorfológica 134
Cartographie Geotechnique 161
Casagrande 157, 158
Casas 99
cascalho 23, 33, 103
Cascavel 89
Catamorfismo 52
catástrofes 21
catastrófico 26
cauliníticos 46
cavas abandonadas 136
cavernas subterrâneas 176
cavidades 176
Cedae 75
cenário 223, 231, 235, 240
cenário de impactos 202
cenário urbano 205
cenários pesados 221
Centro Histórico de Petrópolis 204
Centro-Oeste 46, 215
Cerâmicas vitrificadas 238
CETESB 91
Chapadões 211
check-lists 198
cheia 56, 82, 106, 127, 163, 204
cheias naturais 93
Chile 196
China 82, 133
Chorume 62
Chumbadores 179
chumbo 60, 65, 92
chuva acumulada 169
chuvas 31, 32, 33, 35, 37, 60, 84, 107, 227, 238
chuvas concentradas 25
chuvas de curta duração 169
chuvas torrenciais 79, 87, 100
Cia. Mercantil Ingá 64
Cianeto 92
cicatrizes 36
cicatrizes de escorregamentos 61
ciclagem de nutrientes 46, 72
ciclo da água 102
ciclo hidrológico 57, 73
ciclo hidrológico urbano 73, 98
cidade 16, 19, 23, 31, 34, 35, 36, 39, 56, 57, 59, 61, 74, 75, 84, 95, 108, 117, 118, 120, 126, 127, 129, 130, 133, 134, 135, 136, 139, 150, 164, 190, 197, 200, 205, 206, 216, 231, 240, 242
cidade construída 127
cidade de Goiás 204
cidade de São Paulo 126
Cidade dos Meninos 60
cidades americanas 30
cidades brasileiras 36, 60, 82, 84, 100, 120, 163, 206, 230, 236, 242

cidades sustentáveis 104, 109
cidades tropicais 139
ciência integradora 193
ciências 20
ciências agrárias 227
ciências da Terra 20
cientificismo cartesiano 229
cinturão orogenético 210
circulação das águas subterrâneas 176
circulação de água 48, 177
circulação de águas superficiais 234
cisalhamento 174
cisalhamento de encosta 26
civilização 223
classe de solo 151
classes de alteração 152
classes granulométricas 156
classificação de rochas 159
classificação de solos 54, 61, 156
classificação geológica convencional 159
classificações geotécnicas 157
clima 37, 44, 45, 51, 99, 151, 193, 228
clima chuvoso 86
clima tropical 51, 52
clima tropical seco 51
clima urbano 99
climas áridos 215
climas temperados 51
climatologia 193, 203
climatologia regional
clinômetro 17
cobalto 62
cobertura pedológica 82
cobertura vegetal 16, 32, 33, 34, 37, 38, 43, 58, 72, 77, 82, 99, 102, 103, 136, 235
cobre 60, 62
Código de Postura Municipal 236
Código Florestal 201, 202, 211
coeficiente de curvatura 156
coeficiente de não uniformidade 156
coeficiente de restituição 175
coesão efetiva 170
colapso 196
colapso de teto 34
colapso dos recursos 224
colapso dos recursos naturais 223
colapso em superfície 177
coleta de esgoto 119
coleta de lixo 78, 79, 85
coleta seletiva 81
coletor 238
coliformes 93
coliformes fecais 104
colinas 126
colinas regionais 126
colonização de rochas 47
colonizadores europeus 197
Colorado 18
Colúvio 33
Coluvionamento 51
combate à erosão 35
combate à erosão superficial 183
combustíveis 48, 59
compacidade 154, 158
compactação 58, 63, 65, 66
compactação do solo 29, 48, 104
Companhia de Saneamento do Paraná 92
compartimentação estrutural 174
compartimentos ambientais 63
componentes físicos 231
comportamento de solos
comportamento geomecânico 150
comportamento geotécnico 152, 156
comportamento humano 78
comportamento plástico 26
composição de solos 58, 148
composição geológica 213
composição química 51
compostos orgânicos 60
compostos químicos 51
comprometimento ambiental 81
comunidades 234, 235

côncava 28
concavidades 38
conceitos topográficos 210
concentração de água superficial 28
concreto 147
condição de instabilidade 174
condição do equilíbrio 168
condicionamentos biofísicos 117
condições ambientais 239
condições críticas 234
condições do meio físico
condições ecológicas 232
condições geomorfológicas 149
condições hídricas 49
condições hidrológicas 181
condições naturais 73, 238
condições químicas 48
condutividade hidráulica 63, 72
configurações geomorfológicas 236, 241
conformação de relevo 232
conhecimento de geologia
conhecimento geológico 138
conhecimento técnico e científico 207
conhecimentos técnicos 138
conjunto de morros 212
conjunto de redes 229
conjuntos de montanhas 216
conjuntos habitacionais 30
conjuntos serranos 215
Conselho Nacional de Meio Ambiente 189, 190, 209
Conservação 207, 218
conservação ambiental 205, 206, 227
conservação da natureza 216, 221
conservação do ambiente urbano 237
conservação dos recursos ambientais 211
conservação dos recursos naturais 105
conservação dos solos 200
conservacionista 209
consistência 158
consolidação de fundações 236, 241
Constituição da República 189
Constituição Federal 160
constituintes tóxicos 61
construção 74, 231, 237, 239
construção civil 29, 30, 35, 99, 104, 138
construção da cidade 227, 240
construção de casas 21
construção de edificações 58
construção de estradas 24
construção de galerias 23
construção de moradias 53
construção de prédios 29
construção de ruas 19
construção do edifício 240
construção do prédio 238
construção em encostas 235
construção no subsolo
construção urbana 133, 237
consultores 209
consultorias 207
consumo descontrolado 196
Contagem 92
contaminação 62, 92
contaminação das águas superficiais 98
contaminação de áreas urbanas 230
contaminação de solos 153, 184
contaminação dos corpos hídricos 88
contaminação do lençol freático 238
contaminação do solo 44, 58, 62, 65
contaminação microbiológica 63
contaminação orgânica 63
contaminantes 65
contenção 181
contenção de blocos isolados 181
contenção de encostas 98
conteúdo de carbonatos 62
contração das argilas 54
contribuições geomorfológicas 138
controle biológico 97
controle da poropressão 182
controle de drenagem 178
controle de enchentes 94
controle de erosão 99, 182

controle de poeira 104
controle de sedimentos 136
conurbação 160
convexas 17
coordenação interdisciplinar 192
copa da árvore 71
copas 71
copos d'água
cordilheiras 193
corpo rígido 165
corpos d'água 73, 87, 90, 200
corpos fluviais 163
corpos hídricos 92, 93, 200, 201, 205, 230
corredores ecológicos 108
córrego 62
corrente 76
corridas de lama 25
corridas *flows* 28, 165
corte de estrada 23
cortes 135, 136, 178
cortes de taludes 61, 118
cortes indiscriminados 30
cortes verticais 234
cortinas atirantadas 181
costa atlântica 212
cota da depressão 216
crédito tributário 107
crescimento 118
crescimento acelerado 118
crescimento das cidades 149, 202, 233
crescimento das plantas 47
crescimento desordenado 228
crescimento humano 18, 117
crescimento urbano 198, 199, 203
criação de modelos 29
crise ambiental urbana 118
critério de ruptura 165
cromo 62
crostas 34
creep 27, 28, 38
creep contínuo 28
creep progressivo 28
creep sazonal 28
Cubatão 169
Cultivo 62, 227
Cumes 212
cupins 47, 53, 193
Curitiba 84, 89, 101, 118
curso d'água 44, 76, 77, 80, 87, 94, 95, 96, 108, 135, 203
curso d'água urbano 109
curso do rio 201
curtume 75
curvas de nível 212, 214, 215, 217
curvas granulométricas 157
custos de operação 96
custos financeiros 37
dados georreferenciados 222
dados geotécnicos 161
dano ambiental 37, 38, 57, 236 , 241
danos 38, 189, 191
danos materiais 21
danos sociais 163
datações radiocarbônicas 196
DBO 60
decapeamentos 43
declive 21
declividade 26, 32, 37, 49, 82, 119, 165
declividade da encosta 17, 71
declividades reduzidas 49
decomposição 46, 58
decomposição microbiana 59
Defesa Civil 31, 84, 106
deficiência hídrica 45
deflação eólica 215
deformabilidade 153
degradação 48
degradação ambiental 34, 102, 210, 227
degradação do ambiente urbano 228
degradação do patrimônio construído 240

degradação dos solos 44
deltas 139
dengue 81
densidades populacionais 82
denudação 13
dependência tecnológica 105
deposição 38, 46, 50, 77, 136
deposição de conchas calcárias 58
deposição de resíduos 66
depósito de lixo 230
depósito de sedimentos 204
depósito de tálus 19
depósitos tecnogênicos 61
depósitos atuais 132
depósitos construídos 122
depósitos correlativos 123
depósitos induzidos 122
depósitos irregulares 60
depósitos tecnogênicos 122, 123
depressão 211, 214, 215, 217
depressões no terreno 97
DQO 60
desafios técnicos 197
desaparecimento das florestas 196
desastres 25, 135, 139, 228
desastres geomorfológicos 37
desastres urbanos 133
desbarrancamento 100
desbarrancamentos das margens 77
descargas de esgotos 229
descontinuidade 31, 170
descontinuidade no meio 148
descontinuidades estruturais 152
descontinuidades mecânicas 28
desdobramentos 234
desempenho de materiais 227
desempenho do sistema 240
desempenho energético 241
desenho urbanístico no Brasil 239
desenvolvimento 138, 207, 209
desenvolvimento urbano 130, 136, 210, 211, 222, 241
desenvolvimento da região 221
desenvolvimento de modelos 107
desenvolvimento de processos 193
desenvolvimento dos solos 49, 66
desenvolvimento humano 197
desenvolvimento limpo 222
desenvolvimento sustentável 221
desenvolvimento urbano 222
desequilíbrios ambientais 240
desestabilização de encostas 231
desgaste do terreno 26
deslizamento 22, 27, 30, 120, 132, 231, 236, 241
desmatamento 20
desmatamento das margens dos rios 84
desmoronamento 120
despejos de lixo 135
dessecação da água 197
dessedentação 74
destinação final do lixo
destruição de floresta 227
desvalorização do espaço 120
detachment 34
detritos 33
detritos orgânicos 71
diabásio 50
diagnósticos 37, 193, 195, 198, 201, 222
diâmetro efetivo 156
diferenciação dos solos 52
diferenciação dos horizontes 52
diferentes feições 26
dinâmica externa 149
dinâmica fluvial 82
dinâmica geomorfológica 232
dinâmica hidrológica 57
dinâmica natural 234
dinâmica terrestre 124
diplomas legais 207
diques 95, 96
direção de encostas 22
dispersão de fluxo 38
disponibilidade de alimentos 197

disponibilidade hídrica 90
disposição de resíduos 183
dispositivo normativo 214
dispositivos hidráulicos 97
dispositivos legais 237
dissolução 176, 177
distribuição das águas 82
distribuição das vegetações 193
distribuição espacial 161, 222
distribuição espacial de solos 183
distribuição granulométrica 156, 167
distritos 192
distritos brasileiros 90
divisão social do trabalho 118
divisões político-administrativas 192
DNOS 96
doenças 75, 81
domínios úmidos brasileiros 201
domínios urbanísticos 204
dragagem 93, 182, 204
drenagem 56, 93, 127, 235, 241
drenagem das águas 23
drenagem dos pântanos 239
drenagem natural das encostas 200
drenagem profunda 182
drenagem superficial 182
drenagem urbana 76, 82, 93, 235, 238
drenagem urbana precária 229
dreno 178, 182
drenos sub-horizontais 182
dunas 139
Duque de Caxias 60
dureza da rocha 152
ecologia 141, 197, 221
ecologia das paisagens 224
ecologia humana 141
economia 193
economia de água 99
economia de escala 105
economia local 107
ecossistema 58, 108
edificações 57, 61, 72, 118, 233, 236, 241
edificações precárias 236
edifício 227, 229, 240, 241
edifício inteligente 105
edifício sustentável 105
edifícios verdes (*green building*) 105
educação ambiental 101
efeito catastrófico 21
efeito da água 174
efeitos geológicos 122
efeitos hidrológicos 170
efeitos mecânicos 170
efeitos *offsite* 37
efluentes industriais 60
elementos tóxicos 59
elevações 212
embalagens de alimentos 78
embasamento científico geomorfológico 199
empreendedores 209
empreendimento sustentável 105
encharcamento 49
enchente histórica 96
enchente potencial 30
enchentes 25, 76, 79, 81, 82, 83, 84, 85, 86, 95, 96, 98, 107, 120, 136, 163, 206, 229, 234, 236, 240
enchentes de Manaus 106
enchentes do Rio Reno 82
enchentes urbanas 87, 97, 98
encostas 13, 15,16, 18, 19, 20, 21, 22, 23, 24, 25, 26, 30 , 31, 32, 33, 37, 38, 39, 44, 50, 83, 99, 119, 120, 139, 165, 174, 175, 178, 179, 181, 201, 234, 239
encostas artificiais 19, 24
encostas controladas 38
encostas íngremes 25, 119
encostas naturais 26
encostas ocupadas 19
encostas terraplenadas 132
encostas urbanas 14, 21, 23, 29, 30, 37, 38, 39, 169

energia 77
energia cinética 46,175
energia elétrica 96
energia solar 105
enfoque geomorfológico 202, 221
enfoques geossistêmicos 198
engenharia 138, 140, 141, 153, 159, 172, 184, 193, 200, 209
engenharia civil 147
engenharia geotécnica 147, 153, 156
engenharia rodoviária 194
engenheiros 16, 29, 136, 137, 140, 141, 203
engenheiros florestais 138
engenheiros geotécnicos 149, 150
Engineering Geological Mapping 161
ensaio de compressão 159
ensaio granulométrico 156
ensaios de laboratório 167
entulho 234
enxurrada 127
episódios urbanos 241
equação 165, 168, 170, 175, 178
equilíbrio das encostas 29
equilíbrio dinâmico 77
equilíbrio hidrológico 107
equilíbrio-limite 165
equilíbrio natural 37
equipamento urbano 102, 149, 169
equipes técnicas multidisciplinares 222
erodibilidade dos solos 34
erosão 13, 34, 38, 50, 77, 99, 123, 129, 198, 200, 240
erosão acelerada 32, 34, 36, 118, 121, 127, 136
erosão dos solos 14, 15, 25, 26, 33, 56, 197
erosão em lençol (*sheet erosion*)
erosão laminar *wash* 33
erosão nas cavas 136
erosão por *splash* 38
erosão remontante 200
erosão urbana 36, 57
erosividade da chuva 34
escadarias 125
escala 35, 120, 162, 230, 231
escala de vertente 48
escala global 133
escala grande 133
escala histórica 119
escala local 24
escala pequena 133
escala urbana 242
escalas espaçotemporais 132
escalas temporais 124, 133
escarpamentos abruptos 213
escarpas 212
escarpas de falhas 213
escavação 47, 65
escavações 35, 61, 183
escavações subterrâneas 150, 176
escoamento 72, 97, 127
escoamento da água 23, 56, 72, 178
escoamento da chuva 84
escoamento local 35
escoamento superficial 32, 34, 48, 49, 57, 59, 97, 102, 127, 149, 178, 182, 238
escoamento superficial (*surface wash*) 26, 33
escorregamentos 28, 30, 53, 119, 165, 169, 170, 228
escorregamentos de taludes 170
escorregamentos planares 165
escorregamentos (*slides*)
esculturação das paisagens 123
esforços de instabilização 178
esgotamento 235
esgotamento dos recursos naturais 222
esgotamento sanitário 90, 235
esgoto 21, 87, 89, 91, 205, 241
esgoto coletado 90, 91
esgoto doméstico 87, 90

esgoto doméstico urbano 90
esgoto nos rios 91
esgoto sanitário 119
espaço 138
espaço produzido 119
espaço urbano 57, 102, 120, 126, 140, 230
espaços construídos urbanos 228
espaços de ocupação 76
espaços físicos 120
espaços vazios 63, 156
espaços vazios do solo 153
espécie humana 196
espécies inadequadas 234
espécies vegetais 183
espelhos d'água 104
espessura de solo 165
espigões 126
Espírito Santo 106
estabilidade 174
estabilidade da lasca 174
estabilidade das encostas 26, 30, 183
estabilidade de construção 241
estabilidade dos taludes 168
estabilidade geológica 202
estação seca 54
estação úmida 54
estacionamentos abertos 103
estações de tratamento 73
estações do ano 31
estações pluviométricas 106
Estado do Rio de Janeiro 106
estado plástico 157
Estados Unidos 105
estágios de alteração em rocha 152
estágios de evolução 194
estátuas monolíticas 196
estiagem 55
estrada 53, 136, 205
estratégias de espacialização 222
estratégicas públicas 198
estratificação 63
estrutura em blocos 50
estrutura microgranular 46
estruturas cristalinas 157
estruturas da rocha 31
estruturas de estabilização 179
estruturas hidráulicas 35, 97
estruturas urbanas 61
estudo das encostas 38
estudo geomorfológico 117
estudos ambientais 230
estudos holísticos 224
ETAs 73
ETEs 73, 92
eutrofização 90
evaporação 84
evaporação da água 46
eventos catastróficos 25, 29, 30
eventos de chuva 168
eventos pluviométricos 57
evolução das encostas 14, 24
evolução do relevo 229
evolução paisagística 221
evolução periurbana 206
evolução quaternária do relevo 213
execução de aterros 179
expansão das cidades 198
expansão demográfica 130
expansão de argilas 55
expansão urbana 91, 130, 194
exploração de madeira 32
extensos derramamentos basálticos 215
extravazamento do corpo hídrico 163
exultório 72, 73
fábrica 60
fábricas de fertilizantes 59
face livre da encosta 27
faixa marginal 200, 201
faixas marginais de corpos hídricos 199, 205
faixas marginais de proteção 203
falha 22, 27, 148, 174

fase líquida 153
fase sólida 153
fase vapor do contaminante 153
fatia de solo 165
fator de segurança 165, 168, 169, 174, 178
fatores antrópicos 82
fatores geológicos 123
fauna 48, 58, 193, 196, 202
fauna aquática 108
favelas 19, 31, 119
favelização 229
feição desordenada 236
feições cársticas 177
feições de relevo 211
feições erosivas 33
feições estruturais 170
feições geológicas 122
feições geomorfológicas 201, 210
feições topográficas 122
fendas abertas 54
fendilhamento 53
fenômeno geomorfológico 126
fenômeno urbano 230, 234
fenômenos expansionistas 197
fenômenos naturais 241
ferramenta de ordenação 203
ferro 61
físico 190
fisiologia das paisagens 123
fitogeográfico 196
flagelados 96
Flamengo 239
Flora 193
florações de algas 90
floresta primitiva 205
floresta tropical 71
florestas 19, 196, 232
florestas estacionais 193
Florianópolis 84, 85
fluidos 153
fluidos altamente viscosos 28
flutuações climáticas 217
fluxo 27
fluxo dos contaminantes 63
fluxo dos pequenos rios 233
fluxo efêmero 33
fluxo energético 194
fluxo gênico 202
fluxos hídricos 201, 206
fluxos superficiais 48
fluxos torrenciais 200
focos de vetores 76
folhas 71, 72
foliações metamórficas 148
fonte de contaminação 64
força de cisalhamento
força gravitacional 174
força normal 168
forças naturais 121
forma 48
forma da vertente 49, 132
forma das encostas 17, 33, 82
forma dos grãos 155, 167
forma planar 28
formação de argila 53
formação de dutos pipes 34
formação do solo 34, 44, 46, 50, 52
formações sedimentares 122
formas 235
formas da natureza 231
formas de relevo 13, 36, 131, 132, 135, 193, 231
formigas 47
fotografias aéreas 126
foz 96
frações granulométricas 203
frágil equilíbrio 235
fragilidade do meio físico 149
fragilidades 162
fragmentação mecânica 47
Franca 97
franja capilar 63

fratura 47, 148, 170, 174, 182
fraturas das rochas 182
fraturas de alívio 172
frequência das enchentes 72
frequência das inundações 56
friabilidade 152
função ambiental 202
função da urbanização 235
função ecológica 61
funcionamento hidrológico 100
Fundação Centro Tecnológico de Hidráulica 106
fundações de construções 183
fundo de vale 13, 43, 55, 57
gabarito 237
gabiões 179
galerias 79, 126
galerias de águas pluviais 56
galerias fluviais
galerias pluviais 21, 23, 30
galhos 71
Ganges 83
garrafas plásticas 78
gás 84, 153
gases 153
geociências 161
geografia botânica 193
geografia da Terra 239
geografia física 221
geologia 17, 37, 136, 137, 141, 183, 193
geologia de engenharia 147, 148
geólogo urbano 138, 139
geólogos 17, 29, 136
geometria da lasca 174
geometria das encostas 19
geometria do canal fluvial 82
geometria dos taludes 168, 178
geomorfologia 13, 16, 17, 20, 30, 33, 37, 38, 77, 117, 121, 125, 126, 127, 130, 131, 135, 136, 138, 139, 151, 193, 194, 196, 197, 198, 202, 203, 206, 209, 210, 214, 215, 221, 228, 230
geomorfologia ambiental 191
geomorfologia antrópica 127
geomorfologia aplicada 138
geomorfologia urbana 14, 39, 118, 125, 126, 129, 131, 133, 135, 140, 141, 142
geomorfológica humana 123
geomorfólogo 16, 17, 120, 133, 138, 140, 234,
geomorfólogo urbano 134, 138, 141, 142
geossistema 192, 193, 194, 197, 202, 222
geossistemas paisagísticos 204
geotecnia 53, 147, 149, 151, 156, 184
geotecnia urbana 160, 184
geotécnica 230
geotécnicos 183
geotêxtil 182, 236
geração de energia elétrica 74
geração de ravinas 238
gerenciamento de áreas de risco 229
gestão 222
gestão ambiental 194, 218, 223
gestores 140
gestores de cidade 136
gleissolos 55, 56
Goiânia 36
Goiás 215
governo local 78
gradeamento metálico 239
gramíneas 34, 102
grandes acidentes 64
grandes centros 198
grandes cidades 18, 79, 100, 108, 109, 118
grandes extensões urbanas 236
grandes profundidades 71
grandeza física 159
granulometria 63
grau de pavimentação 86
grau de urbanização

gravidade 26, 27, 29
Guarujá 135
habitação 206, 210
habitações ribeirinhas 106
HCH 60
hidrocarbonetos 65
hidrologia 58, 77, 151, 193, 203, 228
hidrológicas 135
hidrosfera 71
higiene 74
história global 221
Holanda 105
holoceno tardio 196
homem 24, 25, 72, 76, 94, 122, 131, 132, 133, 140, 195, 198, 203, 206, 223, 227, 229
Hong Kong 30, 31
horizonte 63
horizonte A 48, 49, 58, 151
horizonte B 53, 151
horizonte C 151
horizonte de solo 152
horizonte diagnóstico 151
horizontes inferiores 46
horizontes menos desenvolvidos 49
horizontes pedogenéticos 151
horizontes resistentes 181
Hungria 61
IBGE 85, 118
idade do solo 52
IET 88, 90
Ilha de Páscoa 196
ilha isolada 196
ilhas de calor 99
ilhota 84
imóveis 65
impactância ambiental 221
impacto antropogênico 24
impacto humano 231
impacto sobre o solo 46
impactos 16, 19, 24, 93, 129, 131, 135, 191
impactos ambientais 37, 105, 140, 190, 223
impactos ambientais dos projetos 192
impactos da atividade humana 231
impactos negativos 131, 140
impermeabilização 127, 149
impermeabilização de grandes áreas 82
impermeabilização do solo 21, 240
impermeabilização extensiva 127
implantação das áreas urbanas 56
implantação das cidades 43
implantação de projetos 239
importância da tecnologia 239
inclinação do talude 165
índice de aproveitamento 237
índice de consistência 157
índice de plasticidade (IP) 157
índice de problema geológico 30
índice de qualidade da água 91
índice de qualidade das águas (IQA) 88
índice de vazios 153
índice do estado trófico 90
índice físicos do solo 153
índice populacional 130
índice urbanístico 238
índices de poluição do ar 228
índices físicos 153
industrial 91
indústrias 59, 120
infiltração 35, 48, 72, 93, 99, 127, 182
infiltração da água 99
infiltração da água no solo 100
infiltração das águas pluviais 149
infiltração de água da chuva 238
influência de seres humanos 58
informações ambientais 133
infraestrutura 35, 36, 119
infraestrurura urbana 127, 149
Inglaterra, 109, 134
íngremes 139
inundações 55, 56, 82, 84, 105, 107, 118, 127, 129, 136, 183, 228

inundações das planícies 56
inspeções 29
instabilidade 21, 22, 169, 235
instabilidade de encostas 149, 164
instabilidades ao lugar 234
instabilidades de taludes 160
instalação de dutos 21
instalação de redes de águas pluviais
instalação hidráulica 104
Instituto de Pesquisas Tecnológicas 120, 176
Instituto Estadual do Ambiente 106
integração de dados 190
intemperismo 13, 30, 38, 47, 50, 229
intensidade das cheias 82
intensidade de chuva horária 169
intensidade de precipitação 169
interferência antrópica 132, 232
interferência hidrológica 121
interferência humana 77
interpretação da natureza 191
interpretação geográfica 224
intervalo de recorrência 56
intervalos de tempo 133
intervenção antrópica 74, 230
intervenção humana 14, 20
intervenções antrópicas 74, 76, 93, 133
intervenções antrópicas urbanas 130
inundação das áreas marginais 78
inundação dos rios 120
inundações 43, 82, 85, 138, 164, 231
invasões 241
inventário local de acidentes 174
investigação geotécnica 149
investimentos técnicos 241
íons tóxicos 61
Iphan 204
IPTU 107
IQA 92
Irrigação 74
Itaguaí 64
Itajaí 84
Jacarepaguá 130
Jamaica 139
Jardins 103
João Pessoa 89
Juiz de Fora 89
juntas 22
juristas 209
jusante 77, 93, 97, 127
Kingston 139
laboratório 175
ladeiras 125
Lago Guaíba 95
Lagos 73, 99, 100, 136, 179
Lagoa Santo Antônio 75
Lagoas 73
lâmina de aço 152
lançamentos de partículas 183
landscape 131
landslide 27
largura 77
largura do rio 201
largura unitária 172
lascas de rocha 28, 170, 174
latas de alumínio 78
lazer 88
legislação 192, 200, 203, 206, 216, 221, 241
legislação ambiental 190, 198, 199, 204, 223
legislação de uso do solo 190
legislação municipal 237, 238
legislador 206, 207
leis ambientais 206
leitos 203
lençóis subterrâneos 71
lençol d'água 93
lençol d'água adjacente 211, 214, 217
lençol freático 63, 65, 201, 232
lençol freático adjacente 204
lentes 63

leques aluviais inundáveis 150
licença ambiental 189, 202
licença de obras 202
licenciamento 194, 211
licenciamento ambiental 192, 195, 198, 202, 209, 211, 221
licenciamento prioritário 202
limiares geomorfológicos 124
limitações físicas 134, 141
limite do equilíbrio 165
limites à construção 237
limites de Atterberg 156, 157
limpeza pública 229
limpeza urbana 85
linha de base 216, 217
linhas de cumeada 121, 217
linhas de vazão 200
liquefação 30
líquido 153
litologia 50, 174
litoral sudeste brasileiro 135
litosfera 71
lixiviação 51
lixo 79, 80, 87, 233, 235
lixo doméstico 81
lixo urbano 86, 87
lixões 60, 62
locais alagados 56
locais habitados 175
locais inadequados 234
locais insalubres 120
localização do edifício 238
lodo 97
loess 33
logradouro 75
Londres 109
Londrina 92
Los Angeles 29
lote 238
loteamentos irregulares 119
Lúcio Costa 130
Macaé 109
maciço rochoso 152
maciços 99, 148, 178
macrófias aquáticas 90
macroflora 46
magnésio 61
magnitude 21, 72
magnitude elevada 176
malhas urbanas 197, 205
mananciais 75
Manaus 106
mancha urbana 54
Manchester 135
manejo do solo 37
manejo inadequado 38
mangues 119
manta geotêxtil 179
Mantiqueira 213
mantos de alteração 51
manutenção da cidade 236
manutenção do uso do solo 141
mapa de solo 56
mapa geológico 161
mapa geotécnico 161
mapas básicos de declividade 163
mapas de fluxo 164
mapas de suscetibilidade 163
mapas de vulnerabilidade 222
mapas geológicos convencionais 161
mapas pedológicos 54
mapeamento 38, 162
mapeamento de solo 56
mapeamento geotécnico 161, 184
mapeamentos 30
máquinas agrícolas 48
marcos turísticos nacionais 204
mares 73
mares de morros 200, 212
margens 76, 78, 87, 135, 203
margens do rio 23, 56, 98, 119, 210
Mass wasting 26

massa de solo 28, 152, 165, 179
massa falida 64
massas de rochas eruptivas 213
matas 34
mata atlântica 200
matas ciliares 100
matéria ambiental 191
matéria orgânica 46, 48, 53, 61
matéria orgânica decomposta 153
materiais 63, 235
materiais alternativos 104
materiais tóxicos 61
materiais de regolito 30
materiais de superfície 63
materiais depositados 66
materiais escavados
materiais geológicos 148, 183
materiais originais 193
materiais rochosos 23
materiais superficiais 232
materiais técnicos 236
material de origem 44, 51, 151
material de origem do solo 50, 53
material desagregado 53
material deslocado 27
material parental 46
material transportado 27
matiz da rocha 170
Mato Grosso 85, 215
Meandros 76
mecânica das rochas 148
mecânica do solo 30, 148
medida de contenção 23, 170
medidas compensatórias 105
medidas de remediação 183
medidas emergenciais 31
medidas mitigadoras 23, 98, 127, 203
medidas não estruturais 105
medidas preventivas 26, 105
médio curso dos rios 77
meia encosta 36
meias-laranjas 215
meio 195
meio ambiente 58, 65, 106, 147, 183, 189, 192, 199, 203, 209, 222
meio ambiente urbano 160, 183
meio físico 14, 36, 131, 149, 160, 162, 184
meio físico urbano 236
meio geológico 147, 148
meio rural 14, 227
meio urbano 103, 127, 138, 162, 183, 184
melhoria do ambiente urbano 236
mercado imobiliário 119
meses de chuvas 241
mesofauna 47
metais 62
metais pesados 60, 62
metamórficas 170, 213
metapedogênese 231
método do equilíbrio 165
método do equilíbrio-limite165, 172
método dos elementos finitos 170
metodologia de AIAs 190
métodos 29,
metrópole 126
microagregado 48
microfauna 46, 48
microfissuras 47
micro-organismos 59
microtopografia 240
migração de contaminantes 63
migração de dunas 150
migração de fluidos 63
migração lateral dos fluidos 63
Minas Gerais 91, 100, 106, 109, 193, 200
mineração 24, 34, 135
mineração de áreas urbanas 136
minerais 31, 44, 51
mineralogia 167, 192

minhocas 47, 53
Ministério do Meio Ambiente 109
Ministério Público 223
mitigação dos acidentes 178
moais 196
modelado do relevo 193
modelado geomorfológico 194, 196
modeladores da paisagem 198
modelados complexos de relevo 210
modelados de relevo 214
modelagem 20
modelagem da biosfera 122
modelagem de relevo 216
modelo 29, 121, 130
modelo de talude 169
modelo de terreno 133
modelos econômicos 222
modificação do relevo 123
modificação do solo 53
modificações inseridas no terreno 240
modificações paisagísticas notáveis 241
Moji-Mirim 89
Monchões 193
monitoramento 90, 124
montanhas 211, 212, 213, 214, 216
montanhas hemisféricas 215
Montanhas Rochosas 19
Montante 21, 77, 93, 172, 216
Monte 213
montes artificiais 132
Montes Claros 89, 92
moradias 169, 197
morfogene do carste 136
morfologia 55, 107
morfologia do povoamento 235
morfologia urbana 234
morro 121, 211, 213, 217
Morro do Céu (Niterói, RJ) 63
mortandade de peixes 90
movimentação de sedimentos 123
movimento de massa 14, 21, 22, 23, 25, 26, 28, 29, 31, 33, 39, 83, 118, 135, 174, 231, 242
movimento de sedimentos 240
movimento de solo 26
movimento descendente 63
movimentos de massa catastróficos 242
movimentos de massa urbanos 25
movimentos rápidos 28
mudanças ambientais 20
mudanças climáticas 195, 223
mudanças espaciais 122
mudanças geomorfológicas 134
mudanças na urbanização 25
mudanças rápidas 21
mudanças sazonais 28
municípios 85, 135, 190, 192, 237
municípios brasileiros 85, 90
muro de gravidade 179
muros de arrimo 23, 178, 236, 241
muros de concreto armado 179
muros de gabião 23
muros de impacto 181
muros verticais de concreto 181
murundus 193
nascentes 216
natureza 77, 130, 189, 193, 224, 228, 229, 231, 239
natureza antropomorfizada 123
natureza brasileira 195
natureza do terreno 16
natureza dos solos 30
natureza lenta do movimento 28
navegação 74, 88
necessidades humanas básicas 74
neossolo quartzarênico 51, 55
neossolos flúvicos 56
neossolos litólicos 49
níquel 60, 62
nitrogênio 62
níveis de trofia 90
nível do mar 83, 198
nível urbano 241
Nordeste 209
Nordeste semiárido 52

normas legais 209
Nova Friburgo 135
novas tecnologias 105
novos impactos 138
núcleos urbanos 61
número de pavimentos 237
nutrientes 51, 90, 100
objetos danificados 78
obras 54
obras civis 149, 152
obras de contenção 178
obras de contenção de encostas 98
obras de engenharia ambiental 109
obras de reservação 98
obras de retificação 75
obras estruturais 76
obras hidráulicas 77, 94
obras instaladas 36
obras viárias 75
obstrução de bueiros 85
oceano 73
ocorrência de inundações 86
ocupação 234, 241
ocupação antrópica 130, 235
ocupação da área urbana 241
ocupação das várzeas 239
ocupação de áreas de risco 234
ocupação de encostas 43
ocupação de morros 210
ocupação de terras 211
ocupação desordenada 25, 30, 36
ocupação do solo urbano 105
ocupação e uso do solo 130, 222
ocupação habitacional de encostas 135
ocupação humana 19, 22, 25, 196
ocupação informal do solo 199
ocupação intensa 20, 29
ocupação irregular 206, 241
ocupação irregular nas encostas 120
ocupação racional do solo 160
ocupação urbana 43, 236
ordem de grandeza 194
ordenamento das águas 182
ordenamento do uso do solo 214
ordenamento jurídico 189
organismos 44, 46, 53
organismos públicos 199
organismos vivos 51, 53
organossolos 55
órgão licenciador 203
órgãos ambientais 202, 205
órgãos de licenciamento 202, 223
órgãos oficiais de licenciamento 192
órgãos públicos 198
origem antropogênica 62
origem orgânica 61
origem tecnológica 61
Orleans 97
ótica tecnogênica 197
Ouro Preto 135, 204
out-backs urbanos 234
oxigênio 59
paisagem 19, 46, 57, 71, 97, 123, 131, 133, 193, 194, 195, 196, 203, 212, 213, 217
paisagem alterada 119
paisagem da cidade (*citycape*) 131
paisagem metropolitana 125
paisagem montanhosa 216
paisagem natural 228
paisagem urbana 76, 126, 133, 202, 229
paisagens fluviais 135
paisagens naturais 15
países desenvolvidos 36
países em desenvolvimento 35, 36, 136
países nórdicos 105
paleolítico 123
paleovoçorocas 200
palinologia 196
palma chilena 197
palmeiras 197
panorama histórico 194

pantanais 193
pantanal mato-grossense 193
pântanos costeiros 139
papel da vegetação 193
papel da vegetação na estabilidade 183
Paraíba do Sul 87
parâmetros de resistência e peso específico 168
parâmetros geológico-geomorfológicos 242
parâmetros mecânicos da fratura 174
Paraná 92, 215
parcelamento 237
parcelamento do solo 35
paredões abruptos 38
Parnaíba 90
parques 75, 102
parques fluviais 205
parques nacionais 192
parques urbanos 100, 102
partículas 33, 34, 193
partículas minerais 153
partículas sólidas 101
passivos ambientais 65
patrimônios históricos 204
pavimentação 57, 238
pavimentação impermeável 238
pavimentação das vias de circulação 82
pavimento 160
pavimento das calçadas 102
pavimento de áreas externas 238
pecuária 19
perícia técnica 200
pediplanos 215
pedogênese 49, 52, 150, 151
pedologia 37, 61, 151, 152
pedosfera 71
pedoturbação 53
pedra 156, 178
pedras empilhadas 178
peneiramento 156
peneplanos 215
penetração da água 104
pequena escala 139
percolação coletor
percolação de água 238
perda de produtividade econômica 229
perda de vidas humanas 76, 82, 135, 241
perdas materiais 25
perfil 17
perfil de alteração 183
perfil de equilíbrio 77
perfil de alteração 150
periferia 60
periferias das cidades 34
periferias urbanas 33
perímetro urbano 86
período pré-urbano 127
período urbano consolidado 127
períodos geológicos 195
permeabilidade 237
permeáveis 35
perturbação do terreno 35
perturbações antrópicas 124
peso de vegetação 170
peso do solo 168
peso da lasca 172
peso específico 168
peso específico da água 169
Pesquisa Nacional de Saneamento Básico 85
pesquisas arqueológicas 58
pesquisas geomorfológicas 121
pesticida hexaclorocicloexano 60
Petrópolis 21, 25, 120, 135, 164, 174, 175, 204, 205, 206, 239
pH 61, 176
Piauí 109
Pico 212
pico da cheia 58, 73, 97, 106, 127
piezômetros 169
Pirapora 90

Pirenópolis 204
piscinão 98
pisos externos 238
pisos hidráulicos 238
planalto 213
Planalto Central brasileiro 52
Planalto Meridional 212
planaltos basálticos 212
planejadores 29, 133, 138, 141, 142
planejamento 21, 26, 35, 87, 129, 130, 134, 138, 139, 149, 162, 230
planejamento adequado 33, 36
planejamento urbano 124, 134, 136, 149, 160, 161, 162, 163, 183, 184
planeta 82, 194, 195
planialtimetria 215
planície 82, 83, 86, 211, 216, 217
planície de inundação 76, 105, 163
planícies aluviais 139, 236
planícies aluvionares 52
planícies costeiras 195
planificadores 140
plano de estratégia de ocupação 130
plano de manejo 101
plano de ruptura 28
plano governamental 223
plano horizontal 211
plano inclinado 171
Plano Köeller 204
plano piloto 130
plano urbanístico 130, 204
planos de cisalhamento 31
planos de saneamento 205
planos de uso 94
planos diretores 206
planos locais 135
planossolos 55
planta industrial 64
plasticidade 157
plintossolos 55
PNSB 87, 90
pobreza ambiental 197
poças 34
poços de combustíveis 62
Poder Judiciário 223
Poder Público 160, 183, 234
Poder Público municipal 203
Polinésia 196
política municipal 241
política urbana 135, 141
políticas públicas 125, 142, 189, 197, 204
políticas públicas urbanas 135
polo urbano 130
poluentes 97, 100
poluição 87
poluição ambiental 60
poluição hídrica 87, 130
Pontal de Sernambetiba 130
ponto de choque 175
ponto de ruptura 28
população 75, 84, 103, 108, 164, 209, 210
população brasileira 160
população de baixa renda 119, 233
população residente 174
população sob risco 106
população urbana 35, 228, 236
populações humanas 202
poros 153
poropressão 31
porosidade 63, 238
porosidade do solo
Porto Alegre (RS) 89, 95, 105
postos de combustíveis 63
potencialidade turística 101
potencialidades 162
povoamento 235
povoamento de áreas de risco 241
povos primitivos 58
praças 35, 75
pragas urbanas 101
praias 138

precariedade da ocupação 119
precipitação 53, 71, 84, 200, 238
precipitações excepcionais 56
precipitação pluviométrica 169
prédios 232
prefeitura 75
prejuízo ambiental 240
prejuízos materiais 32, 241
preparo de alimentos 74
preservação 87
preservação do meio ambiente 161
preservação permanente 201, 205
Presidente Prudente 89
pressão de água 167 168, 169, 174
pressão demográfica 25
prevenção de danos 38
previsão 105, 169
previsão de escorregamentos 169
prioridades humanas 240
problemas ambientais 43, 57, 76, 93, 118, 127, 223, 228
problemas erosivos 35, 77
problemas habitacionais 210
problemas sociais 138
problemas subsuperficiais 138
problemas urbanos 44, 118, 133
processo de filtragem 99
processo de infiltração 57
processo de instabilização 169
processo de ocupação 130
processo de renaturalização 108
processo de sedimentação 50
processo de subsidência 177
processo de urbanização 119, 120, 127, 130, 163, 227
processo erosivo 31, 35, 36, 49, 55, 234
processo evolutivo natural
processo geomorfológico 25, 37, 120, 135, 240
processo hidrológico 202
processos 26
processos antrópicos 206
processos de bioturbação 46
processos de produção e manejo 227
processos da superfície 235
processos do meio físico 163
processos erosivos 33, 36, 38, 56, 57, 122, 150, 178, 235, 239
processos evolutivos naturais 231, 235
processos físicos 119
processos geo-hidrológicos 138
processos geomorfólogicos 21, 26, 77, 138, 139
processos geomorfológicos catastróficos 38
processos geomorfológicos naturais 138
processos hidrológicos 93
processos induzidos 234
processos morfodinâmicos 127
processos naturais 122, 139, 163, 194, 201, 234, 235, 238
processos pedogenéticos 49, 50, 53, 55, 61, 63, 65
produção de alimentos 227
produção de brita 183
produção de sedimentos 14, 118, 129
produção de zinco 64
produto cartográfico 162
produtos químicos 59
produtos tóxicos 59
profundidade 77
projetistas 222, 224
projeto 237, 239
projeto do edifício 242
projetos arquitetônicos 104
projetos de desenvolvimento 195, 217
projetos de engenharia 147, 148
projetos de urbanismo 222
projetos industriais 190
projetos públicos 189
projetos urbanísticos 130, 217
propagação de doenças 76

propostas de desenvolvimento 223
propostas de manejo 223
propriedades de engenharia 148
propriedades físicas 150, 231
propriedades fundamentais de engenharia 183
propriedades químicas 37
proteção contra enchentes 135
proteção de margens de rios 179
quadro natural 130
quadro urbano 76
qualidade ambiental 79, 99, 119, 221
qualidade ambiental das cidades 119
qualidade das águas 62, 73, 88, 90, 91, 92
qualidade das águas dos rios 87
qualidade de vida 44, 79, 83, 102, 191, 197, 222, 236
qualidade do ar 102
qualidade do solo 242
quartenária 196
quartenário 52, 123, 139 194, 196
queda livre 28
quedas de bloco 25, 28
quinária 196
quinário 122
quintais de casas 103
radiação do sol 49
raízes dos vegetais 72
rápida urbanização 35
rastejo 165
rastejamento 28, 38
ravina principal (*master rill*) 33
ravina (*rill*) 33, 36
ravinamento 34, 227
ravinas 44, 132
ravinas erosivas 200
razões solo/rocha 152
reabastecimento de aquíferos 217
rebaixamento do lençol freático 176
recalques 176
recarga de aquíferos 93
reciclagem 81
reciclagem de lixo 105
Recife 84, 85, 120, 135, 164
reconhecimento geológico 153
recuperação de áreas degradadas 19
recuperação de áreas para infiltração 107
recuperação de encostas 26
recuperação de vegetação 107
recursos ambientais 205
recursos hídricos 74, 75, 107, 109, 202
recursos naturais 38, 138, 228
recursos técnicos 236
rede de drenagem 86, 127, 149
rede de esgoto 23, 30, 35
rede hidrometeorológica 106
redes de monitoramento 88
redução da declividade 77
redução da infiltração 59
redução das inundações 98
redução de riscos 160
redução do empuxo lateral 178
redução dos canais 136
reflorestamento 236, 241
região metropolitana de Belo Horizonte 92
região metropolitana de Curitiba 84
região metropolitana de São Paulo 90, 98
Região Sudeste 210, 214, 215
Região Sul 84, 85, 215
Região Sul do Brasil 49
região tropical 53
regime de escoamento 35
regime hídrico do solo 48
regime pluviométrico 37
regiões 197
regiões habitadas 197
regiões hidrográficas 90
regiões metropolitanas 89, 90, 118, 120
regiões montanhosas 214
regiões serranas 135

regiões tropicais 19
regiões urbanas 201
registro histórico 134
regolito 27, 31
regulamentação do uso do solo 105
rejeitos 60, 64, 65
rejeitos industriais 87
rejuvenescimento dos solos 49
relações ecológicas 108
relatórios de impacto ambiental 222
relevo 48, 51, 57, 71, 198, 213, 215, 240
relevo acentuado 38
relevo movimentado 23
relevo terrestre 14, 17
relevos ondulados 211, 214, 215, 216
relevos tabulares 215
remoção 53
remoção da cobertura vegetal 56, 58
remoção da população 108
remoção de comunidades 235
remoção de solo 21
remoção do manto superficial de vegetação 235
remodelação arquitetônica 75
remontante 77
renaturalização 107, 108, 109
renaturalização de rios urbanos 78
renda da população 66, 199
represas 24
República Tcheca 82
reservatório 59, 73, 98, 99, 100
reservatórios de amortecimento 97, 98
reservatórios domésticos 98
residências 238
resíduo total 88
resíduos 58
resíduos industriais 87, 205
resíduos sólidos 60
resistência 148, 153
resistência ao cisalhamento 28, 165, 167, 174
resistência da rocha 152, 159
resistência mecânica 53
resposta geomorfológica 141
ressaca 84
restos de cerâmicas, ossos, conchas 58
restos orgânicos 48
restos vegetais 53
retaludamento 178
retenção da água da chuva 99
retenção de água 50
retenção de combustíveis 64
retificação 76, 93, 95
retificação de rios 72,
retificações de canais fluviais 123
retilíneas 17
retirada da cobertura vegetal 57
retirada da vegetação nativa 234
retirada de árvores 22
retirada de nutrientes 46
reuso das águas 104, 107
revalorização ecológica 108
revegetação 241
revestimento 76
revitalização 107, 109
revolução científica 229
Ribeirão dos Vieiras 92
rio 74, 76, 77, 79, 80, 87, 90, 94, 95, 99, 100, 107, 109, 203, 216
Rio Belém 84
Rio Claro 84
Rio das Velhas 92, 106
Rio de Janeiro 31, 75, 81, 84, 85, 105, 106, 109, 130, 135, 164, 174, 200, 204
Rio Grande do Sul 84, 215
Rio Gravataí 95
Rio Itajaí 106
Rio Negro 106
Rio Parnaíba 109
Rio Tâmisa 109
Rio Tietê 90, 98

rios encaixados 201
rios metropolitanos 91
rios retificados 75
rios urbanos 78, 92, 107, 108, 109, 199
risco 19, 22, 30
risco de inundação 94
risco de deslizamento 26
risco de enchentes 93
risco geológico 183
riscos associados 37, 139
riscos de enchentes 99
riscos de movimentos de massa 29, 138
riscos de terremotos 30
riscos geológicos 30, 234
riscos geomorfológicos 14, 139, 234
riscos para a população 136
riscos urbanos geomorfológicos 139
rocha 21, 26, 47, 50, 51, 53, 150, 159, 161, 170, 183, 234
rocha alterada 50, 152
rocha não alterada 152
rocha pouco alterada 61
rochas calcárias 177
rochas carbonáticas 176
rochas estáveis 22
rochas intemperizadas 152
rochas magmáticas 170
rochas sedimentares 152
rock falls 28
rodovia federal 205
rodovias 97
rolamento de bloco 174
RPPNs 218
ruas 78, 79, 235
ruas pavimentadas 35
rugosidade do terreno 71
runoff 127, 238
ruptura 170
ruptura da encosta 31, 33
ruptura da força peso 168
ruptura de Mohr-Coulomb 165, 172
ruptura do solo 167
ruptura do talude 178
rural 206, 207
Sabará 92
Sabesp 75
Safra 227
salpicamento (*rainsplash*) 34
salubridade 75
Salvador 84, 120, 135, 164
Sambaquis 58
saneamento 75, 83, 198, 199, 229
sangramento da lagoa 75
sangue 60
sanitários 98
Sant'Ana do Livramento 84
Santa Catarina 83, 84, 100, 106, 135, 215
Santa Luzia 92
Santos 135
São Francisco do Sul 84
São Paulo 54, 75, 84, 85, 89, 91, 99, 105, 107, 109, 118, 120, 135, 200
saprolito 31, 50, 52, 53
saturação 168
saturação do solo 34, 229
saturação prévia do solo 169
saúde humana 60
seção transversal do canal 77
seção transversal do cilindro 159
seções de vazão 86
sedimentação 127, 156
sedimentação a jusante 127
sedimento 14, 60, 62, 77, 87, 99, 100, 136, 197
sedimentos recentes 161
segmentos retilíneos das encostas 38
segurança das encostas 36
seguros-enchentes 94, 105, 107
sementes 71
sequestro de carbono 101
seres humanos 37, 46, 123, 133

Sergipe 75
Serra 212, 213
Serra do Mar 135, 165, 169, 213
serrapilheira 72
serviços de varriação 79
sesquióxidos 53
Sete Lagoas 118
setores públicos 142
shear stree 28
shear strength 28
silte 156
Singapura 139
silvestre 190, 206
sinergismo de processos 193
sismos 147
sistema 240
Sistema Brasileiro de Classificação de Solos 54
sistema de alerta 94, 105, 106
sistema de alerta de enchentes 106
sistema de alerta de inundações 106
sistema de colinas 125
sistema de diques 96
sistema de drenagem 36
sistema de drenagem urbana 85, 96, 129
sistema encosta 21
sistema fluvial 94
sistema geográfico 192, 221
sistema hídrico 77, 78
sistema hidrográfico 93
sistema hidrológico 82, 87, 94, 102
sistema holístico 190
sistema urbano 141
sistema viário 84
sistemas de evolução 232
sistemas de iluminação 104
sistemas edifício-terreno 239
sistemas ecoeficientes 104
sistemas geomorfológicos 124
sistemas terrestres 71
sítio urbano 54, 66, 99, 125, 127, 129
sítio urbano de São Paulo 140
sítios históricos 204
situação de emergência 84
situação geométrica 181
situações urbanas 234
slides 28
sobrevivência humana 195
sociedade 37, 78, 79, 117, 122, 138, 160, 207, 212, 229
sociedade humana 196
sociedade-natureza 109
solo 21, 22, 26, 28, 33, 43, 44, 49, 51, 52, 53, 54, 57, 58, 60, 62, 65, 66, 71, 92, 150, 153, 156, 161, 176, 177, 178, 235, 238
solo argiloso 157
solo compactado 147
solo exposto 34, 35
solo local 149
solo saprolítico 151
solo transportado 50, 150
solo urbano 61, 62
solos agrícolas 35
solos arenosos 167
solos argilosos 158
solos coluviais 50
solos construídos 63
solos das vertentes 49
solos de superfície 177
solos hidromórficos 55, 56, 163
solos mais secos 59
solos muito profundos 51
solos não hidromórficos
solos naturais 61, 63
solos porosos 217
solos profundos 22, 25, 33
solos residuais 30, 31, 151
solos transportados 50, 150, 151
solos urbanos 43, 44, 66
soluções urbanísticas 125
sombreamento 100, 102

sopé das encostas 21, 22
status 189
subdivisões políticas 194
subsidência 27, 149, 150, 176, 215
subsidência do solo 231
subsolo 65, 136
substrato 177
substrato geológico 147
substrato resistente 181
substrato rochoso 27, 50, 165
subsuperfície 31, 72, 137
subterrâneos 80
subúrbios 239
sucessão de montanhas 213
Sudeste 201, 209
Sul 209
suntuosidade urbanística 126
superfície 34, 182
superfície da Terra 123, 231
superfície de deslizamento 28
superfície de escorregamento 170
superfície de lençol d'água adjacente 216
superfície de ruptura 28, 168
superfície de um talude 172, 183
superfície do planeta 123
superfície do solo 46, 48, 183
superfície inclinada 175
superfície plana 217
superfície terrestre 15, 26, 31, 34, 37, 38, 121, 124, 125, 230
superfícies artificiais do terreno 149
superfícies de aplainamento 213, 215
superfícies íngremes 30
superfícies rasas de ruptura 183
suporte dos vegetais 61
sustentabilidade 105, 198
sustentação da estrutura 242
talude 30, 165, 183, 234
talude infinito 165
taludes de corte 21
talvegues 201
Tamanduateí 75
taxa de erosão 35, 58
taxa de infiltração 48, 54
taxa de ocupação 237
taxa de permeabilidade 237
taxas de erosão 35
taxas erosivas 32, 35
technical opinions 209
technosols 66
tecido urbano 205
técnicas 29
técnicas de consultoria 189
técnicas de controle de movimento de massa 239
técnicas de mapeamento geotécnico 163
técnicas mecânicas 98
técnicas modernas 141
técnicas multidisciplinares 192
técnicas vegetativas 98
tecnificação da sociedade 122
tecnocracia política 198
tecnógeno 122, 194, 196, 221
tecnossolos 66
tecnossolos (technosols) 61
tectônica de placas 215
temperatura 28, 193
temperatura do ar 59
temperatura do solo 59
tempo geológico 196, 197
temporal 75
temporalidade 195, 202
tenacidade 152
tensão mobilizada 168
tensão normal 167, 168
tensões de cisalhamento 165
tensões de sucção 169
tensões mobilizadas 168
teores de areia 57
teores de umidade 157

teoria do equilíbrio dinâmico 124
Terra 193, 231
terraços 126
terraços aluviais 82
terraplanagem 65, 127, 178
terremotos 30
terreno 34, 65, 71, 133, 138, 149, 238
terrenos impermeabilizados 127
território 74
território nacional 54
terríveis acidentes geotécnicos 210
testada mínima dos lotes 237
textos legais 206
textura 50
textura arenosa 36, 51
Tietê 75, 87
tipo de ocupação 236, 241
tipo litológico 152
tipologia de paisagem 204
tipologia dos acidentes 135
tipos de solos 54, 55, 238
Tiradentes 204
Tirantes 179
Tombamento 204
topo de chapadas 13
topo do solo 71
topo rochoso 168
topografia 134, 141
topos de montanha 199, 202
topos de morro 209, 214, 216
Toronto 109
totais pluviométricos 31
traçado côncavo 217
traçado meândrico 107
traçado retilíneo 76
traçado viário 200
trajetória da água 72
trajetória dos blocos 181
transbordamento 76
transbordamento das águas 82
transbordamento de rios 240
transferência de energia entre os sistemas 240
transformação das encostas 29
transformações geomorfológicas 19
transgressões marinhas 197
transgressões marinhas do quaternário 195
transgressões pleistocênicas 195
translacionais 28
translocação 51, 53
translocação de argila 53
translocação de sais 53
transporte 50, 77, 136, 152, 202
transporte de material 34
transporte de sedimentos 238
transporte de solos 193
tronco 71, 72
troncos viários urbanos 205
trópicos 139
tsunamis 30
tubos de PVC rígidos 182
tubulações 36
túneis 126
túneis viários 183
turismo 108
umidade 28
umidade no solo 49
unidade de paisagem 194, 202, 204, 205
unidade de solo 56
unidade geológica 161
unidade morfológica 132
unidades de conservação 218
unidades geotécnicas 161
unidades habitacionais 205
universo ambiental 192
universo geográfico 192, 197
universos temporais tecnogênicos 198
urbanismo 197, 227
urbanistas 29, 136
urbanização 19, 34, 35, 43, 73, 117, 126, 127, 134, 135, 136, 176, 200, 235, 236, 241

urbanização consolidada 56
urbanização desordenada 174
urbanização no Brasil 236
urbano 229
uso da terra 37, 136
uso do solo 138, 141
uso e ocupação do solo 125
uso sustentável 105
usos da água 88
utilidade pública 203
valas de drenagem 97
Vale do Rio Paraíba do Sul 213
vales bem definidos 201
vales fluviais 215
valores de coesão 167
variabilidade espacial 148
variação dos índices pluviométricos 201
variações climáticas 29
variáveis ambientais 231
variável antrópica 117, 121
várzeas 126, 135, 139
vazamento 44, 59
vazão 163, 203
vegetação 33, 47, 49, 58, 71, 103, 169, 193, 201
vegetação de caatinga 46
vegetação de pequeno porte 183
vegetação espontânea marginal 107
vegetação natural 201
vegetações de semiárido 193
vegetais 192
velocidade do movimento 28
vento 60
ventos de leste 84
verão 241
vertentes 49, 132
vertissolos 55
Vesúvio 224
viabilidade financeira 178
viabilidade técnica 202
vias 235
vias de circulação 57
vias marginais aos rios 205
vias públicas 202, 203, 238
vida urbana 118
vidas humanas 32, 38, 44, 84, 99
Vila Imperial 239
visão sistêmica 192
vítimas fatais 139
Vitória 89
voçoroca (*gully*) 33, 34, 238
voçorocamento 33, 227
voçorocas 36, 44, 61, 132
volume de água 48, 182, 238
zinco 60, 62, 65
zona de tensão 193
zona saturada 63
zona tropical 50
zona vadosa 63
zonação altitudinal 48
zonas de intemperismo 152
zonas rurais 190
zonas urbanas 65
zoneamento 138, 141, 200, 216
zoneamento ambiental 222
zoneamento das nascentes 201
zoneamento de risco 105
zoneamento dos espaços urbanos 125

Este livro foi composto na tipografia
Adobe Garamond, em corpo 11/15, e impresso
em papel offset no Sistema Digital Instant Duplex
da Divisão Gráfica da Distribuidora Record.